U0322244

建筑工程计量与计价

主　编　黄　磊　王亚芳

副主编　贾金凤　张永华

北京理工大学出版社

BEIJING INSTITUTE OF TECHNOLOGY PRESS

图书在版编目（CIP）数据

建筑工程计量与计价/黄磊，王亚芳主编.—北京：北京理工大学出版社，2022.8重印

ISBN 978-7-5682-3199-2

Ⅰ.①建…　Ⅱ.①黄…　②王…　Ⅲ.①建筑工程－计量　②建筑造价　Ⅳ.①TU723.3

中国版本图书馆CIP数据核字（2016）第242395号

出版发行 / 北京理工大学出社有限责任公司		
社　　址 / 北京市海淀区中关村南大街5号		
邮　　编 / 100081		
电　　话 / （010）68914775（总编室）		
（010）82562903（教材售后服务热线）		
（010）68944723（其他图书服务热线）		
网　　址 / http：//www.bitpress.com.cn		
经　　销 / 全国各地新华书店		
印　　刷 / 定州市新华印刷有限公司		
开　　本 / 787毫米×1092毫米　1/16		
印　　张 / 16.25	责任编辑 / 张荣君	
字　　数 / 370千字	文案编辑 / 张荣君	
版　　次 / 2022年8月第1版第3次印刷	责任校对 / 周瑞红	
定　　价 / 38.00元	责任印制 / 边心超	

图书出现印装质量问题，请拨打售后服务热线，本社负责调换

前言

FOREWORD

随着我国职业教育事业快速发展，体系建设稳步推进，国家对职业教育越来越重视，并先后发布了《国务院关于加快发展现代职业教育的决定》和《教育部关于学习贯彻习近平总书记重要指示和全国职业教育工作会议精神的通知》等文件。为适应职业教育新形式的要求，我们深入企业一线，结合企业需求，重新调整工程造价和建筑工程技术等专业的人才培养定位，使课程内容与职业标准、教学过程与生产过程、职业教育与终身学习对接。

在本书中引入了学科中最新的工程造价政策法规及相关文件，充分结合当代工程造价特点，注重实用技能的培养，使本书紧跟时代步伐。本书以项目为导入，以能力为本位，立足于培养学生的实际动手能力，以一套完整的、真实的施工图纸为载体，采用项目驱动法，以布置任务的方式提高学生对基础知识和基本技能主动学习的兴趣，培养学生自主学习的能力。本书以项目驱动法为基本教学方法，列举了大量造价案例，内容结构新颖，结构严谨，实用性强，对学生学习应用知识具有积极作用。

由于编者水平有限，加之时间较为仓促，书中难免存在疏漏和不足之处，恳请广大读者和同仁及时指出，共同促进本书质量的提高。

编　者

FOREWORD

目 录

CONTENTS

0

课程导入

知识目标

1. 了解本课程的基本情况；
2. 了解基本建设和建设工程造价文件的概念；
3. 了解基本建设分类、基本建设项目划分和基本建设程序；
4. 掌握建设工程造价文件的分类。

技能目标

培养对本课程学习的兴趣。

0.1 本课程基本情况介绍

0.1.1 本课程的研究对象与目的

本课程主要研究计算建筑物这种建筑安装产品的价格。

我们知道，生产任何一种建筑安装产品都要消耗一定的人工、材料和机械，能否通过计算这种产品直接消耗的人工、材料和机械的数量，计算出相应的人工费、材料费和机械费，从而计算出这种建筑安装产品的价格呢？

本课程就是针对建筑安装产品消耗量的标准额度和建筑安装产品的价格进行研究。掌握和确定建筑安装产品价格的科学体系，提高社会生产力发展水平，加快与国际接轨，是本课程研究的目的所在。

0.1.2 本课程研究的任务

本课程研究的任务就是研究如何准确、快速地计算建筑安装产品的价格。

(1)运用各种经济规律和科学方法，合理确定建筑安装工程造价，科学地掌握价格变动规律。

(2)逐步推行工程量清单计价办法，鼓励企业自行组价，制定企业定额，挖掘企业巨大潜力。

(3)确定出科学合理且符合市场经济运行规律的建筑安装产品价格。

0.1.3 本课程与其他课程的关系及学习方法

1. 本课程与其他课程的关系

本课程是一门综合性很强的专业课，内容多、涉及的知识面广，它以政治经济学、建筑经济学和社会主义市场经济理论为理论基础，以建筑识图、房屋构造、建筑材料、建筑结构施工技术等课程为专业基础，与施工组织、房屋设备、计算机信息技术、建筑企业经营管理等课程有着密切的联系。

2. 学习方法

学习本课程，不仅要重视理论课的学习，还要注重实际操作；不但要把握计量与计价的特点，还要把握它们发展的内在规律，灵活运用，提高建筑工程计量与计价的质量与水平。

0.2 基本建设概述

0.2.1 基本建设的概念

基本建设是形成固定资产的生产活动。固定资产是指在其有效使用期内可重复使用而不改变其实物形态的主要生产资料。因此说，基本建设就是将一定的物资、材料、机器设备通过购置、建造和安装等活动转化为固定资产，形成新的生产能力或使用效益的建设工作。与此相关的其他工作，如土地征用、房屋拆迁、青苗赔偿、勘察设计、招标投标、工程监理等也是基本建设的组成部分。

0.2.2 基本建设的分类

1. 按经济用途的不同分类

(1)生产性基本建设：其主要用于物质生产和直接为物质生产服务项目的建设，包括工业建设、建筑业和地质资源勘探事业建设和农林水利建设。

（2）非生产性基本建设：其主要用于人民物质和文化生活项目的建设，包括住宅、学校、医院、托儿所、影剧院以及国家行政机关和金融保险业的建设等。

2. 按建设性质的不同分类

（1）新建项目：一是指新开始建的项目，二是指对原有建设项目重新进行总体设计，经扩大建设规模后，其新增固定资产价值超过原有固定资产价值三倍以上的建设项目。

（2）扩建项目：是指在原有固定资产基础上扩大三倍以内规模的建设项目，其目的是为了扩大原有的生产能力或使用效益。

（3）改建项目：企业为了提高生产效率，改进产品质量或改进产品方向，对原有设备、工艺流程进行技术改造的项目。另外，为提高综合生产能力，增加一些附属和辅助车间或非生产性工程，也属于改建项目。

（4）迁建项目：原有企业由于各种原因迁到别的地方建设的项目，不论其是否维持原有规模，均称为迁建项目。

（5）恢复项目：对因重大自然灾害或战争而遭受破坏的固定资产，按原有规模重新建设或在恢复的同时进行扩建的工程项目。

3. 按建设项目建设规模和投资的多少不同分类

按建设项目建设规模的不同，基本建设项目分为大型项目、中型项目、小型建设项目。生产单一产品的企业，按产品的设计能力来划分；生产多种产品的，按主要产品的设计能力来划分；难以按生产能力划分的可按其全部投资额划分。

财政部财建[2002]394号文规定，基本建设项目竣工财务决算大、中、小型划分标准为：经营性项目投资额在5 000万元（含5 000万元）以上、非经营性项目投资额在3 000万元（含3 000万元）以上的为大、中型项目，其他项目为小型项目。

4. 按建设项目资金来源和渠道不同分类

（1）国家投资项目：又称财政投资的建设项目。

（2）自筹建设项目：是指国家预算以外的投资项目。各地区、各单位按照财政制度提留、管理和自行分配用于固定资产再生产的资金进行建设的项目。它分为地方自筹和企业自筹建设的项目。

（3）外资项目：是指利用外资进行建设的项目。外资的来源有借用国外资金和吸引外国资本直接投资两种。

（4）贷款项目：是指通过银行贷款建设的项目。

0.2.3　基本建设程序

基本建设程序是指工程建设项目从策划、评估、决策、设计、施工到竣工验收、投入生产（交付使用）的整个建设过程中必须遵循的前后次序关系，是建设项目科学决策和顺利进行的重要保证。

基本建设一般分为以下七项程序。

1. 项目建议书

项目建议书是根据区域发展和行业发展规划的要求，结合与该项目相关的自然资源、生产力状况和市场预测等信息，经过调查研究分析，说明拟建项目建设的必要性和可行性，向国家和省、市、地区主管部门提出的立项建议书。项目建议书一旦获得批准，即可立项。

2. 可行性研究

根据已批准的项目建议书，运用科学的方法，对拟建项目在技术、经济和环境等各方面进行系统的分析论证，进行方案优选，得出项目可行与否的研究结论，形成可行性研究报告。

3. 编制设计文件

根据建设项目的不同情况，我国的工程设计对一般工程项目分为初步设计和施工图设计两个阶段；对重大项目和技术复杂项目分为三个阶段，即增加技术设计（扩大初步设计）阶段。

（1）初步设计：是根据批准的可行性研究报告和设计基础资料，作出技术上可行、经济上合理的实施方案。

（2）技术设计：为了进一步解决初步设计中的重大技术问题，如工艺流程、建筑结构、设备选型等，根据初步设计进行的细化设计。

（3）施工图设计：在初步设计或技术设计的基础上进行施工图设计，使设计达到建设项目施工和安装的要求。

4. 建设准备

项目在开工建设之前，需要做好各项准备工作，其主要内容包括：组建项目部、进行征地和拆迁、完成"三通一平"、修建临时生产和生活设施等工作；组织落实建筑材料、设备和施工机械；准备施工图；建设工程报建；委托工程监理；组织施工招投标；办理施工许可证等。

5. 建设项目的实施

建设单位根据已批准的设计文件，对拟建项目实行公开招标或邀请招标，从中择优选定具有一定的技术、经济实力和管理经验，报价合理，信誉好的施工单位承揽工程建设任务。施工单位中标后，应与建设单位签定施工合同。施工单位必须按照合同的规定全面完成施工任务。

6. 竣工验收

建设项目按批准的设计文件所规定的内容建完后，便可以组织竣工验收。验收合格后，施工单位应向建设单位办理竣工移交和竣工结算手续，交付建设单位使用。

7. 建设项目后评估

建设项目后评估是工程项目竣工投产、生产运营或使用一段时间后，再对项目的立项决策、设计施工、竣工投产、生产使用等全过程进行系统的、客观的分析、总结和评价的一种技术经济活动，是固定资产管理的一项重要内容。

以上七项程序的内容相互衔接，密不可分。虽然基本建设全过程由于工程类别的不同而有差异，但对于基本建设工作，都必须遵循先勘察后设计、先设计后施工、先验收后使用的原则，坚持按基本建设程序办事，才能保证基本建设取得好的投资效益。

0.2.4 基本建设项目的划分

为了更方便地对基本建设工程进行管理和确定工程造价，我们把基本建设项目划分为建设项目、单项工程、单位工程、分部工程、分项工程五个层次。

1. 建设项目

具有经过批准的立项文件和设计任务书，能独立进行经济核算的工程项目。

一个建设项目可以只有一个工程项目，如电影院或剧场；也可包括许多单项工程，如一座工厂中的各个主要车间、辅助车间、办公楼等若干个工程项目组成。

2. 单项工程

单项工程是建设项目的组成部分，是指在一个建设项目中，具有独立的设计文件、单独编制预算文件、竣工后可以独立发挥生产能力或效益的工程。如一个学校的办公楼、教学楼、食堂、宿舍楼等。

3. 单位工程

单位工程是指具有单独设计文件，可以独立组织施工，但竣工后不能独立发挥生产能力或使用效益的工程。以一幢住宅楼为例，它包括土建工程、电气照明工程、室内给排水工程等多个单位工程。

4. 分部工程

每一个单位工程仍然是一个较大的组合体，在单位工程中，按结构部位、构件性质、路段长度及施工特点将单位工程进一步分解出来的工程，称为分部工程。

土建工程一般划分为土石方工程、桩基础工程、木结构工程、屋面工程、脚手架工程、混凝土及钢筋混凝土工程等分部工程。

由于每一个分部工程中影响工料消耗大小的因素仍然有很多，所以为了计算工程造价和工料消耗量的方便，还必须把分部工程进一步分解为分项工程。

5. 分项工程

分项工程是分部工程的组成部分，是按不同施工方法、材料、工序、路段长度等划分的，单独经过一定的施工过程就能完成，并且以适当的计量单位就可以计算工程量及其单价的建筑或设备工程。例如：每 10 m³ 砖基础工程，每 10 m³ 人工土方工程，每 10 m 暖气管道安装工程等，都分别为一个分项工程。

但是，这种分部工程、分项工程与工程项目这种完整的产品不同，它不能形成一个完整的工程实体，它只是为了方便建筑安装工程确定造价而划分出来的假定性产品。

综上所述，一个建设项目通常是由一个或几个单项工程组成，一个单项工程通常是由几个单位工程组成，而一个单位工程通常又是由若干个分部工程组成，一个分部工程可按选用的施工方法、所使用的材料、结构构件规格的不同等因素划分为若干个分项工程。下面以学校为例，说明建设项目的划分(图0.2.1)。

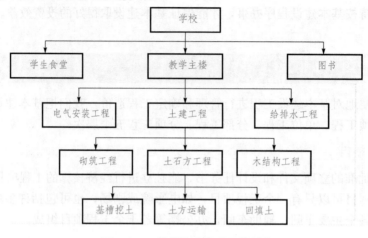

图 0.2.1 某学校建设项目的划分

0.2.5 工程造价的计价过程

　　工程计价是对投资项目价格的计算，其形成过程是将工程项目细分到构成工程项目的最基本的要素，即分项工程，再采用一定的计价方法，选用适当的计量单位，计算出分项工程的造价，然后将分项工程造价汇总得到工程的全部造价。

　　由此可知，工程造价的计价过程就是将建设项目进行分解和逐步组合的过程，即分项工程造价为分部工程造价为单位工程造价为单项工程造价为建设项目造价。

0.3　建筑工程计价基本知识

0.3.1 建筑工程计价的概念

　　建筑工程计价就是计算建筑工程的造价。所谓建筑工程造价是对建设项目在整个运作过程(包括立项、设计、施工、竣工验收等)中，确定投资估算、设计概算、施工图预算、招标控制价、工程量清单报价、工程结算价和竣工决算价的总称。这里所说的工程，泛指一切建设工程。其含义有两种：

　　一种是从投资者的角度来看，工程造价是指进行某项工程建设花费的全部费用，包括从项目评估决策开始，设计招标、工程招标，直至竣工验收等一系列投资管理活动。在这些投资管理活动中所支付的全部费用就构成了工程造价。从这个意义上说，建设项目工程造价就是建设项目总投资，其费用构成如图0.3.1所示。

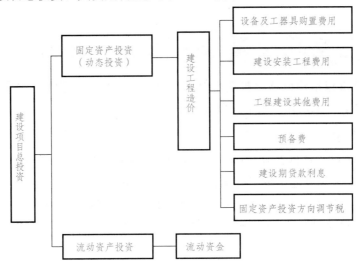

图 0.3.1　建设项目总投资费用构成

一种是从承包者的角度看，工程造价是指建筑安装工程的价格，即为建成一项工程，通过招投标、承发包或其他交易形式所形成的价格。

通常把工程造价的第二种含义认定为工程承发包价格，即建筑安装工程费。

建筑工程产品的价格由成本、利润及税金组成。

0.3.2　计价的特点

1. 单件性

每项建筑工程都是为适应特定使用者的不同使用要求，在特定地点逐个建造的，其面积和体积、造型和结构、装修与设备的标准及数量都会有所不同，而且特定地点的气候、地质、水文、地形等自然条件及当地政治、经济、风俗习惯等因素必然使建筑产品实物形态千差万别。再加上不同地区构成投资费用的各种生产要素（如人工、材料、机械）的价格差异，最终导致建设工程造价的千差万别。所以，建筑产品不能像工业产品那样统一地成批生产、成批定价，而只能根据它们各自所需的物化劳动和活劳动消耗量逐项计价，即单件计价。

2. 多层次性

一个建设项目是个综合体，是由许多分项工程、分部工程、单位工程、单项工程组成的。建设项目的这种组合决定了工程计价也是一个逐步组合的过程。

3. 动态性

建设工程的计价过程是一个随着工程不断展开而逐渐深化、逐渐细化和逐渐接近实际造价的动态过程。在整个工程的建设过程中，要根据工程的进展情况，依据一定的计价顺序和计价方法分别计算各个阶段的工程造价，随时对其进行控制和调整，从而达到节约投资、实现经济效益最大化的目的。

0.3.3 计价的分类

建设工程计价包括建设项目投资估算、设计概算、施工图预算、招投标价、施工预算、施工图预算、竣工结算、竣工决算等。

1. 投资估算

投资估算是在建设项目立项之前的决策阶段，由建设单位或其委托的咨询机构编制的，确定一个建设项目从筹建起至竣工验收结束为止所发生的全部建设费用的经济技术文件。

投资估算具有较大的不确定性，编制时大多使用估算指标进行测算。但它即是建设项目主管部门审批建设项目的直接依据，又是建设单位确定投资规模，筹集建设资金的主要依据。

2. 设计概算

设计概算是在初步设计阶段由设计单位编制的确定一个建设项目从筹建起至竣工验收结束为止，所发生的全部建设费用的经济技术文件。

设计概算进一步明确了投资规模，是国家确定投资计划，进行投资宏观管理的有效手段之一，同时，也是建设单位确定投资计划、选择设计方案的直接依据。

3. 施工图预算

施工图预算是在施工图设计完成后，由建设单位(或施工承包单位)根据已审定的施工图和施工组织设计、相关定额、建设地区的自然及技术经济条件等，预先计算和确定建筑工程费用的经济技术文件。

对于招投标的项目来说，施工图预算是建设单位编制招标控制价，施工单位确定投标报价的主要依据，它是确定建筑产品价格的主要依据。施工图预算应在设计概算的控制下完成。

4. 招标控制价和投标报价

在工程招投标阶段，由建设单位或其委托的造价咨询机构，根据主管部门颁发的有关计价依据和办法，按设计施工图计算的，对招标工程限定的最高工程报价，叫招标控制价。投标报价是投标人投标的工程造价。

5. 施工预算

施工预算是施工企业，根据施工定额、施工组织设计或施工方案等资料，计算和确定的完成相关建设工程费用的经济技术文件。

6. 竣工结算

竣工结算是在建设工程竣工后，由施工单位根据施工合同、设计变更、现场技术签证等竣工资料编制，由建设单位或其委托有资质的造价咨询机构审查，并经双方确认的反映工程实际造价的经济技术文件。结算价是支付工程款的凭据。

7. 竣工决算

竣工决算是指整个建设工程全部完工并经过验收以后，由建设单位编制的反映项目从筹建到竣工验收、交付使用全过程实际支付的全部建设费用的经济技术文件。

从以上内容可以看出，建设工程的计价过程是一个由粗到细、由浅入深，最终确定整个工程实际造价的过程，各计价过程之间是相互联系、相互补充、相互制约的关系，前者制约后者，后者补充前者。

0.4　造价员及造价工程师岗位证书培训

0.4.1　造价员

造价员是指通过考试，取得"建设工程造价员资格证书"，从事工程造价业务的人员。其岗位职责如下：

(1)熟悉掌握国家的法律法规及有关工程造价的管理规定，精通本专业理论知识，熟悉工程图纸，掌握工程预算定额及有关政策规定，为正确编制和审核预算奠定基础。

(2)参加图纸会审和技术交底，依据其记录进行预算调整。

(3)工程竣工验收后，及时进行竣工工程的结算工作。

(4)参与采购工程材料和设备，负责工程材料分析，复核材料价差，收集和掌握技术变更、材料代换记录，并随时做好造价测算，为领导决策提供科学依据。

(5)全面掌握施工合同条款，深入现场了解施工情况，为进行结算工作做好准备。

(6)完成工程造价的经济分析，及时完成工程结算资料的归档。

0.4.2　造价工程师

造价工程师是通过全国造价工程师执业资格统一考试，取得中华人民共和国造价工程师执业资格，并按照《注册造价工程师管理办法》注册，取得中华人民共和国造价工程师注册执业证书和执业印章，从事工程造价活动的专业人员。

1. 报考条件

凡中华人民共和国公民，遵纪守法并具备以下条件之一者，均可申请造价工程师执业资格考试：

(1)工程造价专业大专毕业，从事工程造价业务工作满5年；工程或工程经济类大专毕业，从事工程造价业务工作满 6 年。

(2)工程造价专业本科毕业，从事工程造价业务工作满 4 年；工程或工程经济类本科毕业，从事工程造价业务工作满 5 年。

(3)获上述专业第二学士学位或研究生班毕业和获硕士学位，从事工程造价业务工作满 3 年。

(4)获上述专业博士学位，从事工程造价业务工作满 2 年。

2. 考试内容

(1)《工程造价管理基础理论与相关法规》，如投资经济理论、经济法与合同管理、项目管理等知识。

(2)《工程造价计价与控制》，除掌握基本概念外，主要掌握造价计价与控制的理论方法。

(3)《建设工程技术与计量》，本科目分土建和安装两个专业，主要掌握两门专业基本技术知识与计量方法。

(4)《工程造价案例分析》，考查考生实际操作能力。含计算、编制或审查专业工程的工程量，编制或审查专业工程投资估算、概算、预算、招标控制价(标底价)、决算、结算，投标报价与评标分析，设计或技术方案技术经济分析，合同管理与索赔，编制补充定额的技能等。

造价工程师执业资格实行注册登记制度。住房和城乡建设部及各省、自治区、直辖市和国务院有关部门的建设行政主管部门为造价工程师的注册管理机构，注册有效期为三年。

课后练习

一、简答题

1. 什么是工程建设项目？

2. 工程项目建设程序的内容有哪些？

3. 建设项目、单项工程、单位工程、分部工程和分项工程如何划分？

4. 建设项目的价格如何形成？请举例说明。

5. 什么是工程造价？工程造价有哪些特点？

6. 投资估算、设计概算、修正设计概算如何划分？有何作用？

二、选择题

1. 投资估算是由(　　)向国家或主管部门申请投资时，为了确定建设项目的投资总额而编制的经济文件。

　　A. 建设单位　　　　　　　　　B. 施工单位

　　C. 设计单位　　　　　　　　　D. 地方行政主管部门

2. 在项目建议书或可行性研究阶段，建设单位向国家或主管部门申请投资时，为了确定建设项目的投资总额而编制的经济文件是(　　)。

　　A. 投资估算　　　　　　　　　B. 设计概算

　　C. 施工图预算　　　　　　　　D. 修正概算

3. 当一个建设项目完工并经验收后，由（　　）编制的从筹建到竣工验收、交付使用全过程实际支付的建设费用的经济文件称为竣工文件。

   A. 建设单位　　　　　B. 施工单位　　　　　C. 设计单位　　　　　D. 监理单位

4. 按照建设项目的分解层次，一幢宿舍楼的土建工程应是一个（　　）。

   A. 建设项目　　　　　B. 单位工程　　　　　C. 单项工程　　　　　D. 分部工程

5. 按照建设项目的分解层次，每 10 m 暖气管道铺设、每 10 m^3 砖基础工程应该是一个（　　）。

   A. 单项工程　　　　　B. 单位工程　　　　　C. 分部工程　　　　　D. 分项工程

6. 某教学楼的钢筋及混凝土工程属于（　　）。

   A. 单位工程　　　　　B. 分部工程　　　　　C. 分项工程　　　　　D. 单项工程

7. 具有独立的设计文件，竣工后可以独立发挥生产能力或效益的工程是（　　）。

   A. 单位工程　　　　　B. 单项工程　　　　　C. 分部工程　　　　　D. 分项工程

8. 竣工后不能独立发挥生产能力或效益，但具有独立设计，可以独立组织施工的工程是（　　）。

   A. 单位工程　　　　　B. 单项工程　　　　　C. 分部工程　　　　　D. 分项工程

工程定额

1. 熟悉建筑工程定额的基本知识；
2. 掌握建筑工程定额消耗量的确定方法；
3. 掌握人工单价、材料预算价格以及机械台班价格的计算方法；
4. 掌握建筑工程定额的使用方法。

技能目标

1. 会利用公式法计算建筑工程定额中块/板料材料的消耗量；
2. 能正确计算材料预算价格；
3. 能依据施工图的要求进行建筑工程定额的换算使用。

1.1 工程定额基础知识

1.1.1 建筑工程定额的概念

定额即规定的额度，是反应在一定的社会生产力水平下，完成一定计量单位的质量合格产品，所必须消耗的人工、材料、机械台班以及资金的数量标准。

建筑工程定额是指在正常的施工条件下，为完成一定计量单位质量合格的建筑产品，所必须消耗的人工、材料和机械台班以及资金的数量标准。

1.1.2 工程建设定额的特点

1. 科学性

建设工程定额的科学性，首先表现在用科学的态度制定定额，尊重客观实际，力求定额水平合理；其次表现在制定定额的技术方法上，采用了现代科学的测定方法，利用科学管理的成就，形成了一套系统的、完整的，在实践中行之有效的方法。

2. 权威性

工程建设定额的权威性体现在：在规定范围内，定额的使用者和执行者，必须按定额的规定执行。在当前市场经济还不十分规范的情况下，赋予工程建设定额以权威性是十分必要的。随着市场机制的逐步完善，定额的水平必然会受市场供求状况的影响，在执行中有些浮动是正常的。

3. 稳定性与时效性

工程建设定额是一定时期技术发展和管理水平的反应，因而在一段时间内都表现出稳定的状态。但它的稳定性是相对的，随着生产技术水平的不断提高，新工艺、新技术不断涌现，当定额不能正确反应生产力水平时，就要对定额进行修订或重新编制。

1.1.3 建设工程定额的分类

建设工程定额的种类繁多，根据不同的划分方式有不同的分类。

1. 按生产要素分

按生产要素可分为劳动定额、材料消耗量定额和机械台班消耗量定额三种。

(1)劳动定额：劳动定额又称人工定额，它反映生产工人劳动生产率的平均先进水平。其表现形式为时间定额和产量定额。

时间定额又称工时定额，是指在合理的劳动组织与合理使用材料的条件下，完成质量合格的单位产品所必须消耗的劳动时间。时间定额以"工日"或"工时"为单位。每一个工日按 8 小时计算。

产量定额是指在合理的劳动组织与合理使用材料的条件下，在单位时间里必须完成质量合格的产品数量。计量单位为 m^3、m^2、m、t、块、根等。

(2)材料消耗定额：材料消耗定额简称材料定额，是指在节约与合理使用材料的条件下，生产单位质量合格产品，所必须消耗的一定规格的质量合格的材料、半成品、构配件、动力与燃料的数量标准。

(3)机械台班消耗量定额：机械台班消耗定额又称机械台班使用定额，简称机械定额。它是指在正常施工条件下，施工机械运转状态正常，并合理、均衡地组织施工和使用机械时，机械在单位时间内的生产效率。可分为机械时间定额和机械产量定额。

机械时间定额的单位以"台班"表示。每一个台班按 8 h 计算。当机械与人工小组配合操作时，完成单位合格产品的时间定额，必须列出人工时间定额。

2. 按专业分类

在《建设工程工程量清单计价规范》(GB 50500—2013)中(以下简称"13 计价规范")，建设工程定额共分 9 类，分别是：1—房屋建筑与装饰工程；2—仿古建筑工程；3—通用安装工程；4—市政工程；5—园林绿化工程；6—矿山工程；7—构筑物工程；8—城市轨道交通工程；9—爆破工程。

目前在辽宁省，建设工程定额按专业分类有建筑工程定额、装饰装修工程定额、安装工程定额、市政工程定额、园林绿化工程定额等。

（1）建筑工程定额：建筑工程定额是指房屋建筑工程人工、材料及机械的消耗量标准。其内容包括：土（石）方工程、桩及地基基础工程、砌筑工程、混凝土工程及钢筋工程、厂库房大门特种门木结构工程、金属结构工程、屋面及防水工程和防腐、隔热、保温工程。

（2）装饰装修工程定额：装饰装修工程是指房屋建筑的装饰装修工程，装饰装修工程定额是指建筑装饰装修工程人工、材料及机械的消耗量标准。其内容包括：楼地面工程、墙柱面工程、顶棚工程、门窗工程、油漆、涂料、裱糊工程和其他工程。

（3）安装工程定额：安装工程是指各种管线、设备等的安装工程，其定额是指安装工程人工、材料及机械的消耗量标准。其内容包括：机械设备安装工程，电气设备安装工程，热力设备安装工程，炉窑砌筑工程，静置设备与工艺金属结构制作安装工程，工业管道工程，消防工程，给排水、采暖、热气工程，通风空调工程，自动化控制仪表安装工程，通信设备及线路工程，建筑智能化系统设备安装工程，长距离输送管道工程等。

（4）市政工程定额：市政工程是指城市的道路、桥涵和市政管网等公共设施及共用设备的建设工程。其定额是指市政工程人工、材料及机械的消耗量标准。其内容包括：土石方工程、道路工程、桥涵护涵工程、隧道工程、市政管网工程、地铁工程、钢筋工程、拆除工程。

（5）园林绿化工程定额：园林绿化工程定额是指园林绿化工程人工、材料及机械的消耗量标准。其内容包括：绿化工程，园林、园桥与假山工程，园林景观工程等。

3. 按编制单位及使用范围分类

（1）全国定额：全国定额是指由国家主管部门编制，作为各地区编制地区消耗量定额依据的定额，如《全国统一建筑工程基础定额》《全国统一建筑装饰装修工程消耗量定额》。

（2）地区定额：地区定额是指由本地区建设行政主管部门根据合理的施工组织设计，按照正常施工条件下制定的，生产单位工程合格产品所需人工、材料、机械台班的平均消耗量定额。

在招投标活动中，地区定额作为招标单位编制标底的依据；在施工企业没有本企业定额的情况下，以此作为投标报价的依据。

（3）企业定额：企业定额是指施工企业根据本企业的施工技术和管理水平，以及有关工程造价资料编制的，用以供本企业使用的人工、材料和机械消耗量定额。

1.1.4 建设工程定额的内容及项目的划分

1.《全国统一建筑工程基础定额》手册的内容

定额手册主要由目录、总说明、分部说明、定额项目表以及有关附录组成。

（1）总说明：主要阐述定额的编制原则、指导思想、编制依据、适用范围以及定额的作用。同时说明了编制定额时已考虑和没有考虑的因素、使用方法及有关规定。

（2）分部说明：主要介绍分部工程所包括的主要项目及工作内容，编制中有关问题的说明，执行中的一些规定，特殊情况的处理等。它是定额手册的重要部分，是执行定额和进行工程量计算的基础。

（3）定额项目表：是预算定额的主要构成部分，一般由工作内容（分节说明）、定额单位、项目表和附注组成，见表1.1.1。

表1.1.1 全国统一建筑工程基础定额(示例)　　　　　　　　　　单位：m³

定额编号			8-16	5-394	5-417	5-421
项目			混凝土垫层 C10	混凝土带形基础 C20	混凝土有梁板 C20	混凝土楼梯 C20
名称		单位	数量			
人工	综合工日	工日	1.225	0.956	1.307	0.575
材料	混凝土	m³	0.010	1.015	1.015	0.260
	草袋	m²	0.000	0.252	1.099	0.218
	水	m³	0.500	0.919	1.204	0.290
机械	混凝土搅拌机400L	台班	0.101	0.039	0.063	0.026
	插入式振捣器		0.000	0.077	0.063	0.052
	平板式振捣器		0.079	0.000	0.063	0.000
	机动翻斗车		0.000	0.078	0.000	0.000
	电动打夯机		0.000	0.000	0.000	0.000

提示　　表中人工综合工日数量、各种材料数量和机械台班数量是在正常的施工条件下，完成定额表中规定的工程量（如表1.1.1中1 m³混凝土带形基础、1 m³混凝土有梁板或1 m³混凝土楼梯，所必须消耗的人工、材料和机械台班的数量标准）。

（4）附录：在定额手册的最后，是定额材料预算价格取定表。表中给出了材料的名称、规格、单价，便于在套用定额时，对采用了与定额规定中不同材料的项目换算。

2. 定额项目的划分和定额编号

（1）项目划分。定额手册的项目是根据建筑结构、工程内容、施工顺序、使用材料等，按章（分部）、节（分项）、项（子目）排列的。

分部工程（章）是按单位工程中某些性质相近，材料大致相同的施工对象归在一起。如《全国统一建筑工程基础定额》包括土（石）方工程，桩基础工程，脚手架工程，砌筑工程，混凝土及钢筋混凝土工程，构件运输及安装工程，门窗及木结构工程，楼地面工程，屋面及防水工程，防腐、保温及隔热工程，金属结构制作工程，建筑工程垂直运输定额，建筑物超高增加人工、机械定额等。

分部工程以下，有按工程性质、工程内容、施工方法、使用材料等，分成许多分项（节）。分项以下，再按工程性质、规格、材料的类别等分成若干子项。

（2）定额编号。为了使编制预算项目和定额项目一致，便于查对，章、节、项都有固定的编号,称之为定额编号。编号的方法一般有汇总号、二符号、三符号等编法,如"6-10"和"2-6-1"。辽宁省建筑工程计价定额采用的就是二符号法。

1.2 建筑工程定额消耗量计算

建筑工程定额消耗量中的人工、材料、机械台班消耗量以劳动定额、材料消耗量定额和机械台班消耗量定额的形式来表现,它是工程计价最基础的定额,是地方和行业部门编制预算定额的基础。

1.2.1 劳动定额

1. 劳动定额的分类

(1)时间定额。时间定额是指在合理的劳动组织和正常的施工条件下,某工种等级的工人或工人小组完成单位合格产品所必须消耗的工作时间。

例如:某砌砖小组由 3 人组成,砌一砖半砖基础,2 天内砌完 15 m³,则其单位产品时间定额=(3×2)/15=0.4(工日/m³)。

(2)产量定额。产量定额是指在合理的劳动组织和正常的施工条件下,某工种等级工人或工人小组,在单位时间内完成合格产品的数量。

例如:某砌砖小组由 3 人组成,砌一砖半砖基础,时间定额为 0.4 工日/m³,则其小组完成产品的产量定额=3×1/0.4=7.5(m³/工日)

(3)时间定额与产量定额的关系。时间定额与产量定额互为倒数的关系,即时间定额=1/产量定额。

2. 工作时间

工作时间是指工作的延续时间,建筑安装企业每个工作日的延续时间为 8 h。

要完成任何一个施工过程,都必须消耗一定的工作时间。要研究施工过程中的工时消耗,就必须对工作时间进行分析。将整个生产过程中所消耗的工作时间,划分为定额时间和非定额时间,找出非定额时间损失的原因,以提高劳动生产率。

对工作时间的研究和分析,分为工人工作时间和机械工作时间两个系统进行。

(1)工人工作时间。

1)定额时间:在正常的施工条件下,工人为完成一定数量的产品或任务所必须消耗的时间。具体分为如下几种情况。

准备与结束工作时间:工人在执行任务前的准备工作(包括工作地点、劳动工具、劳动对象的准备)和完成任务后的整理工作时间。

基本工作时间:工人完成与产品生产直接有关的工作时间。如砌砖施工过程的挂线、铺灰浆、砌砖等工作时间。基本工作时间一般与工作量的大小成正比。

辅助工作时间：为了保证工作顺利完成而同技术操作无直接关系的辅助性工作时间。例如，修磨校验工具、移动工作梯、工人转移工作地点等所需时间。辅助工作时间一般与工作量大小不成比例关系。

休息时间：工人为恢复体力所必需的休息时间。

不可避免的中断时间：由于施工工艺特点所引起的工作中断时间。如汽车司机等候装货的时间，安装工人等候构件起吊时间等。

2)非定额时间：非定额时间一般指多余和偶然工作时间、外界原因引起的停工时间、违反劳动纪律的损失时间：

多余和偶然工作时间：是指在正常施工条件下不应发生的时间消耗，如拆除超过图示高度的所砌砖墙体的时间；

外界原因引起的停工时间：由于气候变化和水、电源中断而引起的停工时间；

违反劳动纪律的损失时间：在工作班内工人迟到、早退、闲谈、办私事等原因造成的时间损失。

(2)机械工作时间。

1)定额时间：定额时间一般指有效工作时间、不可避免的无负荷工作时间、不可避免的中断时间。

有效工作时间：包括正常负荷下机械的工作时间、有根据的降低负荷下机械的工作时间。

不可避免的无负荷工作时间：由施工过程的特点造成的无负荷工作时间，如推土机到达工作段终端后倒车时间，起重机吊完构件后返回构件堆放地点的时间等。

不可避免的中断时间：是与工艺特点、机械保养、工人休息等有关的中断时间。如汽车装卸货物的停车时间，给机械加油的时间，工人休息时的停机时间。

2)非定额时间：非定额时间一般指机械多余的工作时间、机械停工时间、违反劳动纪律的停工时间。

机械多余的工作时间：是指机械完成任务时无须包括的工作时间。如灰浆搅拌时多运转的时间，工人没有及时供料而使机械空闲的延续时间。

机械停工时间：是指由于施工组织不好及由于气候条件影响所引起的停工时间。

违反劳动纪律的停工时间：由于工人迟到、早退等原因引起的机械停工时间。

3. 劳动定额的编制方法

(1)经验估计法：根据工作经验，对生产某种产品或完成某项工作所需的人工、机械台班、材料数量进行分析、讨论和计算并最终确定定额耗用量的一种方法。

(2)统计计算法：运用过去统计资料确定定额的方法。

(3)技术测定法：通过对施工过程的具体活动进行实地观察，详细记录工人和机械的工作时间消耗、完成产品的数量及有关影响因素，并将记录结果予以研究、分析，整理出可靠的原始数据资料，为制定定额提供科学依据的一种方法。

(4)比较类推法：也叫典型定额法，是在相同类型的项目中，选择有代表性的典型项目，然后用比较类推的方法编制其他相关定额的一种方法。

例 1-1 完成 $10\ m^3$ 的砖墙需基本工作时间 15.5 h，辅助工作时间占必需工作时间的

3%，准备与结束工作时间占3%，不可避免中断时间占2%，休息时间占18%。求时间定额和产量定额。

解：时间定额（工作延续时间）＝基本工作时间/（1－其他工作时间占工作延续时间百分率%）

因此10 m³砖墙所需的时间＝15.5÷[1－（3%＋3%＋2%＋18%）]＝20.95(h)

时间定额＝20.95÷8÷10＝0.262(工日/m³)

产量定额＝1÷0.262＝3.82(m³/工日)

1.2.2 材料消耗定额

1. 材料消耗定额的概念

材料消耗定额是指在正常的施工条件和合理使用材料的情况下，生产质量合格的单位产品所必须消耗的建筑安装材料的数量标准。

例如：在表1.2.1中，浇筑1 m³混凝土带形基础消耗的材料的数量标准是C20混凝土1.015 m³、草袋0.252 m²、水0.919 m³。查混凝土砂浆配合比表，知C20混凝土配合比是：32.5级水泥312 kg、粗砂0.43 m³、砾石0.89 m³、水0.17 m³。

则浇筑1 m³混凝土带形基础消耗的材料见表1.2.1。

表1.2.1　1 m³C20混凝土带形基础材料消耗量表

项目		单位	数量	计算式	备注
材料	混凝土 32.5级水泥	kg	316.68	312.0×1.015	
	粗砂	m³	0.436	0.43×1.015	
	砾石C40	m³	0.903	0.89×1.015	
	水	m³	0.173	0.17×1.015	拌制混凝土时用水
	草袋	m²	0.252		
	水	m³	0.919		养护混凝土时用水

2. 材料消耗量计算

材料消耗量包括材料的净用量和材料的损耗量。直接构成建筑安装工程实体的材料称为材料净用量，不可避免的施工废料和施工操作损耗量称为材料损耗量。

材料消耗量＝材料净用量＋材料损耗量

材料损耗率＝（材料损耗量÷材料净用量）×100%

材料消耗量＝材料净用量×（1＋损耗率）

3. 编制材料消耗定额的基本方法

（1）现场技术测定法。用该方法主要是为了取得编制材料损耗定额的资料。材料消耗中的净用量比较容易确定，但材料消耗中的损耗量要通过现场技术测定来区分哪些属于不可避免的损耗，哪些属于可以避免的损耗，从而确定出较准确的材料损耗量。

（2）试验法。试验法是在实验室内采用专用的仪器设备，通过试验的方法来确定材料消耗定额的一种方法。用这种方法提供的数据，虽然精确度高，但容易脱离现场实际情况。

（3）统计法。这是通过对现场用料的大量统计资料进行分析计算的一种方法。用该方法可获得材料消耗的各项数据，用以编制材料消耗定额。

（4）理论计算法。理论计算法是运用一定的计算公式计算材料消耗量，确定消耗定额的一种方法。这种方法较适合计算块状、板状等材料的消耗量。

（1）砖砌体材料用量计算：

$$每立方米砌体标准砖用量（块）=\frac{2\times墙厚的砖数}{墙厚\times（砖长+灰缝）\times（砖厚+灰缝）}$$

$$每立方米砖砌体砂浆净用量（m^3）=1m^3\ 砌体-砖所占体积$$

砖砌体尺寸计算示意图如图 1.2.1 所示。

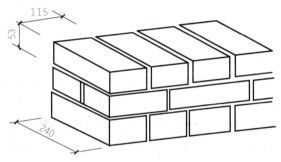

图 1.2.1　砖砌体尺寸示意图

标准砖砌体计算厚度见表 1.2.2。

表 1.2.2　标准砖砌体计算厚度表

墙厚（砖数）	1/4	1/2	3/4	1	3/2	2
设计厚度/mm	60	120	180	240	370	490
计算厚度/mm	53	115	180	240	365	490

例 1-2　计算一砖半标准墙（240 mm×115 mm×53 mm）外墙每 1m³ 砌体砖和砂浆消耗量。

解：$$砖净用量块=\frac{2\times 1\frac{1}{2}}{0.365\times（0.24+0.01）\times（0.053+0.01）}=521.85\approx522（块）$$

砂浆净用量$=(1-521.85\times0.24\times0.115\times0.053)=0.237（m^3）$

（2）铺贴各种块料面层的材料用量计算：

$$每100\ m^2\ 块料面层中块料净用量（块）=\frac{100}{（块料长+灰缝）\times（块料宽+灰缝）}$$

每 100 m² 块料面层中灰缝砂浆净用量（m³）=（100-块料净用量×块料长×块料宽）×块料厚

每 100 m² 块料面层中结合层砂浆净用量（m³）=100×结合层厚每 100 m² 块料面层中砂浆净用量（m³）=灰缝砂浆净用量+结合层砂浆用量

各种材料消耗量=净用量×（1+材料损耗率）

例 1-3 用 1∶1 水泥砂浆贴 150 mm×150 mm×5 mm 瓷砖墙面，结合层厚度为 10 mm，灰缝宽 2 mm。试计算 100 m² 墙面瓷砖和水泥砂浆的消耗量(已知瓷砖和砂浆损耗率分别为 1.5%、1%)。

解：每 100 m² 瓷砖净用量＝100/[(0.15＋0.002)×(0.15＋0.002)]＝4 328.3(块)

每 100 m² 瓷砖消耗量＝4 328.3×(1＋1.5%)＝4 393.2＝4 394(块)

每 100 m² 结合层砂浆用量＝100×0.01＝1(m³)

每 100 m² 灰缝砂浆用量＝(100－4 328.3×0.15×0.15)×0.005＝0.013(m³)

每 100 m² 缝砂浆消耗量＝(1＋0.013)×(1＋1%)＝1.023(m³)

1.2.3 施工机械台班消耗定额

1. 施工机械台班消耗定额的概念

施工机械台班定额是指在正常施工条件下，某种机械为生产单位合格建筑产品所需消耗的施工机械工作时间，或在单位时间内该施工机械完成合格建筑产品的数量。表现为机械时间定额和机械台班产量定额，机械台班产量定额与机械时间定额互为倒数。

施工机械台班消耗量定额以一台施工机械工作一个工作班为计量单位，一个工作班又称台班，1 台班为 8 h。

例如，塔式起重机吊装一块混凝土楼板，建筑物高度在 6 层以内，楼板重量在 0.5t 以内，如果规定机械时间定额为 0.008 台班，那么台班产量定额则是：1/0.008＝125 块。

2. 施工机械台班消耗定额的编制方法

(1)拟定正常的施工条件。机械操作与人工操作相比，劳动生产率在更大的程度上受施工条件的影响，所以更要重视拟定正常的施工条件。

(2)确定施工机械纯工作 1 h 的正常生产率。确定机械纯工作 1 h 的正常劳动生产率可分为三步进行。

第一步：计算施工机械 1 次循环正常延续时间；

机械 1 次循环的正常延续时间(s)＝∑(循环各组成部分正常延续时间)－重叠时间

第二步：计算施工机械纯工作 1 h 循环次数；

机械纯工作 1 h 循环次数＝3 600(s)/一次循环的正常延续时间

第三步：求施工机械纯工作 1 h 正常生产率。

机械纯工作 1 h 正常生产率＝机械纯工作 1 h 循环次数×一次循环的产品数量

(3)确定施工机械的正常利用系数。机械正常利用系数＝工作班内机械纯工作时间/机械工作班延续时间(8 h)

(4)计算机械台班定额。机械台班定额＝机械纯工作 1 h 正常生产率×工作班延续时间×机械正常利用系数

例 1-4 已知用塔式起重机吊运混凝土，确定吊装位置需时 50 s，运行需时 60 s，卸料需时 40 s，返回需时 30 s，中断 20 s，每次装混凝土 0.50 m³，机械利用系数 0.85。求塔式起重机的时间定额和产量定额。

解：计算一次循环时间：50＋60＋40＋30＋20＝200(s)

　　计算每小时循环次数：60×60/200＝18(次/h)

　　计算塔式起重机产量定额：18×0.5×8×0.85＝61.20(m³/台班)

　　计算塔式起重机时间定额：1/61.20≈0.02(台班/m³)

1.3 人工单价、材料、机械台班单价的确定

1.3.1 人工单价

1. 人工单价的概念

人工单价也称日工资，是工人工作一个工作日应得的劳动报酬。按我国劳动法的规定，一个工作日的工作时间为 8 h，简称"工日"。

2. 人工单价的组成

人工单价由基本工资、工资性补贴、生产工人辅助工资、职工福利费、生产工人劳动保护费等组成。

(1)基本工资：生产工人工作一个工作日应得的基本劳动报酬。

(2)工资性补贴：按规定发放的粮食补贴，煤、燃气补贴，交通补贴，住房补贴，流动施工津贴等。

(3)生产工人辅助工资：生产工人年有效施工天数以外的非作业天数的工资，包括职工学习、培训期间的工资，调动工作、探亲、休假期间的工资，因气候影响的停工工资，女工哺乳时间的工资，病假在六个月以内的工资及产、婚、丧假期的工资。

(4)职工福利费：按规定标准计提的职工福利费。

(5)生产工人劳动保护费：按规定标准发放的劳动保护用品的购置及修理费，徒工服装补贴，防暑降温费，在有碍身体健康环境中施工的保健费用等。

《辽宁省建筑工程计价定额》(2008)中规定：本定额人工等级分普通工和技工，其中，人工工日单价分别为：普工 40.00 元/工日，技工 55.00 元/工日，其中抹灰、装饰 65.00 元/工日。这部分单价是以 2008 年为基准期而确定的工资单价，随着时间的推移，人工工资单价也会发生变化。

1.3.2 材料预算价格

1. 材料预算价格的概念及组成

(1)材料预算价格的概念：材料预算价格是指材料由其来源地(或交货地点)到达工地

仓库(或指定堆放地点)的出库价格,包括货源地至工地仓库之间的所有费用。

(2)材料预算价格的组成:材料预算价格由材料原价、材料运杂费、运输损耗费、采购及保管费、检验试验费五部分组成:

①材料原价:即材料的购买价,包括包装费及供销部门的手续费。

②材料运杂费:是指材料自货源地运至工地仓库所发生的全部费用,包括车船运输和装车、卸车等费用。

③发材料运输损耗费:材料在运输及装卸的过程中不可避免的消耗费用。如材料不可避免的损失、挥发等。

④材料采购及保管费:是为组织采购和工地保管材料过程中所发生的各项费用,包括采购费和工地保管费两部分。

⑤材料检验试验费:是对建筑材料、构件进行一般鉴定、检查所发生的费用,包括自设实验室检验所耗用的材料和化学药品等费用。不包括新结构、新材料的试验费和建设单位对具有出场合格的材料进行检验,以及对构件做破坏性试验和其他特殊要求检验试验费用。

🔍 2. 材料预算价格的确定

$$材料预算价格=材料原价+材料运杂费+材料运输损耗费+材料采购保管费$$
$$+材料检验试验费-包装品回收值$$

在确定材料预算价格时,同一种材料若购买地单价不同,应根据不同的供货数量及单价,采用加权平均的办法确定其材料预算价格。

(1)材料原价(或材料供应价)。

$$加权平均原价=\sum(各货源地数量×材料单价)/\sum 各货源地数量$$

例 1-5 某工地从三个地方采购所需的水泥,其中甲地采购 300 t,单价为 240 元/t;乙地采购 200 t,单价为 250 元/t;丙地采购 350 t,单价为 220 元/t。求该工地水泥的原价。

解: 由于水泥由三地采购,故应采用加权平均价格。

$$材料加权平均原价=(240×300+250×200+220×350)/(300+200+350)$$
$$=234.12(元/t)$$

(2)材料运杂费。

$$材料运杂费=材料运输费+材料装卸费$$

$$材料运输费=\sum(各地购买材料运输距离×运输单价×材料数量)/\sum 材料数量$$

$$材料装卸费=\sum(各地购买材料装卸单价×材料数量)/\sum 材料数量$$

(3)材料运输损耗费。

$$材料运输损耗费=(材料原价+材料运杂费)×运输损耗率$$

例 1-6 某工地从甲、乙、丙三地采购所需的水泥(见例 1-5),甲、乙、丙地距离工地分别是 28 km、30 km 和 15 km,其运输费单价为 0.8 元/(t·km),其装卸费甲为 16 元/t、乙为 14 元/t、丙为 12 元/t,材料运输损耗率甲、乙、丙分别为 0.5%、0.4%和 0.5%。计算水泥的运费单价。

解: 计算加权平均装卸费=(16×300+14×200+12×350)/(300+200+350)
$$=13.88(元/t)$$

计算加权平均运输费＝（28×300＋30×200＋15×350）×0.8/（300＋200＋350）
　　　　　　　　　　＝18.49（元/t）

则运杂费＝13.88＋18.49＝32.37（元/t）

计算运输损耗费：甲地＝（240＋28×0.8＋16）×0.5％＝1.39（元/t）

　　　　　　　　　乙地＝（250＋30×0.8＋14）×0.4％＝1.15（元/t）

　　　　　　　　　丙地＝（220＋15×0.8＋12）×0.5％＝1.22（元/t）

则加权运输损耗费＝（300×1.39＋200×1.15＋350×1.22）/（300＋200＋350）
　　　　　　　　　＝1.26（元/t）

则所求水泥的加权运费单价＝32.37＋1.26＝33.57（元/t）

（4）材料采购保管费。

材料采购保管费＝（材料原价＋材料运杂费＋材料运输损耗费）×材料采购保管费率

材料采购保管费率通常取1％～3％。

（5）材料检验试验费。

材料检验试验费＝材料原价×检验试验费率

例1-7　某工程需用水泥，选定甲、乙两个供货地点，甲地出厂价为670元/t，可供需要量的70％，乙地出厂价为690元/t，可供需要量的30％。汽车运输，甲地离工地80 km，乙地离工地60 km，运费为0.4元/km，水泥的装卸费为16元/t，运输损耗率为1％，水泥包装纸袋回收率为60％，纸袋回收值按0.4元/个计算，采购保管费率为2.5％，试计算水泥的预算价格。

解：计算加权平均原价＝670×70％＋690×30％＝676（元/t）

计算供销部门手续费＝0（不发生）

计算包装费：水泥纸袋包装费已包括在材料原价内，不另计算。但包装品回收价值应在材料预算价格中扣除。纸袋回收率为60％，纸袋回收值按0.4元/个计算，每吨水泥有20袋，则包装费回收值为20×60％×0.4＝4.8（元/t）

计算运输费：水泥的装卸费为16元/t，运输损耗率为1％

则运杂费＝80×70％×0.4＋60×30％×0.4＋16＝45.6（元/t）

计算运输损耗费＝（676＋45.6）×1％＝7.22（元/t）

则运输费＝运杂费＋运输损耗费＝45.6＋7.22＝52.82（元/t）

计算材料采购保管费＝（676＋52.82）×2.5％＝18.22（元/t）

则所求水泥的预算价格＝676＋52.82＋18.22－4.8＝742.24（元/t）

1.3.3　施工机械台班单价

1. 施工机械台班单价的概念及组成

施工机械台班单价是指一台施工机械在正常运转条件下，工作一个工作班所发生的全部费用，包括折旧费、大修理费、经常修理费、安拆费及场外运输费、机上人工费、燃料动力费、其他费用等七部分。

2. 施工机械台班单价的确定

（1）折旧费：施工机械在规定的使用年限内，陆续收回其原始价值及购买资金的时间价值。

折旧费＝机械预算价格×（1－残值率）×贷款利息系数/耐用总台班

机械预算价格：分国产机械预算价格及进口机械预算价格。

残值率：是指施工机械报废时其回收的残余价值占机械原值的比率。依据《施工、房地产开发企业财务制度》规定，残值率按照固定资产原值的 2%～5%确定。各类施工机械的残值率综合确定一般为：运输机械 2%，特型、大型机械 3%，中型、小型机械 4%，掘进机械 5%。

耐用总台班：是指机械在正常施工作业条件下，从投入使用起到报废止，按规定达到的使用总台班数。

（2）大修理费：施工机械按规定大修理间隔期间进行大修，以恢复其正常使用功能所需要的费用。

大修理费＝一次大修理费×寿命期内大修理次数/耐用总台班

寿命期内大修理次数：是指机械设备为恢复原机功能，按规定在使用期限内需要进行的大修理次数。

（3）经常修理费：施工机械除大修理外的各级保养和临时故障排除所需要的费用。包括为保障施工机械设备正常运转所需要替换设备，随机使用的工具辅具的摊销维护费用，机械运转及日常保养所需的润滑、擦拭材料费用和机械停置期间的正常维护保养费用等。

经常修理费＝台班修理费×K

K＝机械台班修理费/机械台班大修理费

（4）安拆及场外运费：是施工机械在施工现场进行安装、拆卸，所需要的人工、材料、机械费、试运转费以及机械辅助设施的折旧、搭设、拆除等费用。

（5）机上人工费：机上司机及随机操作人员所发生的费用，包括工资、补贴等。

（6）燃料动力费：燃料动力费是指施工机械在施工作业中所耗用的液体燃料（汽油、柴油）、固体燃料（煤、木材）水、电等费用。

（7）其他费用：其他费用是指施工机械按照国家和有关部门规定应缴纳的费用，包括车船使用税、保险费和年检费等。

1.4　定额的应用

定额是编制施工图预算，确定工程造价的主要依据，定额应用正确与否直接影响建筑工程造价。

1.4.1　使用定额时应注意的问题

首先要准确理解并掌握文字说明部分。定额中的文字说明主要有总说明、建筑面积计算规范、各分部工程说明、工程量计算规则和附录。

其次要准确理解定额用语及符号含义。例如：定额中规定，凡注有"××以内"或"××以下"者，均包括其本身在内；而注有"××以外"或"××以上"者，均不包括其本身。

再次要准确掌握各分项工程的工程内容。只有准确掌握了各分项工程的工程内容，才能准确套用定额，避免重算和漏算。

还要特别注意各分项工程的工程量计算单位必须与定额计量单位一致，要注意一些较为特殊的计量单位和扩大计量单位。例如：木扶手的计量单位是 10 延长米。

最后要注意掌握定额换算范围，掌握定额换算和调整的方法。

1.4.2 定额的直接套用

直接套用定额项目的方法步骤如下：

(1)根据施工图纸的分部分项工程项目名称，从定额中找出该分部分项工程的定额编号。

(2)当设计图纸中的分部分项工程内容与定额规定完全一致时，或虽然不完全一致但定额不允许换算时，即可直接套用定额。

此外，还必须注意分部分项工程内容的名称、材料、施工机械等的规格、计量单位等与定额规定是否一致。

(3)确定工程项目所需人工、材料、机械台班的消耗量。

$$分项工程工程消耗量＝分项工程工程量×定额消耗量指标$$

例 1-8 某土方工程为三类土，人工开挖，深度为 1.2 m，计算开挖 100 m^3 土方的用工量和基价。

解： 查《辽宁省建筑工程计价定额》(2008)，见表 1.4.1，直接套用 0101002005 子目，即挖土方深度 1.5 m 以内(三类土)。

直接查表得：普工用工日＝28.726(工日/100 m^3)

基价＝1148.9(元/100 m^3)

表 1.4.1 2008《辽宁省建筑工程计价定额》示例

2. 人工挖土方(编码：010101002)

工作内容：挖土、修理边底   单位：100 m^3

项 目 编 码			005	006	007	008
			1-6	1-7	1-8	1-9
项　　目			挖土方			
			三类土			
			深度(m)以内			
			1.5	2	4	6
基价/元			1 148.92	1 344.28	1 768.44	2 069.76
其中	人工费/元		1 148.92	1 344.28	1 765.44	2 069.76
	材料费/元		—	—	—	—
	机械费/元		—	—	—	—
名称		单位	消耗量			
人工	普工	工日	28.723	33.607	44.211	51.744

1.4.3 定额的换算

定额换算的实质就是按定额规定的换算范围、内容和方法,对某些分项工程预算基价进行换算,经过换算的定额在原定额编号后加上一个"换"字。

1. 预算定额的换算条件

当施工图设计的分部分项工程内容与定额项目的内容不一致,而按定额要求又允许换算时,为了计算工程项目的直接费及工料消耗量,要对定额项目与施工图项目之间的差异进行调整,使得预算定额中规定的内容和施工图设计的内容相一致,这就是定额的换算。其换算的依据是定额文字说明部分所规定的换算条件。

2. 预算定额的换算内容

预算定额的换算内容为人工费、材料费、机械费的换算,其中主要为材料换算。如砂浆标号(强度等级)、混凝土等级、材料单价、抹灰或材料厚度、重量换算和利用某些系数换算等。

(1)混凝土强度等级的换算:设计图要求的分项工程或结构构件的混凝土强度等级与相应定额规定的混凝土强度等级不相符时,应按照定额规定进行换算。由于混凝土强度等级的改变,不会造成人工费和机械费的变化,因此,仅换算由于混凝土强度等级不同造成的材料用量的差异部分。换算步骤:

①从定额表中查出相近定额编号、记录一个定额计量单位该分项工程的混凝土消耗量。

②从《辽宁省建设工程混凝土、砂浆配合比》中,先查出设计图要求的混凝土强度等级 1 m³ 混凝土中水泥、砂、石子、水等原材料用量,再查出套用的相近定额中规定的混凝土强度等级 1 m³ 混凝土中原材料用量,即通过确定混凝土中换入和换出材料的单位用量,计算出换入的混凝土单价和要换出的混凝土单价。

③确定换算后定额基价,可按下式计算:

换算后定额基价=换算前定额基价+定额混凝土用量×(换入混凝土单价-换出混凝土单价)

(2)系数换算:在定额文字说明中或定额表下方的附注中,经常会说明应乘以相应系数的规定,这也是定额换算的一种。

计算公式为:换算后消耗量=原定额消耗量×所示系数

如《辽宁省建筑工程计价定额》第四章混凝土、钢筋工程中,在说明中指出:现浇混凝土中的斜梁、斜板、斜柱,按矩形梁、平板、柱相应项目人工乘以系数1.05,则换算后人工消耗量=原定额人工消耗量×1.05。

由于施工图设计的工程内容与定额规定的内容不完全相符,定额允许在其规定范围内,调整定额基价(人、机)。

计算公式:换算后的定额基价=定额基价+(定额基价×调整系数)(增减)

例1-9 试根据《辽宁省建筑工程计价定额》(2008),确定某工程屋面斜梁的单价。

解:查《辽宁省建筑工程计价定额》(2008),混凝土、钢筋工程章节中现浇混凝土矩形梁,子目4-33(表1.4.2):

基价＝人工费＋材料费＝143.8＋3 028.05＝3 171.85(元/10 m³)

根据混凝土、钢筋工程说明一中第八条规定：斜梁、斜板、斜柱，按矩形梁、柱、平板相应项目人工乘以系数1.05，则

换算后单价＝人工费×1.05＋材料费＝143.8×1.05＋3 028.05＝3 179.04(元/10 m³)

表1.4.2 2008《辽宁省建筑工程计价定额》示例

2. 矩形梁(编码：010403002)

工作内容：混凝土搅拌、水平运输、浇捣、养护　　　　　　　　　单位：10 m³

项目编码			001	002
			4-33	4-34
项目名称			现浇混凝土	
			单梁连续梁	
			商品混凝土	现场混凝土
基价/元			3 171.85	2 519.39
其中		人工费/元	143.8	501.81
		材料费/元	3 028.05	1 910.97
		机械费/元	—	106.61
名　称		单位	消耗量	
人工	普工	工日	2.675	9.336
	技工	工日	0.669	2.334
材料	商品混凝土(综合)	m³	10.05	—
	混凝土(二)砾石 C20－C40 水泥 32.5 MPa	m³	—	10.15
	塑料薄膜	m²	23.8	23.8
	水	m³	1.359	7.474
机械	混凝土搅拌机 400 L	台班	—	0.63

课后练习

一、简答题

1. 什么是工程定额？

2. 工程定额有哪些特点？工程定额可分为哪几类？

3. 人工单价由哪几部分内容组成？

4. 什么是材料预算价格？材料预算价格由哪几部分组成？

5. 机械台班单价由哪几部分内容组成？

二、选择题

1. 定额时间是指工人在正常施工条件下，为完成一定数量的产品或符合要求的工作所(　　)。

　A. 必须消耗的工作时间　　　　　B. 必须损失的时间

　C. 必须的辅助工作时间　　　　　D. 必须的休息时间

2. 按照定额的生产要素分类，工程建设定额有(　　)。

　A. 施工定额　　　　　　　　　　B. 劳动定额

    C. 材料定额   D. 机械台班使用定额

    E. 专业专用定额

  3. 按专业性质分类，工程建设定额有(　　　)。

    A. 企业定额   B. 建筑工程定额

    C. 装饰工程定额   D. 铁路工程定额

    E. 预算定额

  4. 已知某挖土机挖土的一个工作循环需 2 min，每循环一次挖土 0.5 m^3，工作班的延续时间为 8 h，机械利用系数 $K=0.85$，则该机械的产量定额为(　　　)$\text{m}^3/$台班。

    A. 12.8   B. 15   C. 102   D. 120

  5. 下列不属于材料预算价格的是(　　　)。

    A. 材料原价   B. 材料运杂费

    C. 供销部门手续费   D. 材料二次搬运费

  6. 已知砌筑 1 m^3 标准砖墙需要标准砖的净用量为 521.7 块，每块标准砖的尺寸为 240 mm×115 mm×53 mm，标准砖和砂浆的损耗率均为 1%，则砌筑 1 m^3 标准砖墙需要砂浆的总耗量是(　　　)m^3。

    A. 0.229   B. 0.232   C. 0.237   D. 0.239

三、计算题

  1. 若测得每焊接 1 t 型钢支架需要基本工作时间 54 h，辅助工作时间、准备与结束工作时间、不可避免中断时间、休息时间分别占工作延续时间的 3%、2%、2%、18%。试计算每焊接 1 t 型钢支架的人工时间定额和产量定额。

  2. 某沟槽采用挖斗容量为 0.5 m^3 的反铲挖掘机挖土，每循环 1 次时间为 2 min，机械利用系数为 0.85。试计算该挖掘机台班时间定额和产量定额。

  3. 砌筑一砖半砖墙的技术测定资料如下：

  (1)完成 1 m^3 的砖体需基本工作时间 15.5 h，辅助工作时间占工作延续时间的 3%，准备与结束工作时间占 3%，不可避免中断时间占 2%，休息时间占 16%。

  (2)砂浆采用 400 L 搅拌机现场搅拌，运料需 200 s，装料 50 s，搅拌 80 s，卸料 30 s，不可避免中断 10 s，机械利用系数 0.8。试确定砌筑 1 m^3 墙砖的人工、机械台班消耗定额。

  4. 使用 1∶2 水泥砂浆 600 mm×600 mm×12 mm 花岗岩板地面，灰缝为 1 mm，水泥砂浆粘结层 5 mm 厚，花岗岩板损耗率 2.5%，水泥砂浆损耗率 1.5%。试计算每贴 100 m^2 地面花岗岩板的消耗量，并计算每贴 100 m^2 地面花岗岩板的粘结层砂浆和灰缝砂浆消耗量。

  5. 某工地需要某种材料，由甲、乙、丙三个供应厂，甲厂可供应 40%，原价 285 元/t，乙厂可供应 25%，原价 3 005 元/t，丙厂可供应 35%，原价 295 元/t，供销部门手续费不计，三者均为汽车运输，运距分别为 20 km、56 km、11 km，每 1 km 运费为 0.8 元/t，装卸费 3 元/t，运输损耗为 3%，包装费为 8 元/t，采购保管费为 2.5%，试计算材料的预算价格。

项目 2

工程造价的构成及常用计价方法

知识目标

1. 掌握工程造价的组成及计算方法；
2. 明确建筑安装工程费用的构成及费用项目的含义；
3. 掌握建安工程费用的计算方法。

技能目标

1. 能正确计算建筑安装工程费用；
2. 能正确计算小型建设项目的工程造价。

2.1 工程造价的构成

2.1.1 工程造价的理论构成

工程造价是以货币形式表现的建设工程产品的价值。它由建设用物质消耗支出、建设者工资报酬支出和盈利三部分组成。

1. 建设用物质消耗支出

建设用物质消耗支出包括：

(1)建设工程所用材料的价格，由一次性使用材料价格和周转性使用材料价格组成。

(2)施工机械价格，主要由施工机械台班价格、安装拆除价格、施工机械进出场价格等组成。

(3)设备、工具价格，由其购置原价和运杂费构成。

2. 建设者工资报酬支出

建设者工资报酬是劳动者为自己的劳动所创造价值的货币表现。如建设单位、设计单位、施工单位、监理单位等建设参与单位的职工工资、奖金、费用等。

3. 盈利

盈利是劳动者为社会所创造价值的货币表现，如建设、设计、施工、监理等建设参与者所在单位的利润和税金。

2.1.2 我国现行工程造价的构成

根据住建部、财政部印发的《建筑安装工程费用项目组成》（建标[2013]44号）文件规定，建筑安装工程费按照费用构成要素划分：由人工费、材料（包含工程设备，下同）费、施工机具使用费、企业管理费、利润、规费和税金组成。其中，人工费、材料费、施工机具使用费、企业管理费和利润包含在分部分项工程费、措施项目费、其他项目费中，如图2.1.1所示。

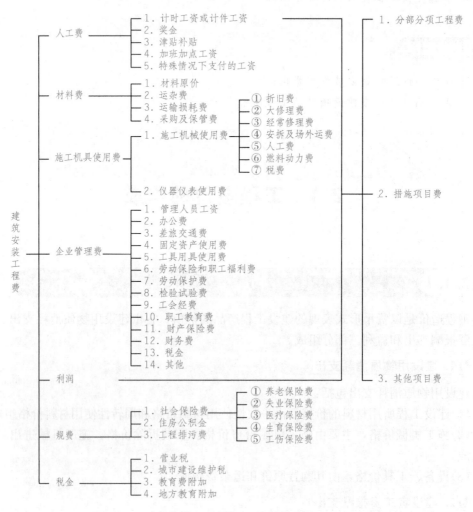

图 2.1.1 建筑安装工程费用组成（按费用构成要素划分）

建筑安装工程费用按照工程造价组成划分，由分部分项工程费、措施项目费、其他项目费、规费、税金组成，分部分项工程费、措施项目费、其他项目费包含人工费、材料费、施工机具使用费、企业管理费和利润，如图2.1.2所示。

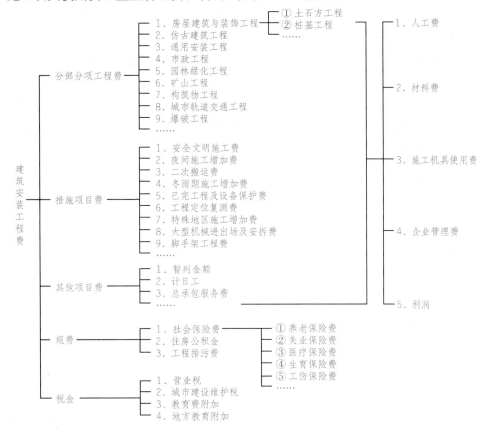

图 2.1.2　建筑安装工程费用组成(按造价形成划分)

2.2　建筑安装工程费用项目组成

2.2.1　按费用构成要素划分

1. 人工费

人工费是指按照工资总额构成规定，支付给从事建筑安装工程施工的生产工人和附属生产单位工人的各项费用。内容包括：

(1)计时工资或计件工资：是指按计时工资标准和工作时间或对已做工作按计件单价支付给个人的劳动报酬。

(2)奖金：是指对超额劳动和增收节支支付给个人的劳动报酬，如节约奖、劳动竞赛奖等。

(3)津贴补贴：是指为了补偿职工特殊或额外的劳动消耗和因其他特殊原因支付给个人的津贴，以及为了保证职工工资水平不受物价影响支付给个人的物价补贴，如流动施工津贴、特殊地区施工津贴、高温(寒)作业临时津贴、高空津贴等。

(4)加班加点工资：是指按规定支付的在法定节假日工作的加班工资和在法定工作日时间外延时工作的加点工资。

(5)特殊情况下支付的工资：是指根据国家法律、法规和政策规定，因病、工伤、产假、计划生育假、婚丧假、事假、探亲假、定期休假、停工学习、执行国家或社会义务等原因按计时工资标准或计时标准的一定比例支付的工资。

2. 材料费

材料费是指施工过程中耗费的原材料、辅助材料、构配件、零件、半成品或成品、工程设备的费用。内容包括：

(1)材料原价：是指材料、工程设备的出厂价格或商家供应价格。

(2)运杂费：是指材料、工程设备自来源地运至工地仓库或指定堆放地点所发生的全部费用。

(3)运输损耗费：是指材料在运输装卸过程中不可避免的损耗。

(4)采购及保管费：是指为组织采购、供应和保管材料、工程设备的过程中所需要的各项费用。包括采购费、仓储费、工地保管费、仓储损耗。

工程设备是指构成或计划构成永久工程一部分的机电设备、金属结构设备、仪器装置及其他类似的设备和装置。

3. 施工机具使用费

施工机具使用费是指施工作业所发生的施工机械、仪器仪表使用费或其租赁费。

(1)施工机械使用费：以施工机械台班耗用量乘以施工机械台班单价表示，施工机械台班单价由下列七项费用组成：

①折旧费：是指施工机械在规定的使用年限内，陆续收回其原值的费用。

②大修理费：是指施工机械按照规定的大修理间隔台班进行必要的大修理，以恢复其正常功能所需的费用。

③经常修理费：是指施工机械除大修理以外的各级保养和临时故障排除所需的费用。包括为保障机械正常运转所需替换设备与随机配备工具附具的摊销和维护费用，机械运转中日常保养所需润滑与擦拭的材料费用及机械停滞期间的维护和保养费用等。

④安拆费及场外运输费：安拆费是指施工机械(大型机械除外)在现场进行安装与拆卸所需的人工、材料、机械和试运转费用以及机械辅助设施的折旧、搭设、拆除等费用；场外运输费是指施工机械整体或分体自停放地点运至施工现场或由一施工地点运至另一施工地点的运输、装卸、辅助材料及架线等费用。

⑤人工费：是指机上司机(司炉)和其他操作人员的人工费。

⑥ 燃料动力费：是指施工机械在运转作业中所消耗的各种燃料及水、电等。

⑦ 税费：是指施工机械按照国家规定应缴纳的车船使用税、保险费及年检费等。

(2)仪器仪表使用费：是指工程施工所需使用的仪器仪表的摊销及维修费用。

4. 企业管理费

企业管理费是指建筑安装企业组织施工生产和经营管理所需的费用。内容包括：

(1)管理人员工资：是指按规定支付给管理人员的计时工资、奖金、津贴补贴、加班加点工资及特殊情况下支付的工资等。

(2)办公费：是指企业管理办公用的文具、纸张、账表、印刷、邮电、书报、办公软件、现场监控、会议、水电、烧水和集体取暖降温(包括现场临时宿舍取暖降温)等费用。

(3)差旅交通费：是指职工因公出差、调动工作的差旅费、住勤补助费，市内交通费和误餐补助费，职工探亲路费，劳动力招募费，职工退休、退职一次性路费，工伤人员就医路费，工地转移费以及管理部门使用的交通工具的油料、燃料等费用。

(4)固定资产使用费：是指管理和实验部门及附属生产单位使用的属于固定资产的房屋、设备、仪器等的折旧、大修、维修和租赁费。

(5)工具用具使用费：是指企业施工生产和管理使用的不属于固定资产的工具、器具、家具、交通工具和检验、试验、测绘、消防用具等的购置、维修和摊销费。

(6)劳动保险和职工福利费：是指由企业支付的职工退职金、按规定支付给离休干部的经费，集体福利费、夏季防暑降温、冬季取暖补贴、上下班交通补贴等。

(7)劳动保护费：是企业按照规定发放的劳动保护用品的支出。如工作服、手套、防暑降温饮料以及在有碍身体健康的环境中施工的保健费用等。

(8)检验试验费：是指施工企业按照有关标准规定，对建筑以及材料、构件和建筑安装物进行一般鉴定、检查所发生的费用，包括自设检验室进行试验所耗用的材料等费用。不包括新结构、新材料的试验费，对构件做破坏性实验及其他特殊要求检验试验的费用和建设单位委托检测机构进行检测的费用，对此类检测发生的费用，由建设单位在工程建设其他费用中列支。但对施工企业提供的具有合格证明的材料进行检测不合格的，该检测费用由施工企业支付。

(9)工会经费：是指企业按《工会法》规定的全部职工工资总额比例计提的工会经费。

(10)职工教育经费：是指按职工工资总额的规定比例计提，企业为职工进行专业技术和职业技能培训，专业技术人员继续教育、职工职业技能鉴定、职业资格认定以及根据需要对职工进行各类义化教育所发生的费用。

(11)财产保险费：是指施工管理用财产、车辆等的保险费用。

(12)财务费：是指企业为施工生产筹集资金或提供预付款担保、履约担保、职工工资支付担保等所发生的各种费用。

(13)税金：是指企业按照规定缴纳的房产税、车船使用税、土地使用税、印花税等。

(14)其他：包括技术转让费、技术开发费、投标费、业务招待费、绿化费、广告费、公证费、法律顾问费、审计费、咨询费、保险费等。

5. 利润

利润是指施工企业完成所承包工程获得的盈利。建筑企业可依据本企业管理水平和建筑市场供求情况,自行确定本企业的利润水平。

6. 规费

规费是指按国家法律、法规规定,由省级政府和省级有关权力部门规定必须缴纳或计取的费用。包括:

(1)社会保险费。

①养老保险费:是指企业按照规定标准为职工缴纳的基本养老保险费。

②失业保险费:是指企业按照规定标准为职工缴纳的失业保险费。

③医疗保险费:是指企业按照规定标准为职工缴纳的基本医疗保险费。

④生育保险费:是指企业按照规定标准为职工缴纳的生育保险费。

⑤工伤保险费:是指企业按照规定标准为职工缴纳的工伤保险费。

(2)住房公积金:是指企业按照规定标准为职工缴纳的住房公积金。

(3)工程排污费:是指企业按照规定缴纳的施工现场工程排污费。

其他应列而未列入的规费,按实际发生计取。

7. 税金

税金是指国家税法规定的应计入建筑安装工程造价内的经营税、城市维护建设税、教育费附加以及地方教育附加。

2.2.2 按造价形成划分

建筑安装工程费按照工程造价形成由分部分项工程费、措施项目费、其他项目费、规费、税金组成。分部分项工程费、措施项目费、其他项目费包含人工费、材料费、施工机具使用费、企业管理费和利润(图 2.1.2)。

1. 分部分项工程费

分部分项工程费是指各专业工程的分部分项工程应予列支的各项费用。

(1)专业工程:是指按现行国家计算规范划分的房屋建筑与装饰工程、仿古建筑工程、通用安装工程、市政工程、园林绿化工程、矿山工程、构筑物工程、城市轨道交通工程、爆破工程等各类工程。

(2)分部分项工程:是指按现行国家计算规范对各专业工程划分的项目。如房屋建筑与装饰工程划分的土石方工程、地基处理与桩基工程、砌筑工程、钢筋及钢筋混凝土工程等。

2. 措施项目费

措施项目费是指为完成建设工程项目施工,发生于该工程施工前和施工过程中的技术、生活、安全、环境保护等方面非工程实体项目的费用。内容包括:

(1)安全文明施工费。

①环境保护费：是指施工现场为达到环保部门要求所需要的各种费用。

②文明施工费：是指施工现场文明施工所需要的各项费用。

③安全施工费：是指按《建设工程安全生产管理条例》规定，为保证施工现场安全施工所必需的各项费用。

④临时设施费：是指施工企业为进行建设工程施工所必需搭设的生活和生产用的临时建筑物、构筑物和其他临时设施费用。

(2)夜间施工增加费：是指夜间施工所发生的夜班补助费、夜间施工降效、夜间施工照明设备摊销及照明用电等费用。

(3)二次搬运费：是指因施工场地条件限制而发生的材料、构配件、半成品等一次运输不能到达堆放地点，必须进行二次或多次搬运所发生的费用。

(4)冬雨期施工增加费：是指因工程进度、工程结构及施工工艺要求，必须进行冬期或雨期施工，所需增加的临时设施、防滑、排除雨雪，人工及施工机械效率降低等费用。

(5)已完工程及设备保护费：是指竣工验收前，对已完工程及设备采取的必要保护措施所发生的费用。

(6)工程定位复测费：是指工程施工过程中进行全部施工测量放线和复测工作的费用。

(7)特殊地区施工增加费：是指工程在沙漠或者其边缘地区、高海拔、高寒、原始森林等特殊地区施工增加的费用。

(8)大型机械设备进出场及安拆费：是指机械整体或分体自停放场地运至施工现场或由一个施工地点运至另一个施工地点，所发生的机械进出场运输及转移费用及机械在施工现场进行安装、拆卸所需的人工费、材料费、机械费、试运转费和安装所需的辅助设施的费用。

(9)脚手架工程费：是指施工需要的各种脚手架搭、拆、运输费用以及脚手架购置费的摊销(或租赁)费用。

3. 其他项目费

(1)暂列金额：是指建设单位在工程量清单中暂定并包括在工程合同价款中的一笔款项。用于施工合同签订时尚未确定或者不可预见的所需材料、工程设备、服务的采购，施工中可能发生的工程变更、合同约定调整因素出现时的工程价款调整以及发生的索赔、现场签证确认等的费用。

(2)计日工：是指在施工过程中，施工企业完成建设单位提出的施工图纸以外的零星项目或工作所需的费用。

(3)总承包服务费：是指总承包人为配合、协调建设单位进行的专业工程发包，对建设单位自行采购的材料、工程设备等进行保管以及施工现场管理、竣工资料汇总整理等服务所需的费用。

4. 规费与税金

规费与税金的概念及包含的内容本书2.2.1中已介绍，此处不再赘述。

2.3 工程量清单的组成与编制方法

2.3.1 工程量清单的概念

2003 年 7 月 1 日，我国正式颁布《建设工程工程量清单计价规范》(GB 50500—2003)，标志着工程量清单计价办法在全国开始推广。该规范于 2008 年和 2013 年进行了两次修改，2013 年 7 月 1 日正式施行《建设工程工程量清单计价规范》(GB 50500—2013)。

工程量清单是标明拟建工程的项目名称、项目特征及相应数量的明细清单，包括分部分项工程项目、措施项目、其他项目的明细清单以及规费、税金等内容，分为招标工程量清单和已标价工程量清单。

招标工程量清单是招标人依据国家标准、招标文件、设计文件以及施工现场实际情况编制的，随招标文件发布供投标人投标报价的工程量清单，包括其说明和表格。

招标工程清单必须作为招标文件的组成部分，它是工程量清单计价的基础，是编制招标控制价、投标报价、支付工程款、调整合同价款、办理竣工结算以及工程索赔等的依据。

已标价工程量清单是投标文件的组成部分，是承包人已经认可的工程量清单，包括其说明和表格。

2.3.2 工程量清单编制方法

工程量清单专业性强，内容复杂，对编制人的业务技术水平要求高，能否编制出完整、严谨的工程量清单，直接影响招标的质量，也是招标成败的关键。因此，工程量清单要由具有编制能力的招标人或受招标人委托，具有相应资质的工程造价咨询机构编制。编制时必须依据清单计价规范要求的，统一项目编码、统一项目名称、统一计量单位和统一工程量计算规则进行。工程量清单作为投标人报价的共同平台，其准确性(数量不算错)和完整性(不缺项漏项)，均应由招标人负责。

1. 分部分项工程量清单的编制

分部工程是单项或单位工程的组成部分，是按结构部位及施工特点或施工任务将单项或单位工程划分为若干分部的工程；分项工程是分部工程的组成部分，是按不同施工方法、材料、工序等将分部工程划分为若干个分项或项目的工程。

(1)编制工程量清单的依据。

①"13 计价规范"和相关工程的国家计量规范；

②国家或省级、行业建设主管部门颁发的计价定额和办法；

③建设工程设计文件及相关资料；

④与建设工程有关的标准、规范、技术资料；

⑤拟定的招标文件；

⑥施工现场情况、地勘水文资料、工程特点及常规施工方案；

⑦其他相关资料。

（2）编制工程量清单应包括的内容。分部分项工程项目清单必须载明项目编码、项目名称、项目特征、计量单位和工程量。分部分项工程项目清单必须根据相关工程现行国家计量规范规定的项目编码、项目名称、项目特征、计量单位和工程量计算规则进行编制。

> 项目编码、项目名称、项目特征、计量单位和工程量是构成一个分部分项工程项目清单的五个要件，在分部分项工程项目清单的组成中缺一不可。

①分部分项工程量清单的项目编码。项目编码是分部分项工程和措施项目清单名称的数字标识。清单编码的表示方式为十二位阿拉伯数字，一、二位为专业工程代码；三、四位为附录分类顺序码；五、六位为分部工程顺序码；七、八、九位为分项工程项目名称顺序码；十至十二位为清单项目名称顺序码。

"13计价规范"规定：01—房屋建筑与装饰工程；02—仿古建筑工程；03—通用安装工程；04—市政工程；05—园林绿化工程；06—矿山工程；07—构筑物工程；08—城市轨道交通工程；09—爆破工程。

在编制工程量清单时应特别注意项目编码十至十二位的设置不得有重码。如一个标段（或合同段）的工程量清单中含有两个单位工程，每一单位工程中都有项目特征相同的实心砖墙砌体，在工程量清单中又需反映两个不同单位工程的实心砖墙砌体工程量时，则第一个单位工程的实心砖墙的项目编码应为010401003001，第二个单位工程的实心砖墙的项目编码应为010401003002，并分别列出各单位工程实心砖墙的工程量。

②分部分项工程量清单的项目名称。项目名称应按国家计量规范附录的项目名称结合拟建工程的实际确定。在一个招标工程中，应尽量避免项目名称重复。例如，门窗工程中特殊门应区分冷藏门、冷冻间门、保温门、变电室门、隔音门、防射线门、人防门、金库门等。

③分部分项工程量清单项目特征。分部分项工程量清单的项目特征是确定一个清单项目综合单价的重要依据，在编制的工程量清单中必须按国家计量规范附录中规定的项目特征，结合拟建工程项目的实际对其进行准确和全面的描述。

清单项目特征的描述，应根据国家计量规范附录中有关项目特征的要求，结合技术规范、标准图集、施工图纸，按照工程结构、使用材质及规格或安装位置等，予以详细而准确的表述和说明。在描述工程量清单项目特征时应以能满足确定综合单价的需要为前提。

对采用标准图集或施工图纸能够全部或部分满足项目特征描述要求的，项目特征描述可直接采用详见××图集或××图号的方式。但对不能满足项目特征描述要求的部分，仍应用文字描述进行补充。

④分部分项工程量清单的计量。分部分项工程量清单中所列工程量应按国家计量规范附录中规定的工程量计算规则计算。

分部分项工程量清单的计量依据包括：一要依据《房屋建筑与装饰工程工程量计算规

范》(GB/T 50015—2013)的各项规定；二要依据经审定通过的施工设计图纸及其说明；三要依据经审定通过的施工组织设计或施工方案；四要依据经审定通过的其他有关技术经济文件。

⑤分部分项工程量清单的计量单位。分部分项工程量清单的计量单位要按国家计量规范附录中规定的计量单位确定。当计量单位有两个或两个以上时，应根据所编工程量清单项目的特征要求，选择最适宜表现该项目特征并方便计量和组成综合单价的单位。例如，门窗工程的计量单位为"樘"和"m²"两个计量单位，实际工作中，就应选择最适宜、最方便计量和组价的单位来表示。在同一个建设项目(或标段、合同段)中，有多个单位工程的相同项目计量单位必须保持一致。

在分部分项工程量清单中，所列工程量的每一项目的汇总数值的有效位数应遵守下列规定：

以"t"为计量单位的应保留小数点后三位，第四位小数四舍五入；以"m""m²""m³""kg"为计量单位的应保留小数点后两位，第三位小数四舍五入；以"个""件""根""组""系统"等为计量单位的应取整数。

(3)分部分项工程量清单补充项目。随着科学技术的不断发展，新材料、新技术、新工艺不断涌现，国家计量规范附录所列的工程项目清单不可能包含随科技发展而出现的新项目。在实际编制工程量清单时，当出现国家计量规范附录中不包括的清单项目时，编制人应作补充。编制人在补充项目时应注意以下三个方面。

①补充项目的编码由代码01与B和三位阿拉伯数字组成，并应从01B001起顺序编制，同一招标工程的项目不得重码。

②在工程量清单中应附补充项目的项目名称、项目特征、计量单位、工程量计算规则和工作内容。不能计量的措施项目，需附有补充项目的名称、工作内容及包含范围。

③将编制的补充项目报给省级或行业工程造价管理机构备案。

2. 措施项目清单的编制

措施项目清单编制应考虑多种因素，除工程本身的因素外，还涉及水文、气象、安全文明施工等，所以措施项目清单要根据拟建工程的实际情况列项。

"13计价规范"中给出措施项目包括：脚手架工程，钢筋混凝土模板及支架(撑)，垂直运输，超高施工增加，大型机械设备进出场及安拆，施工排水、降水，安全文明施工及其他措施项目。

一般来说，措施项目费用的发生和金额的大小与使用时间、施工方法相关，与实际完成的实体工程量的多少关系不大，典型的是大中型施工机械进、出场及安、拆费，文明施工和安全防护，临时设施等。但有的像浇筑混凝土的模板工程，与完成的工程实体具有直接关系，并且是可以精确计量的项目。

措施项目中可以计算工程量的项目清单宜采用分部分项工程量清单的方式编制，列出项目编码、项目名称、项目特征、计量单位和工程量计算规则；不能计算工程量的项目清单，以"项"为计量单位。

投标人在编制措施项目报价表时，要根据实际施工组织设计，在招标人提供的措施项目清单的基础上，调整增加措施项目，对于清单中列出而实际上未采用的措施项目则不填写报价。

3. 其他项目清单的编制

工程建设标准的高低、工程的复杂程度、工程的工期长短、工程的组成内容、发包人对工程管理要求等都直接影响其他项目清单的具体内容，"13 计价规范"提供了 4 项内容作为列项参考，有 4 项以外的其他内容的，编制人可以根据具体情况进行补充，这 4 项内容包括暂列金额、暂估价（包括材料暂估价、专业工程暂估价）、计日工和总承包服务费。

（1）暂列金额。暂列金额是招标人在工程量清单中暂定并包括在合同价款中的一笔款项。用于施工合同签订时尚未确定或者不可预见的所需材料、设备、服务的采购，施工中可能发生的工程变更、合同约定调整因素出现时的工程价款调整以及发生的索赔、现场签证确认等的费用。

暂列金额虽然包括在合同价之内，但并不直接属承包人所有，而是由发包人暂定并掌握使用的一笔款项，只有当以上因素出现时才会动用，并且只有按照合同约定程序实际发生后，才能成为承包人的应得金额，纳入合同结算价款中。扣除实际发生金额后的暂列金额余额仍属于招标人所有。

（2）暂估价。暂估价是指招标阶段直至签订合同协议时，招标人在招标文件中提供的用于支付必然要发生但暂时不能确定价格的材料以及需另行发包的专业工程金额。

一般而言，为方便合同管理和计价，暂估价一般应是综合暂估价，应当包括规费、税金以外的管理费和利润等。

（3）计日工。计日工是在施工过程中，完成发包人提出的施工图以外的零星项目或工作，按合同中约定的计日工综合单价计价。计日工按已完成零星项目工作所消耗的人工工时、材料数量、机械台班进行计量，并按照计日工表中填报的使用项目的单价进行计价支付。

理论上讲，合理的计日工单价水平一定是高于工程量清单的单价水平，其原因一方面在于计日工往往是用于一些突发性的额外工作，缺少计划性，承包人在调动施工生产资源方面难免不影响到已经计划好的工作，生产资源的使用效率也有一定的降低，客观上造成超出常规的额外投入；另一方面，计日工清单往往忽略给出一个暂定的工程量，无法纳入有效的竞争，也是致使计日工单价水平偏高的原因之一。因此，为了获得合理的计日工单价，清单编制人在计日工表中一定要给出暂定数量，并且需要根据经验，尽可能估算一个比较贴近实际的数量。

（4）总承包服务费。总承包服务费是工程建设的施工阶段实行施工总承包时，为了解决招标人在法律、法规允许的条件下进行专业工程发包以及自行采购供应材料、设备时，要求总承包人对发包的专业工程提供协调和配合服务（如分包人使用总包人的脚手架、水电接驳等）；对供应的材料、设备，提供收、发和管理服务以及对施工现场进行统一管理；对竣工资料进行统一汇总整理等发生并向总承包人支付的费用。招标人应当预计该项费用并按投标人的投标报价向投标人支付该项目的费用。

4. 规费项目清单的编制

规费是由政府和有关部门规定必须缴纳的费用，因此在计取规费时应根据省级政府和有关部门的规定进行。除此以外，向施工企业收取的行政性收费均为乱收费。

5. 税金项目清单的编制

税金是国家税法规定的应计入建筑安装工程造价内的税费，"13计价规范"规定应计入税金的包括营业税、城市维护建设税、教育附加费和地方教育附加。

2.3.3 工程量清单的费用组成

采用工程量清单计价，建筑安装工程费用由分部分项工程费、措施项目费、其他项目费、规费和税金组成。

1. 分部分项工程费

分部分项工程费采用综合单价计算，综合单价应该由完成工程量清单中一个规定计量单位项目所需的人工费、材料费、施工机械使用费、企业管理费和利润组成，并考虑一定的风险因素。

(1)人工费：人工费是指直接从事建筑安装工程施工的生产工人的各项费用。包括基本工资、工资性补贴、辅助工资、职工福利费和生产工人劳动保护费。

(2)材料费：材料费是指施工过程中耗用的，构成工程实体原材料、辅助材料、构配件(半成品)、零件的费用，以及材料、构配件的检验试验费。包括材料原价(或供应价格)、材料运杂费、采购及保管费等。

(3)施工机械使用费：施工机械使用费是指施工机械作业所发生的机械使用费、机械安装拆除费和场外运输费。包括折旧费、大修理费、经常修理费、机械安装、拆除费和场外运输费、机上操作人员人工费、燃料动力费及其他费用等。

(4)企业管理费：企业管理费是指企业组织施工生产和经营管理所需费用。包括管理人员工资、办公费、差旅交通费、固定资产使用费、工具用具使用费、劳动保险费、工会经费、职工教育经费、财产保险费、财务费、其他管理费。

(5)利润：利润是指企业完成承包工程所获得的利润。

分部分项工程还应考虑风险因素。风险费用是指投标企业在确定综合单价时，应考虑调整以及其他风险因素所发生的费用。

2. 措施项目费

措施项目费是指施工企业为完成工程项目施工，应发生于该工程施工前和施工过程中生产、生活、安全等方面的非工程实体费用。

(1)以"项"计价的施工组织措施费。措施项目费中，不能通过计算工程量来确定的施工组织措施费有安全文明施工费、夜间施工费、二次搬运费、冬雨期施工增加费、已完工程及设备保护费等。

1)安全文明施工费：是指按照国家有关规定和建筑施工安全规范、施工现场环境与卫生标准，购置施工安全防护用具、落实安全施工措施以及改善安全生产条件所需的费用。内容包括：

环境保护费包括：①材料、构件、机具等堆放时，要有名称、品种、规格的标示牌的费用；②土方、水泥和其他易飞扬的细颗粒建筑材料作业采取的防止扬尘措施、运输采取的覆盖措施、密封存放采取覆盖措施等所发生的费用；③现场存放的油料和化学溶剂等易燃、易爆和有毒有害物品、施工垃圾、生活垃圾等应分类存放所发生的费用；④食堂设置的隔离池、化粪池的抗渗处理、上下水管线设置的过滤网等费用；⑤降低噪声措施所需费用等环保部门要求的其他保护费用。

文明施工费包括：①"五板一图"，在进门处悬挂工程概况、管理人员名单及监督电话、安全生产、文明施工、消防保卫五板；施工现场总平面图等费用；②现场出入的大门应设有本企业标识；③现场围挡的墙面美化费用；现场可采用彩色钢板、定型钢板、砖、混凝土砌块等封闭围挡，高度不小于 1.8 m；采用内外粉刷、压顶装饰等美化措施费用；④符合卫生要求的饮水设备、淋浴、消毒等设施，防燃煤气中毒、防蚊虫叮咬等措施费用；⑤场容场貌要求：道路畅通；排水沟、排水设施通畅；工地主要道路地面硬化处理；裸露的场地和集中堆放的土方采取覆盖、固化或绿化等措施费用；⑥宣传栏等其他有特殊要求的文明施工做法。

安全施工费包括："四口"(楼梯口、电梯口、通道口、预留口)的封闭、防护栏杆；高处作业悬挂安全带悬索或其他设施，施工机具安全防护而设置防护棚、防护门(栏杆)；起重机、塔吊等起重设备(含井架、门架)及外用电梯的安全防护措施；施工安全防护通道的费用。

临时设施费：是指施工企业为进行建筑工程施工所必须搭设的生活和生产用的临时建筑物、构筑物和其他临时设施费用等。包括临时设施(临时宿舍、文化福利及公用事业房屋与构筑物、仓库、办公室、加工场等)的搭设、维修、拆除、清理费或摊销费等。

2)夜间施工费：是指按规范、规程正常作业所发生的夜班补助费、夜间施工降效、夜间施工照明设备摊销及照明用电等费用。

3)二次搬运费：是指用于工程中的材料、成品、半成品(不包括混凝土预制构件和金属构件)等因施工场地狭小(或无堆放地点)等特殊情况而发生的二次或多次搬运发生的费用。

4)冬雨期施工费：是指必须在冬雨期施工时，为确保工程质量所增加的费用。冬期施工费包括人工费、人工降效费、材料费、保温设施(包括炉具设施)费、人工室内外作业临时取暖燃料费、建筑物门窗洞口封闭等费用。冬期施工根据当地多年气温资料，室外日平均气温连续 5 d 稳定低于 5 ℃时，混凝土结构工程应采取冬期施工。雨期施工费包括防雨措施、排水、功效降低等费用。

5)已完工程及设备保护费：是指竣工验收前，对已完工程及设备采取保护措施所发生的费用。

(2)以综合单价形式计价的施工技术措施费。措施项目费中，能通过计算工程量来确定的施工技术措施费有混凝土、钢筋混凝土模板及支架费、脚手架费、垂直运输费、建筑物(构筑物)超高费、特(大)型机械设备进出场及安拆费、施工排水、降水费等。

1)混凝土、钢筋混凝土模板及支架费：是指混凝土施工过程中需要的各种模板、支架等的支、拆、运输费用及模板、支架的摊销(或租赁)费用。

2)脚手架费：是指施工需要的各种脚手架搭、拆、运输费用及脚手架的摊销(或租赁)费用。

3)垂直运输费：是指建(构)筑物施工中为了将所需要的人工、材料、机具自地面垂直提升到所需高度的机械费用。

4)建筑物(构筑物)超高费:垂直运输机械超高费是指建(构)筑物檐高超过20 m(或6层)时需要增加的人工和机械降效等费用。

5)特(大)型机械设备进出场及安、拆费:是指机械整体或分体自停放场运至施工现场或由一个施工地点运至另一个施工地点,所发生的机械进出场运输转移费用及机械在施工现场进行安装、拆卸所需的人工费、材料费、机械费、试运转费和安装所需的辅助设施的费用。

6)施工排水、降水费:是指为确保工程在正常条件下施工,采取各种排水、降水措施所发生的各项费用。

3. 其他项目费

其他项目费包括暂列金额、暂估价、计日工及总承包服务费。

4. 规费、税金

规费、税金的概念及包含的内容在2.2.1中已介绍,此处不再赘述。

2.4 建筑工程造价计价方法

2.4.1 工程造价计价的基本方法

从工程费用计算角度分析,工程造价计价的顺序是:分部分项工程造价——单位工程造价——单项工程造价——建设项目总造价。影响分部分项工程造价的主要因素有两个,即分部分项工程项目的单价和相应的工程数量。

分部分项工程的单价构成,有两种表现形式:一种是工料单价,即按照现行预算定额的工、料、机消耗标准计算的,只包含人工、材料和机械费的价格;一种是综合单价,是由完成工程量清单中一个规定计量单位项目所需的人工费、材料费、机械使用费、管理费和利润,以及一定范围的风险费组成的价格。

当分部分项工程的单位价格仅仅由人工、材料、施工机械资源要素的消耗量和价格形成,即单位价格 = $\sum$(工程子目项的资源要素消耗量指标×资源要素的价格),这就是工料单价,对应着的是定额计价法。

工料单价 = 人工费单价 + 材料费单价 + 机械费单价

人工费单价 = $\sum$(工程子项的人工消耗量指标×人工单价)

材料费单价 = $\sum$(工程子项的材料消耗量指标×材料单价)

机械费单价 = $\sum$(工程子项的机械消耗量指标×机械单价)

资源要素的价格是影响工程造价的关键因素。在市场经济体制下，工程计价时采用的资源要素的价格应该是市场价格。

当分部分项工程的单位价格采用综合单价时，对应着的是清单计价法。

2.4.2 定额计价法

1. 定额计价法下建筑工程费用计算程序

定额计价模式下的建筑工程费用组成为人工费、材料费、施工机具使用费、企业管理费、规费、利润和税金，其计算程序见表2.4.1。

表2.4.1 建筑工程定额计价法计算程序

序号	编号	费用组成	计算方法
1	A	分部分项工程和措施项目费之和	
2	A1	其中：人工费＋机械费	
3	B	企业管理费	B＝A1×企业管理费费率
4	C	利润	C＝A1×利润率
5	D	总价措施费	D＝D1＋D2＋D3＋D4＋D5＋D6
6	D1	安全文明施工措施费	D1＝A1×安全文明施工费费率
7	D2	夜间施工增加费	
8	D3	二次搬运费	
9	D4	已完工程及设备保护费	
10	D5	冬雨期施工费	D5＝A1×冬雨期施工费费率
11	D6	其他措施项目费	
12	E	税前工程造价合计	E＝A＋B＋C＋D
13	F	规费	F＝F1＋F2＋F3
14	F1	工程排污费	按规定计取
15	F2	社会保障费	F2＝F21＋F22＋F23＋F24＋F25
16	F21	养老保险	F21＝A1×相应费率
17	F22	失业保险	F22＝A1×相应费率
18	F23	医疗保险	F23＝A1×相应费率
19	F24	生育保险	F24＝A1×相应费率
20	F25	工伤保险	F25＝A1×相应费率
21	F3	住房公积金	F3＝A1×相应费率
22	G	税金	G＝(E＋F)×税率
23	H	工程总造价	H＝E＋F＋G

2. 定额计价方法和步骤

第一阶段：收集资料

(1)完整的设计图，成套不缺，附带说明书以及必需的通用设计图。在计价前要完成设计交底和图纸会审程序。

(2)现行计价依据、材料价格、人工工资标准、施工机械台班使用定额以及有关费用使用调整的文件等。

(3)工程协议或合同。

(4)施工组织设计(施工方案)或技术组织措施等。

(5)工程计价手册。如各种材料手册、常用计算公式和数据等各种资料。

第二阶段：熟悉图纸和现场

(1)熟悉图纸。只有看懂和熟悉图纸，才能了解工程内容、结构特征和技术要求，才能在计价时做到项目全、计量准、速度快。因此，在计价之前，应该留有一定时间，专门用来阅读图纸。重点要看：

①对照图纸目录，图纸是否齐全。

②采用的标准图集是否已经具备。

③仔细阅读设计说明或附注。因为有些分章图纸中不再表示的项目或设计要求，往往在说明和附注中可以找到，稍不注意，容易漏项。

④设计上有无特殊的施工质量要求，事先列出需要另编补充定额的项目。

(2)注意施工组织设计的有关内容。施工组织设计是由施工单位根据施工特点、现场情况、施工工期等有关条件编制的。要特别注意施工组织设计中影响工程费用的因素。例如，土方工程中的余土外运或缺土的来源，地下或高层工程的垂直运输方法，设备构件的吊装方法，特殊构筑物的机具制作，安全防火措施等，这些单凭图纸和定额是无法提供的，只有按照施工组织设计的要求来具体补充项目和计算。

(3)结合现场实际情况。在图纸和施工组织设计仍不能完全表示时，必须深入现场实际观察，以补充上述的不足。例如，施工现场有无障碍物需要拆除和清理。在新建和扩建工程中，有些项目和工程量，依据图纸无法计算时，必须到现场实际测量。

总之，对各种资源和情况掌握得越全面、越具体，工程计价就越准确、越可靠，并且尽可能地将可能考虑到的因素列入计价范围内，以减少开工以后频繁的现场签证。

第三阶段：计算工程量

工程量是计价的基本数据，计算的精确程度不仅影响到工程造价，而且影响到与之关联的一系列数据，如计划、统计、劳动力、材料等。因此，计算工程量时要严谨、细致、认真。

(1)计算工程量的具体步骤。

1)根据施工图所示的工程内容和定额项目，列出需计算工程量的分部分项工程名称。

2)按照一定的计算顺序和计算规则，列出计算式。

3)根据施工图示尺寸及有关数据，代入计算式计算。

4)按照定额中项目的计量单位对相应的计算结果进行调整，使之一致。

(2)计算工程量的注意事项。

1)要严格按照计价依据的规定和工程量计算规则，按照设计图示尺寸进行计算，不得随意改变各部位的尺寸。

2)为了便于核对，计算工程量一定要注明层次、部位、轴线编号及断面符号，按一定程序排列。

3)尽量采用图中已经注明的数量和附表。如门窗表、预制构件表、钢筋表、设备表、安装主材表等，必要时查阅图纸进行核对，发现有遗漏和误差现象，要加以核实和改正。

4)要防止重复计算和漏算。在计价之前先看懂图纸，弄清各页图纸的关系及细部说明。一般可按照施工次序，依次进行计算；也可以采用分页计算的办法，以便减少一部分图纸数量；有条件的尽量分层、分段、分部位来计算；在计算中发现有新的项目，随时补充进去；最后将同类项加以合并，编制工程量汇总表。

第四阶段：套定额单价

在计价过程中，如果工程量已经核对无误、项目不漏不重，则余下的问题就是如何正确套价。套价应注意以下事项：

(1)分项工程名称、规格和计算单位必须与定额中所列内容完全一致。套单价要求准确、适用，否则得出的结果就会偏高或偏低。

(2)定额换算。任何定额本身的制定，都是按照一般情况综合考虑的，有不完全符合图纸要求的地方，必须根据定额的要求进行换算，即以某分项定额为基础进行局部调整。如材料品种改变或数量增加，混凝土或砂浆强度等级与定额规定的不同，原定额工日需增加的系数等。有的项目允许换算，有的项目不允许换算，均按定额规定执行。

第五阶段：编制工料分析表

根据各分部分项工程的实物工程量和相应定额中的项目所列的用工工日及材料数量，计算各分部分项工程所需的人工及材料数量，相加汇总便得出该单位工程所需要的各类人工和材料的数量。

第六阶段：相关费用计算

在项目名称、工程量、单价经复查无误后，将所列项工程实物量全部计算出来，就可以按照所套用的相应定额单价进行计算，进而汇总得出工程造价。

第七阶段：复核

工程计价完成后，需对工程计价结果进行复核，以便及时发现差错，提高成果质量。复核时，应对工程量计算公式和结果、套价、各项费用的取费及计算基础和计算结果、材料和人工价格及其价格调整等方面是否正确进行全面复核。

第八阶段：编制说明

编制说明主要说明工程计价的有关情况，包括编制依据、工程性质、内容范围、设计图编号、所用计价依据、有关部门的调价文件号、套用单价或补充定额子项目的情况及其他需要说明的问题。封面填写应写明工程名称、工程编号、工程规模(建筑面积)、工程总造价、编制单位名称、法定代表人、编制人及其资质证号和编制日期等。

3. 定额计价法取费步骤示例

某工程单位工程费用表见表2.4.2。

表 2.4.2 某工程单位工程费用表

项目名称：二类取费

行号	序号	费用名称	取费说明	费率/%	金额
		某单位工程			130.61
1	A	分部分项工程费合计	人工费、材料费、施工机械使用费		121.16
2	A1	其中：人工费＋机械费	人工费＋机械费－燃料动力价差		12.05
3	B	企业管理费	其中：人工费＋机械费	10.50	1.27
4	C	利润	其中：人工费＋机械费	13.50	1.63
5	D	措施项目费	安全文明施工措施费＋夜间施工增加费＋二次搬运费＋已完工程及设备保护费＋冬雨期施工费＋市政工程干扰费＋其他措施项目费		1.51
6	D1	安全文明施工措施费	其中：人工费＋机械费	11.50	1.39
7	D2	夜间施工增加费			
8	D3	二次搬运费			
9	D4	已完工程及设备保护费			
10	D5	冬雨期施工费	其中：人工费＋机械费	1	0.12
12	D7	其他措施项目费			
14	F	税费前工程造价合计	分部分项工程费合计＋企业管理费＋利润＋措施项目费＋其他项目费		125.57
15	G	规费	工程排污费＋社会保障费＋住房公积金		0.65
16	G1	工程排污费			
17	G2	社会保障费	养老保险＋失业保险＋医疗保险＋生育保险＋工伤保险		
18	G21	养老保险	其中：人工费＋机械费		
19	G22	失业保险	其中：人工费＋机械费	3.40	0.41
20	G23	医疗保险	其中：人工费＋机械费		
21	G24	生育保险	其中：人工费＋机械费	0.08	0.01
22	G25	工伤保险	其中：人工费＋机械费	0.09	0.01
23	G3	住房公积金	其中：人工费＋机械费	1.80	0.22
25	I	税金	税费前工程造价合计＋规费	3.477	439
26	K	工程总造价	税费前工程造价合计＋规费＋税金		130.61
含税工程总造价：壹佰叁拾元陆角壹分					

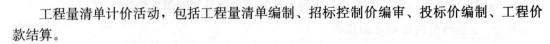

2.4.3 工程量清单计价法

工程量清单计价活动，包括工程量清单编制、招标控制价编审、投标价编制、工程价款结算。

1. 建筑工程费用清单计价程序

工程量清单计价模式采用的是综合单价法，工程量清单计价模式下建筑工程费用由分部分项工程费、措施项目费和其他项目费、规费、税金组成。

(1)建设单位工程招标控制价计价程序见表 2.4.3。

表 2.4.3　建设单位工程招标控制价计价程序

工程名称：　　　　　　　　　　标段

序号	内容	计算方法	金额/元
1	分部分项工程费	按计价规定计算	
1.1			
1.2			
1.3			
1.4			
1.5			
2	措施项目费	按计价规定计算	
2.1	其中：安全文明施工费	按规定标准计算	
3	其他项目费		
3.1	其中：暂列金额	按计价规定估算	
3.2	其中：专业工程暂估价	按计价规格估算	
3.3	其中：计日工	按计价规定估算	
3.4	其中：总承包服务费	按计价规定估算	
4	规费	按规业标准计算	
5	税金(扣除不列入计税范围的工程设备金额)	(1+2+3+4)×规定税率	
招标控制价合计＝1＋2＋3＋4＋5			

(2)施工企业工程投标报价计价程序见表2.4.4。

表 2.4.4　　施工企业工程投标报价计价程序

工程名称：　　　　　　　　　　标段

序号	内容	计算方法	金额/元
1	分部分项工程费	自主报价	
1.1			
1.2			
1.3			
1.4			
1.5			
2	措施项目费	自主报价	
2.1	其中：安全文明施工费	按规定标准计算	
3	其他项目费		
3.1	其中：暂列金额	按招标文件提供金额计列	
3.2	其中：专业工程暂估价	按招标文件提供金额计列	
3.3	其中：计日工	自主报价	
3.4	其中：总承包服务费	自主报价	
4	规费	按规定标准计算	
5	税金(扣除不列入计税范围的工程设备金额)	(1+2+3+4)×规定税率	
投标报价合计＝1+2+3+4+5			

(3)竣工结算计价程序见表2.4.5。

表2.4.5　竣工结算计价程序

工程名称：　　　　　　　　　　　　　　标段

序号	内容	计算方法	金额/元
1	分部分项工程费	按合同约定计算	
1.1			
1.2			
1.3			
1.4			
1.5			
2	措施项目	按合同约定计算	
2.1	其中：安全文明施工费	按规定标准计算	
3	其他项目		
3.1	其中：专业工程结算价	按合约定计算	
3.2	其中：计日工	按计日工签证计算	
3.3	其中：总承包服务费	按合同约定计算	
3.4	索赔与现场签证	按发承包双方确认数额计算	
4	规费	按规定标准计算	
5	税金(扣除队不列入计税范围的工程设备金额)	(1+2+3+4)×规定税率	
竣工结算总价合计＝1+2+3+4+5			

2. 工程量清单计价方法和步骤

工程量清单计价的方法和步骤与定额计价方法的第一～三阶段、第六阶段和第七阶段基本一致，本书主要介绍第四、五两个阶段。具体如下。

第四阶段：工程量清单项目组价——计算综合单价

在这个阶段要完成综合单价分析表，这是清单计价中最重要的一步工作。每个工程量清单项目包括一个或几个定额子目项，首先计算出每个子目项中人工费、材料费和机械费，再以(人工费＋机械费)作基数乘以管理费和利润的费率，得出每个子目项对应的管理费和利润费用，最后把每个子目项的人工费、材料费、机械费、管理费和利润汇总，得到该清单项目的综合单价。

第五阶段：费用计算

在工程量计算、综合单价分析经复查无误后，即可进行分部分项工程费、措施项目费、其他项目费、规费和税金的计算,从而汇总得出工程造价。

清单计价的具体计算原则和方法如下:

$$分部分项工程费 = \sum 分部分项工程量 \times 分部分项工程项目综合单价$$

其中,分部分项工程项目综合单价由人工费、材料费、机械费、管理费和利润组成,并考虑风险因素。

$$以综合单价形式计价的技术措施费 = \sum 措施项目工程量 \times 措施项目综合单价$$

$$以"项"计价的组织措施费 = \sum (分部分项工程费 + 技术措施费) 中的(人工费 + 机械费) \times 费率$$

$$单位工程造价 = 分部分项工程费 + 措施项目费 + 其他项目费 + 规费 + 税金$$

$$单项工程造价 = \sum 单位工程造价$$

$$建设项目总造价 = \sum 单项工程造价$$

3. 清单计价法取费步骤示例

单位工程造价费用汇总表见表 2.4.6。

表 2.4.6 单位工程造价费用汇总表

工程名称:二类取费

序号	汇总内容	计算基础	费率/%	金额/元
1	分部分项工程费	分部分项合计		124.06
1.1	其中:人工费	分部分项人工费		11.50
1.2	其中:机械费	分部分项机械费-燃料动力价差		0.55
2	措施项目费	措施项目合计		1.51
2.1	其中:安全文明施工费	安全文明施工费		1.39
3	其他项目费	其他项目合计		
4	税费前工程造价合计	分部分项工程费+措施项目费+其他项目费		125.57
5	规费	工程排污费+社会保障费+住房公积金		0.65
6	税金	税费前工程造价合计+规费	3.477	4.39
	合计			130.61

课后练习

简答题

1. 简述工程量清单的概念。

2. 简述工程量清单费用组成。

3. 定额计价法中的管理费如何计算?

4. 清单计价法中的综合单价如何组价?

建筑面积的计算

1. 了解建筑面积的基本概念；
2. 掌握建筑面积的计算规则。

1. 能够熟练、准确地计算建筑面积；
2. 能够正确地审核建筑面积。

3.1 建筑面积的概念

建筑面积是指建筑物外墙(柱)勒脚以上的各层的外围水平投影面积之和，包括阳台、挑廊、地下室、室外楼梯等。它表示一个建筑物建筑规模大小的经济指标。

建筑面积由结构面积和有效面积两部分组成。

结构面积是指建筑物中墙体、柱子等混凝土或砌体占据的房屋使用者无法使用的面积。

有效面积是指建筑物各层平面中可供使用的面积，包括使用面积和交通面积。使用面积是指建筑物各层平面中直接为生产或生活使用的净面积，如客厅(起居室)、过道、厨房、卫生间等，其大小可以比较直观地反应住宅的使用状况；交通面积是指房屋内外之间、各层之间联系通行的面积，即走廊、门厅、楼梯、电梯等所占的面积。

$$建筑面积＝结构面积＋有效面积$$
$$＝结构面积＋使用面积＋交通面积$$

日常生活中，尤其是房屋买卖过程中，人们常常提到"使用面积"和"建筑面积"这两个名词。因此有必要提到"使用面积系数"这一概念，使用面积系数＝使用面积/建筑面积。

计算工业与民用建筑建筑面积的总原则是：凡在结构上、使用上形成具有一定使用功能的建筑物和构筑物，并能单独计算出其水平面积及其相应消耗的人工、材料、机械用量的，应计算建筑面积；反之，不计算建筑面积。

3.2 建筑面积的计算规定

3.2.1 计算建筑面积的范围

（1）建筑物的建筑面积应按自然层外墙结构外围水平面积之和计算。结构层高在 2.20 m 及以上的，应计算全面积；结构层高在 2.20 m 以下的，应计算 1/2 面积。

例 3-1 某单层建筑物外墙轴线尺寸如图 3.2.1 所示，墙厚均为 240 mm，轴线居中，试计算建筑面积。

解： 建筑面积 $S = S_1 - S_2 - S_3 - S_4$
$$= (20.1 + 0.24) \times (9 + 0.24) - 3 \times 3 - 13.5 \times 1.5 - (3 - 0.24) \times 1.5$$
$$= 154.55 (\text{m}^2)$$

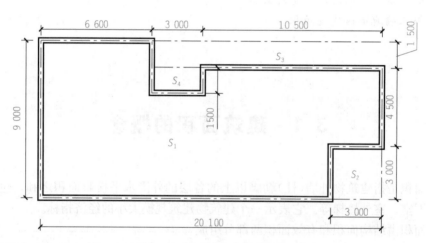

图 3.2.1 某建筑物外墙轴线尺寸

（2）建筑物内设有局部楼层（图 3.2.2）时，对于局部楼层的二层及以上楼层，有围护结构的应按其围护结构外围水平面积计算，无围护结构的应按其结构底板水平面积计算。结构层高在 2.20 m 及以上的，应计算全面积；结构层高在 2.20 m 以下的，应计算 1/2 面积。

例 3-2 已知建筑物尺寸如图 3.2.2 所示，计算其建筑面积。

解： $S = (3.0 \times 2 + 6.0 + 0.24) \times (5.4 + 0.24) + (3.0 + 0.24) \times (5.4 + 0.24)$
$$= 87.31 (\text{m}^2)$$

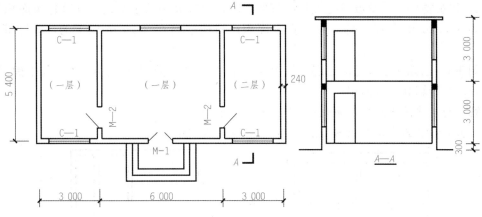

图 3.2.2　某建筑物平面图、剖面图

提示 ➡ 计算建筑面积时，容易犯的一般错误是图纸标注的是轴线尺寸，而在建筑面积计算中使用外围尺寸较多，一定要注意加上或减去轴线与外墙面之间的尺寸。

(3)形成建筑空间的坡屋顶，结构净高在 2.10 m 及以上的部位应计算全面积；结构净高在 1.20 m 及以上至 2.10 m 以下的部位应计算 1/2 面积；结构净高在 1.20 m 以下的部位不应计算建筑面积。

(4)场馆看台下的建筑空间，结构净高在 2.10 m 及以上的部位应计算全面积；结构净高在 1.20 m 及以上至 2.10 m 以下的部位应计算 1/2 面积；结构净高在 1.20 m 以下的部位不应计算建筑面积。室内单独设置的有围护设施的悬挑看台，应按看台结构底板水平投影面积计算建筑面积。有顶盖无围护结构的场馆看台应按其顶盖水平投影面积的 1/2 计算面积。

注：场馆看台下的建筑空间因其上部结构多为斜板，所以采用净高的尺寸划定建筑面积的计算范围和对应规则。室内单独设置的有围护设施的悬挑看台，因其看台上部设有顶盖且可供人使用，所以按看台板的结构底板水平投影计算建筑面积。

(5)地下室、半地下室应按其结构外围水平面积计算。结构层高在 2.20 m 及以上的，应计算全面积；结构层高在 2.20 m 以下的，应计算 1/2 面积。

(6)出入口外墙外侧坡道有顶盖的部位，应按其外墙结构外围水平面积的 1/2 计算面积。

注：出入口坡道分有顶盖出入口坡道和无顶盖出入口坡道，出入口坡道顶盖的挑出长度，为顶盖结构外边线至外墙结构外边线的长度；顶盖以设计图纸为准，对后增加及建设单位自行增加的顶盖等，不计算建筑面积。顶盖不分材料种类(如钢筋混凝土顶盖、彩钢板顶盖、阳光板顶盖等)。地下室出入口如图 3.2.3 所示。

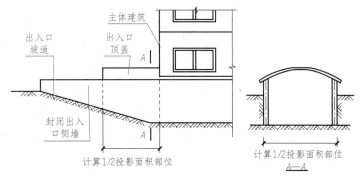

图 3.2.3　地下室出入口

(7)建筑物架空层及坡地建筑物吊脚架空层，应按其顶板水平投影计算建筑面积。结构层高在 2.20 m 及以上的，应计算全面积；结构层高在 2.20 m 以下的，应计算 1/2 面积。

例 3-3 已知建于坡地的二层建筑物及设计加以利用的吊脚架空层立面图与平面图(图 3.2.4)。试计算其建筑面积。

解： 两层建筑物的建筑面积 $S=16\times8\times2=256(\text{m}^2)$

吊脚架空层的建筑面积 $S=2.6\times8+4\times8\times0.5=36.8(\text{m}^2)$

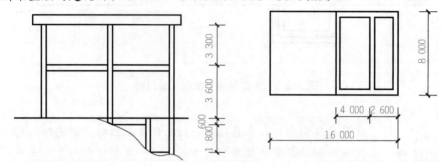

图 3.2.4　坡地建筑物吊脚架空层建筑面积计算

(8)建筑物的门厅、大厅应按一层计算建筑面积，门厅、大厅内设置的走廊应按走廊结构底板水平投影面积计算建筑面积。结构层高在 2.20 m 及以上的，应计算全面积；结构层高在 2.20 m 以下的，应计算 1/2 面积。

(9)建筑物间的架空走廊，有顶盖和围护结构的，应按其围护结构外围水平面积计算全面积；无围护结构、有围护设施的，应按其结构底板水平投影面积计算 1/2 面积。

注：无围护结构的架空走廊如图 3.2.5 所示；有围护结构的架空走廊如图 3.2.6 所示。

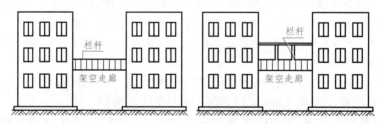

图 3.2.5　无围护结构的架空走廊

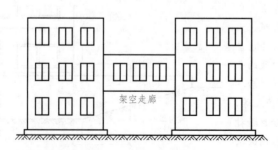

图 3.2.6　有围护结构的架空走廊

(10)立体书库、立体仓库、立体车库,有围护结构的,应按其围护结构外围水平面积计算建筑面积;无围护结构、有围护设施的,应按其结构底板水平投影面积计算建筑面积。无结构层的应按一层计算,有结构层的应按其结构层面积分别计算(图3.2.7)。结构层高在2.20 m及以上的,应计算全面积;结构层高在2.20 m以下的,应计算1/2面积。

注:起局部分隔、存储等作用的书架层、货架层或可升降的立体钢结构停车层均不属于结构层,故该部分分层不计算建筑面积。

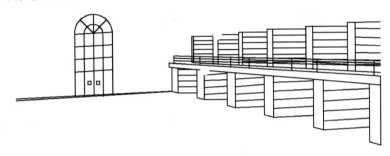

图 3.2.7 立体仓库示意图

(11)有围护结构的舞台灯光控制室,应按其围护结构外围水平面积计算。结构层高在2.20 m及以上的,应计算全面积;结构层高在2.20 m以下的,应计算1/2面积。

(12)附属在建筑物外墙的落地橱窗,应按其围护结构外围水平面积计算。结构层高在2.20 m及以上的,应计算全面积;结构层高在2.20 m以下的,应计算1/2面积。

(13)窗台与室内楼地面高差在0.45m以下且结构净高在2.10 m及以上的凸(飘)窗,应按其围护结构外围水平面积计算1/2面积。

(14)有围护设施的室外走廊(挑廊),应按其结构底板水平投影面积计算1/2面积;有围护设施(或柱)的檐廊(图3.2.8),应按其围护设施(或柱)外围水平面积计算1/2面积。

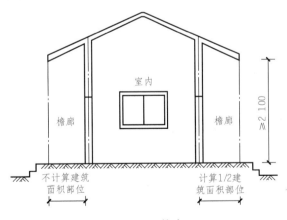

图 3.2.8 檐廊

(15)门斗应按其围护结构外围水平面积计算建筑面积。结构层高在2.20 m及以上的,应计算全面积;结构层高在2.20 m以下的,应计算1/2面积。

例3-4 计算图3.2.9所示建筑物门斗的建筑面积。

解: $S=(3.6+0.24)\times 4=15.36(\text{m}^2)$

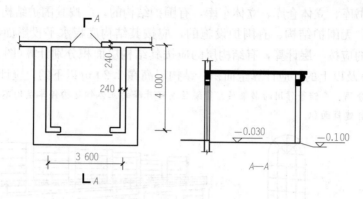

图 3.2.9　建筑门斗示意图

　　(16)门廊应按其顶板水平投影面积的 1/2 计算建筑面积；有柱雨篷应按其结构板水平投影面积的 1/2 计算建筑面积；无柱雨篷的结构外边线至外墙结构外边线的宽度在 2.10 m 及以上的，应按雨篷结构板的水平投影面积的 1/2 计算建筑面积。

　　注：雨篷分为有柱雨篷和无柱雨篷。有柱雨篷，没有出挑宽度的限制，也不受跨越层数的限制，均计算建筑面积。无柱雨篷，其结构板不能跨层，并受出挑宽度的限制，设计出挑宽度大于或等于 2.10 m 时才计算建筑面积。出挑宽度，是指雨篷结构外边线至外墙结构外边线的宽度，弧形或异形时，取最大宽度。

　　例 3-5　试计算图 3.2.10 所示有柱雨篷的建筑面积。已知雨篷结构板挑出柱边的长度为 500 mm。

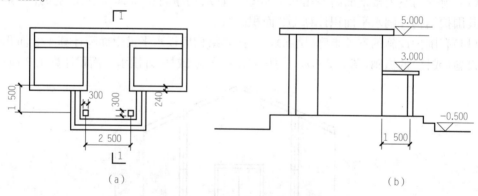

图 3.2.10　某有柱雨缝示意图

(a)平面图；(b)1—1 剖面图

　　解：有柱雨篷应按其结构板水平投影面积的 1/2 计算建筑面积。

　　有柱雨篷的建筑面积＝(2.5＋0.3＋0.5×2)×(1.5－0.24＋0.15＋0.5)×1/2＝3.63 m²

　　(17)设在建筑物顶部的、有围护结构的楼梯间、水箱间、电梯机房等，结构层高在 2.20 m 及以上的应计算全面积；结构层高在 2.20 m 以下的，应计算 1/2 面积。

　　例 3-6　试计算图 3.2.11 所示屋面上楼梯间的建筑面积。

　　解：屋面上楼梯间的建筑面积＝5.4×3.6＝19.44 m²

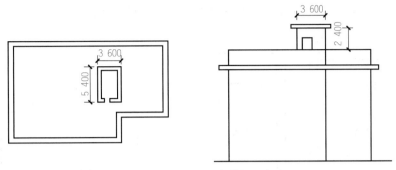

图 3.2.11 屋面上楼梯间示意图

(18)围护结构不垂直于水平面的楼层，应按其底板面的外墙外围水平面积计算。结构净高在 2.10 m 及以上的部位，应计算全面积；结构净高在 1.20 m 及以上至 2.10 m 以下的部位，应计算 1/2 面积；结构净高在 1.20 m 以下的部位，不应计算建筑面积。

注：斜围护结构与斜屋顶采用相同的计算规则，即只要外壳倾斜，就按结构净高划段，分别计算建筑面积。斜围护结构如图 3.2.12 所示。

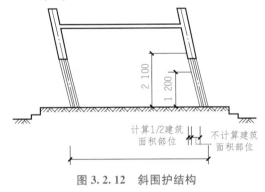

计算1/2建筑面积部位　不计算建筑面积部位

图 3.2.12 斜围护结构

(19)建筑物的室内楼梯、电梯井、提物井、管道井、通风排气竖井、烟道，应并入建筑物的自然层计算建筑面积。有顶盖的采光井应按一层计算面积，结构净高在 2.10 m 及以上的，应计算全面积，结构净高在 2.10 m 以下的，应计算 1/2 面积。

注：建筑物的楼梯间层数按建筑物的层数计算。有顶盖的采光井包括建筑物中的采光井和地下室采光井。地下室采光井如图 3.2.13 所示。

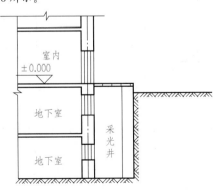

图 3.2.13 地下室采光井

例 3-7 试计算图 3.2.14 所示建筑物(内有电梯井)的建筑面积。

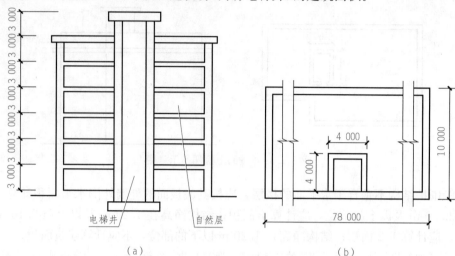

图 3.2.14 设有电梯的某建筑物示意图

(a)剖面图；(b)平面图

解: 建筑物的室内楼梯、电梯井、提物井、管道井、通风排气竖井、烟道,应并入建筑物的自然层计算建筑面积。另外,设在建筑物顶部的、有围护结构的楼梯间、水箱间、电梯机房等,结构层高在 2.20 m 及以上的应计算全面积；结构层高在 2.20 m 以下的,应计算 1/2 面积。

$$建筑物建筑面积＝78×10×6＋4×4＝4\ 696(m)$$

(20)室外楼梯应并入所依附建筑物自然层,并应按其水平投影面积的 1/2 计算建筑面积。

注:利用室外楼梯下部的建筑空间不得重复计算建筑面积；利用地势砌筑的为室外踏步,不计算建筑面积。

例 3-8 试计算图 3.2.15 所示室外楼梯的建筑面积。

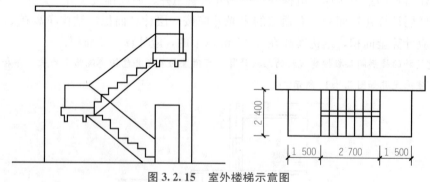

图 3.2.15 室外楼梯示意图

解: 室外楼梯应并入所依附建筑物自然层,并应按其水平投影面积的 1/2 计算建筑面积。

$$室外楼梯建筑面积＝(1.5×2＋2.7)×2.4×2＝27.36(m^2)$$

(21)在主体结构内的阳台,应按其结构外围水平面积计算全面积；在主体结构外的阳台,应按其结构底板水平投影面积计算 1/2 面积。

注:建筑物的阳台,不论其形式如何,均以建筑物主体结构为界分别计算建筑面积。

例 3-9 计算图 3.2.16 所示建筑物阳台的建筑面积。

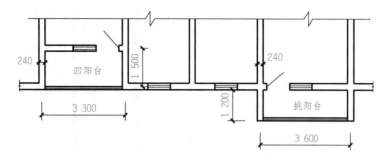

图 3.2.16 建筑物阳台示意图

解： $S_建 = (3.3 - 0.24) \times 1.5 \times 1/2 + 1.2 \times (3.6 + 0.24) \times 1/2 = 4.60 (\text{m}^2)$

(22)有顶盖无围护结构的车棚、货棚、站台、加油站、收费站等，应按其顶盖水平投影面积的 1/2 计算建筑面积。

例 3-10 计算图 3.2.17 所示自行车车棚的建筑面积。

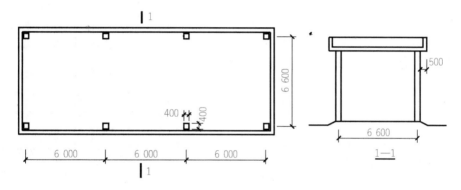

图 3.2.17 自行车车棚示意图

解： $S = (6.0 \times 3 + 0.4 + 0.5 \times 2) \times (6.6 + 0.4 + 0.5 \times 2) \times 1/2 = 77.60 (\text{m}^2)$

例 3-11 计算图 3.2.18 所示火车站单排柱站台的建筑面积。

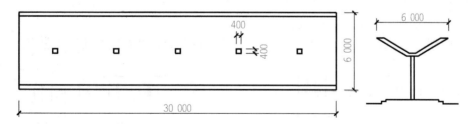

3.2.18 火车站单排柱站台示意图

解： $S = 30 \times 6 \times 1/2 = 90 (\text{m}^2)$

(23)以幕墙作为围护结构的建筑物，应按幕墙外边线计算建筑面积。

注：设置在建筑物墙体外起装饰作用的幕墙，不计算建筑面积。

(24)建筑物的外墙外保温层,应按其保温材料的水平截面积计算,并计入自然层建筑面积。

注:建筑物外墙外侧有保温隔热层的,保温隔热层以保温材料的净厚度乘以外墙结构外边线长度按建筑物的自然层计算建筑面积,其外墙外边线长度不扣除门窗和建筑物外已计算建筑面积构件(如阳台、室外走廊、门斗、落地橱窗等部件)所占长度。当建筑物外已计算建筑面积的构件(如阳台、室外走廊、门斗、落地橱窗等部件)有保温隔热层时,其保温隔热层也不再计算建筑面积。外墙是斜面的按楼面楼板处的外墙外边线长度乘以保温材料的净厚度计算。外墙外保温以沿高度方向满铺为准,某层外墙外保温铺设高度未达到全部高度时(不包括阳台、室外走廊、门斗、落地橱窗、雨篷、飘窗等),不计算建筑面积。保温隔热层的建筑面积是以保温隔热材料的厚度来计算的,不包含抹灰层、防潮层、保护层(墙)的厚度。建筑外墙外保温如图3.2.19所示。

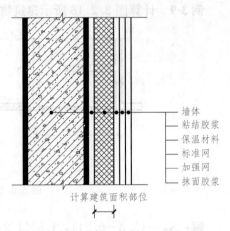

图 3.2.19 建筑外墙外保温示意图

(25)与室内相通的变形缝,应按其自然层合并在建筑物建筑面积内计算。对于高低联跨的建筑物,当高低跨内部连通时,其变形缝应计算在低跨面积内。

注:与室内相通的变形缝是指暴露在建筑物内,在建筑物内可以看得见的变形缝。

(26)对于建筑物内的设备层、管道层、避难层等有结构层的楼层,结构层高在2.20 m及以上的,应计算全面积;结构层高在2.20 m以下的,应计算1/2面积(图3.2.20)。

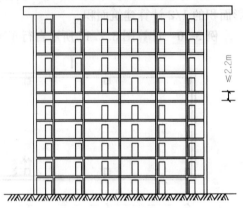

图 3.2.20 设备管道层图

3.2.2 不计算建筑面积的范围

(1)与建筑物内不相连通的建筑部件。
(2)骑楼(图3.2.21)、过街楼(图3.2.22)底层的开放公共空间和建筑物通道。

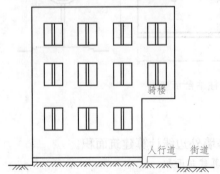

图 3.2.21 骑楼

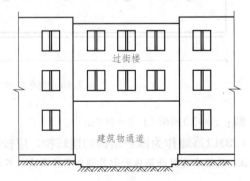

图 3.2.22 过街楼

例 3-12 计算图 3.2.23 所示建筑物的建筑面积。

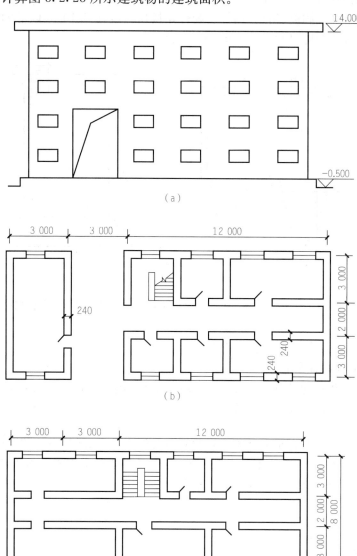

图 3.2.23 有通道穿过的建筑物示意图

(a)正立面示意图；(b)二层平面示意图；(c)三、四层平面示意图

解： 骑楼、过街楼底层的开放公共空间和建筑物通道不应计算建筑面积。本例中，建筑物底部有通道穿过，通道部分不应计算建筑面积。

建筑面积＝(18＋0.24)×(8＋0.24)×4－(3－0.24)×(8＋0.24)×2＝555.71(m²)

(3)舞台及后台悬挂幕布和布景的天桥、挑台等。

(4)露台、露天游泳池、花架、屋顶的水箱及装饰性结构构件。

(5)建筑物内的操作平台、上料平台、安装箱和罐体的平台。

（6）勒脚、附墙柱、垛、台阶、墙面抹灰、装饰面、镶贴块料面层、装饰性幕墙，主体结构外的空调室外机搁板（箱）、构件、配件，挑出宽度在 2.10 m 以下的无柱雨篷和顶盖高度达到或超过两个楼层的无柱雨篷（图 3.2.24）。

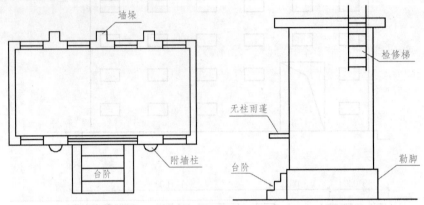

图 3.2.24　突出外墙的柱、垛、台阶等

（7）窗台与室内地面高差在 0.45 m 以下且结构净高在 2.10 m 以下的凸（飘）窗，窗台与室内地面高差在 0.45 m 及以上的凸（飘）窗。

（8）室外爬梯、室外专用消防钢楼梯。

（9）无围护结构的观光电梯。

（10）建筑物以外的地下人防通道，独立的烟囱、烟道、地沟、油（水）罐、气柜、水塔、贮油（水）池、贮仓、栈桥等构筑物。

> **提示**　在建筑面积计算中，特别需要注意"1.2 m""1.5 m""2.1 m""2.2 m""300 mm"等类似的边界值。它们是界定计算全面积与 1/2 面积、计算面积与不计算面积的分界线。

课后练习

一、单项选择题

1. 下列项目应计算建筑面积的是（　　）。
   A. 地下室的采光井　　　　　　　　　B. 室外台阶
   C. 建筑物内的操作平台　　　　　　　D. 穿过建筑物的通道

2. 一建筑物平面轮廓尺寸为 60 m×15 m，其场地平整工程量为（　　）m²。
   A. 960　　　　　　　　　　　　　　B. 1 054
   C. 900　　　　　　　　　　　　　　D. 1 350

3. 一幢六层住宅，勒脚以上结构的外围水平面积，每层为 448.38 m²，六层无围护结构的挑阳台的水平投影面积之和为 108 m²，则该工程的建筑面积为（　　）。
   A. 556.38 m²　　　　　　　　　　　B. 2 480.38 m²
   C. 2 744.28 m²　　　　　　　　　　D. 2 798.28 m²

二、多项选择题

1. 下列不计算建筑面积的内容是(　　)。

　　A. 无围护结构的挑阳台　　　　　　B. 300 mm 的变形缝

　　C. 1.5 m 宽的有顶无柱走廊　　　　D. 突出外墙有围护结构的橱窗

　　E. 1.2 m 宽的悬挑雨篷

2. 下列项目按水平投影面积 1/2 计算建筑面积的有(　　)。

　　A. 有围护结构的阳台　　　　　　　B. 室外楼梯

　　C. 单排柱车棚　　　　　　　　　　D. 独立柱雨篷

　　E. 屋顶上的水箱

三、计算题

1. 计算题图 3.1 所示单层建筑物的建筑面积。

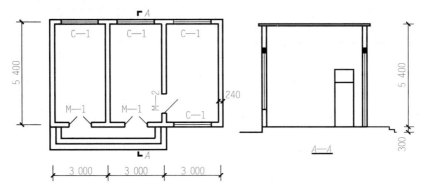

题图 3.1　单层建筑物平面图及立面图

2. 题图 3.2 为某建筑物平面及立面图，试计算：

(1)当 $H=3.0$ m 时，建筑物的建筑面积。

(2)当 $H=2.0$ m 时，建筑物的建筑面积。

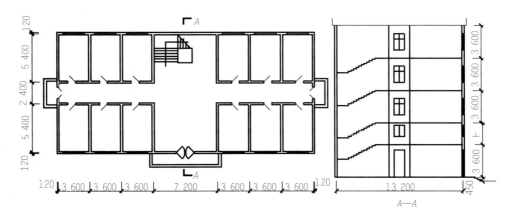

题图 3.2　某建筑物平面图及立面图

3. 某建筑物座落在坡地上，设计为深基础，并加以利用，计算其建筑面积，如题图 3.3 所示。

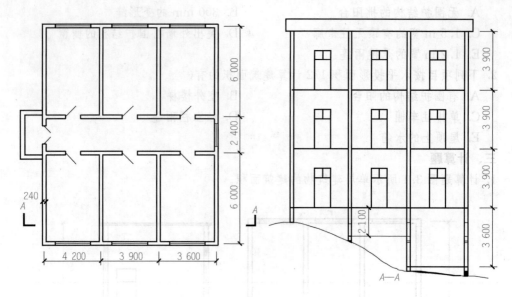

题图 3.3 某建筑物平面图及立面图

項目 **4**

建筑工程工程量计量

知识目标

1. 掌握土石方工程工程量的计算方法；
2. 掌握桩与地基基础工程工程量的计算方法；
3. 掌握砌筑工程工程量的计算方法；
4. 掌握混凝土及钢筋混凝土工程工程量的计算方法；
5. 掌握厂库房大门、特种门、木结构工程工程量的计算方法；
6. 掌握金属结构工程工程量的计算方法；
7. 掌握屋面及防水工程工程量的计算方法；
8. 掌握防腐、隔热、保温工程工程量的计算方法；
9. 掌握分部分项工程清单的编制方法。

技能目标

1. 能够按照计价规范的要求计算分部分项工程的工程量；
2. 能够独立编制小型建筑工程的分部分项工程量清单。

4.1 工程量计算的基本原理

4.1.1 工程量的概念

工程量是以物理单位或自然单位所表示的各分项工程或结构构件的实物数量。物理计量单位是指表示长度的米(m)、表示面积的平方米(m^2)、表示体积的立方米(m^3)和表示质(重)量的千克/吨(kg/t)等；自然计量单位是指如块、个、套、组、台、座等。

4.1.2 工程量计算的主要依据资料

(1)《房屋建筑与装饰工程工程量计算规范》(GB 50854—2013)(以下简称《计算规范》)。

(2)经审定的施工设计图及设计说明、相关标准图集、设计变更资料、图纸答疑和会审记录等。

(3)经审定的施工组织设计、施工方案。

(4)招标文件的商务条款、投标文件、工程施工合同等。

4.1.3 工程量计算的一般原则

1. 工程量计算规则要一致

工程量计算必须与相关工程现行国家工程量计算规范规定的工程量计算规则相一致。现行国家工程量计算规范规定的工程量计算规则中对各分部分项工程的工程量计算规则作了具体规定,计算时必须严格按规定执行。如实心砖墙工程量计算中,外墙长度按外墙中心线长度计算,内墙长度按内墙净长线计算,内外山墙按其平均高度计算等,又如楼梯面层的工程量按设计图示尺寸以楼梯(包括踏步、休息平台及不大于 500 mm 的楼梯井)水平投影面积计算。

2. 计算口径要一致

计算工程量时,根据施工图纸列出的工程项目的口径(指工程项目所包括的工作内容),必须与现行国家工程量计算规范规定相应的清单项目的口径相一致,即不能将清单项目中已包含了的工作内容拿出来另列子目计算。

3. 计算单位要一致

计算工程量时,所计算工程项目的工程量单位必须与现行国家工程量计算规范中相应清单项目的计量单位相一致。

在现行国家工程量计算规范规定中,工程量的计量单位规定为:

(1)以体积计算的为立方米(m^3)。

(2)以面积计算的为平方米(m^2)。

(3)长度为米(m)。

(4)重量为吨或千克(t 或 kg)。

(5)以件(个或组)计算的为件(个或组)。

例如,现行国家工程量计算规范规定中,钢筋混凝土现浇整体楼梯的计量单位为 m^2 或 m^3,而钢筋混凝土预制楼梯段的计量单位为 m^3 或段,在计算工程量时,应注意分清,使所列项目的计量单位与之一致。

4. 计算尺寸的取定要准确

计算工程量时,首先要对施工图尺寸进行核对,并对各项目计算尺寸的取定要准确。

5. 计算的顺序要统一

计算工程量时要遵循一定的计算顺序,依次进行计算,这是为避免发生漏算或重算的重要措施。

6. 计算精确度要统一

工程量的数字计算要准确,一般应精确到小数点后三位,汇总时,其准确度取值要达到：

(1)以"t"为单位，应保留小数点后三位数字，第四位四舍五入。

(2)以"m³""m²""m""kg"为单位，应保留小数点后两位数字，第三位小数四舍五入。

(3)以"个""件""根""组""系统"为单位，应取整数。

4.1.4 工程量计算的方法及形式

1. 工程量计算的方法

工程量计算，通常采用按施工先后顺序，按现行国家工程量计算规范的分部、分项顺序和统筹法进行计算。

(1)按施工顺序计算。这种方法是按工程施工顺序的先后来计算工程量。计算时，先地下，后地上；先底层，后上层；先主要，后次要。大型和复杂工程应先划成区域，编成区号，分区计算。

(2)按现行国家工程量计算规范的顺序计算。这种方法是按相关工程现行国家工程量计算规范所列分部分项工程的次序来计算工程量。由前到后，逐项对照施工图设计内容，能对上号的就计算。采用这种方法计算工程量，要求熟悉施工图纸，具有较多的工程设计基础知识，并且要注意施工图中有的项目在现行国家工程量计算规范可能未包括，这时编制人应补充相关的工程量清单项目，并报省级或行业工程造价管理机构备案，切记不可因现行国家工程量计算规范中缺项而漏项。

(3)用统筹法计算工程量。统筹法计算工程量是根据各分项工程量计算之间的固有规律和相互之间的依赖关系，运用统筹原理和统筹图来合理安排工程量的计算程序，并按其顺序计算工程量。用统筹法计算工程量的基本要点是：统筹程序、合理安排；利用基数、连续计算；一次计算、多次使用；结合实际、灵活机动。

2. 工程量计算的形式

工程量计算一般采取表格的形式，表格中一般应包括所计算工程量的项目名称、工程量计算式、单位和工程量数量等内容(表4.1.1)，表中工程量计算式应注明轴线或部位，且应简明扼要，以便进行审查和校核。

表 4.1.1　工程量计算表

工程名称：

序号	项目名称	工程量计算式	单位	工程量

计算：　　　　　　校核：　　　　　　审查：　　　　　　年　月　日

4.1.5 工程量计算的步骤及顺序 ▶▶▶

1. 工程量计算的步骤

工程量计算的步骤：工程项目列项；列出分项工程量计算式；演算计算式；调整计算单位；自我检查复核。

2. 工程量计算的顺序

(1)按轴线编号顺序计算。按轴线编号顺序计算，就是按横向轴线从①～⑩编号顺序计算横向构造工程量；按竖向轴线从Ⓐ～Ⓓ编号顺序计算纵向构造工程量，如图4.1.1所示。这种方法适用于计算内外墙的挖基槽、做基础、砌墙体、墙面装修等分项工程量。

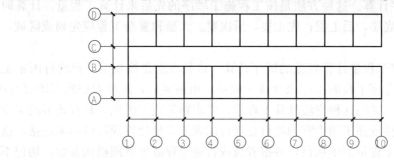

图 4.1.1 按轴线编号顺序

(2)按顺时针顺序计算。先从工程平面图左上角开始，按顺时针方向先横后竖、自左至右、自上而下逐步计算，环绕一周后再回到左上方为止。如计算外墙、外墙基础、楼地面、天棚等都可按此法进行，如图4.1.2所示。

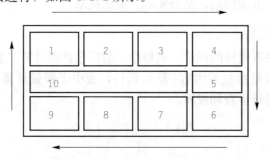

图 4.1.2 顺时针计算法

(3)按编号顺序计算。按图纸上所注各种构件、配件的编号顺序进行计算。如在施工图上，对钢、木门窗构件，钢筋混凝土构件(柱、梁、板等)，木结构构件，金属结构构件，屋架等都按序编号，计算它们的工程量时，可分别按所注编号逐一分别计算。

如图4.1.3所示，其构配件工程量计算顺序为：构造柱 Z_1、Z_2、Z_3、Z_4→主梁 L_1、L_2、L_3、L_4→过梁 GL_1、GL_2、GL_3、GL_4→楼板 B_1、B_2。

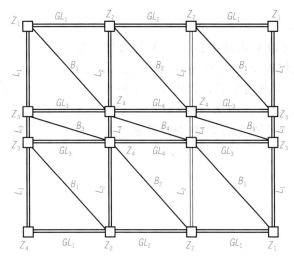

图 4.1.3　按构件的编号顺序计算

提示　➡　工程量的计算不管采用何种顺序，注意不可缺项漏项。

4.2　土石方工程

4.2.1　土石方工程基本知识

🔍 1. 土石方体积折算

土体经开挖后，体积增加，即使经过夯实也无法恢复其原来的体积。开挖后松散状态下的体积称为虚方体积，回填后未经夯实的体积，称为松填体积。

《计算规范》规定土石方体积应按挖掘前的天然密实体积计算，各种状态土石方的体积可按表 4.2.1 进行折算。

表 4.2.1　土石方体积折算系数表

天然密实体积	虚方体积	夯实后体积	松填体积
1.00	1.30	0.87	1.08
0.77	1.00	0.67	0.83
1.15	1.50	1.00	1.25
0.92	1.20	0.80	1.00

注：1. 虚方是指未经碾压，堆积时间≤1年的土壤。

　　2. 设计密实度超过规定的，填方体积按工程设计要求执行；无设计要求按各省、自治区、直辖市或行业建设行政主管部门规定的系数执行。

2. 放坡系数

在开挖土方时,可以采用放坡的方式保持边坡的稳定。放坡的坡度以放坡宽度 B 与挖土深度 H 之比表示,即 $K=B/H$,式中 K 为放坡系数,如图 4.2.1 所示。坡度通常用 $1:K$ 表示,显然,$1:K=H:B$。

(1)放坡系数由开挖深度、土壤类别以及施工方法决定,见表 4.2.2。

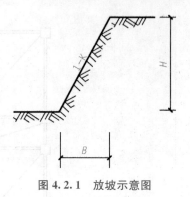

图 4.2.1 放坡示意图

表 4.2.2 放坡系数表

土类别	放坡起点/m	人工挖土	机械挖土		
			在坑内作业	在坑上作业	顺沟槽在坑上作业
一、二类土	1.20	1:0.5	1:0.33	1:0.75	1:0.5
三类土	1.50	1:0.33	1:0.25	1:0.67	1:0.33
四类土	2.00	1:0.25	1:0.10	1:0.33	1:0.25

注:1. 沟槽、基坑中土类别不同时,分别按其放坡起点、放坡系数,依不同土类别厚度加权平均计算。
　　2. 计算放坡时,在交接处的重复工程量不予扣除,原槽、坑作基础垫层时,放坡自垫层土表面开始计算。

例 4-1 已知开挖深度 $H=2.2$ m,槽底宽度 $A=2.0$ m,土质为三类土,采用人工开挖。试确定上口开挖宽度是多少?

解: 查表 4.2.2 可知,三类土放坡起点深度 $h=1.5$ m,人工挖土的坡度系数 $k=0.33$。由于开挖深度(H)大于放坡起点深度(h),故采取放坡开挖。每边边坡宽度:$B=K\times H=0.33\times 2.2=0.73$(m)

则上口开宽度为:$A'=A+2B=2.0+2\times 0.73=3.46$(m)

(2)挖土方时,当土类别不同时,要分别按其放坡起点、放坡系数,依不同土类别厚度加权平均计算。

例 4-2 已知某基坑开挖深度 $H=10$ m。其中表层土为一、二类土,厚 $h_1=2$ m,中层土为三类土,厚 $h_2=5$ m,下层土为四类土,厚 $h_3=3$ m。采用正铲挖土机在坑底开挖,试确定其坡度系数。

解: 对于这种在同一坑内有三种不同类别土壤的情况,要分别按其放坡起点、放坡系数,依不同土壤厚度加权平均计算其放坡系数。

查表 4.2.2 知:一、二类土坡度系数 $k_1=0.33$

三类土坡度系数 $k_2=0.25$

四类土坡度系数 $k_3=0.10$

故综合坡度系数:

$$K=\frac{K_1 h_1+K_2 h_2+K_3 h_3}{H}=\frac{0.33\times 2+0.25\times 5+0.10\times 3}{10}=0.22$$

（3）另外在计算放坡时，在交接处的重复工程量不予扣除，原槽、坑做基础垫层时，放坡自垫层上表面开始计算（图 4.2.2）。

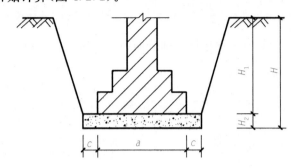

图 4.2.2 垫层上表面放坡示意图

3. 工作面

工作面是指工人施工操作或支模板所需要增加的开挖断面宽度，与基础材料和施工工序有关，见表 4.2.3。

表 4.2.3 基础施工所需工作面宽度计算表

基础材料	每边各增加工作面宽度/mm
砖基础	200
浆砌毛石、条石基础	150
混凝土基础垫层支模板	300
混凝土基础支模板	300
基础垂直面做防水层	1 000（防水层面）

4. 沟槽、基坑、一般土方的划分

沟槽是指底长>3 倍底宽，且底宽≤7 m；基坑是底长≤3 倍底宽，且底面积≤150 m²；超出沟槽和基坑范围的为一般土方工程。

5. 计算长度的取值

为保证工程量计算的不漏不重，《计算规范》规定实体工程量计算的长度取值原则是外墙中心线，内墙净长线（见例 4-3）。

6.《计算规范》的特别说明

《计算规范》规定，挖沟槽、基坑、一般土方因工作面和放坡增加的工程量，是否并入各土方工程量中，按各省、自治区、直辖市或行业建设主管部门的规定实施，如并入各土方工程量中，办理工程结算时，按经发包人认可的施工组织设计规定计算，编制工程量清单时，可按表 4.2.1～表 4.2.3 的规定计算。

《辽宁省建筑工程计价定额》(2008)中规定，土方工程计量中要考虑因工作面和放坡增加的工程量。

4.2.2 土石方工程工程量计算规则及示例

在《计算规范》中，土石方工程包括三部分内容，土方工程、石方工程和回填，示例见表 4.2.4～表 4.2.6。

表 4.2.4　土方工程(编码：010101)

项目编码	项目名称	项目特征	计量单位	工程量计算规则	工作内容
010101001	平整场地	1. 土壤类别 2. 弃土运距 3. 取土运距	m²	按设计图示尺寸以建筑物首层建筑面积计算	1. 土方挖填 2. 场地找平 3. 运输
010101002	挖一般土方	1. 土壤类别 2. 挖土深度 3. 弃土运距	m³	按设计图示尺寸以体积计算	1. 排地表水 2. 土方开挖 3. 围护(挡土板)及拆除 4. 基底钎探 5. 运输
010101003	挖沟槽土方			按设计图示尺寸以基础垫层底面积乘以挖土深度计算	
010101004	挖基坑土方				
010101005	冻土开挖	1. 冻土厚度 2. 弃土运距		按设计图示尺寸开挖面积乘以厚度以体积计算	1. 爆破 2. 开挖 3. 清理 4. 运输
010101006	挖淤泥、流砂	1. 挖掘深度 2. 弃淤泥、流砂距离		按设计图示位置、界限以体积计算	1. 开挖 2. 运输
010101007	管沟土方	1. 土壤类别 2. 管外径 3. 挖沟深度 4. 回填要求	1. m 2. m³	1. 以米计量，按设计图示以管道中心线长度计算。 2. 以立方米计量，按设计图示管底垫层面积乘以挖土深度计算；无管底垫层按管外径的水平投影面积乘以挖土深度计算。不扣除各类井的长度，井的土方并入	1. 排地表水 2. 土方开挖 3. 围护(挡土板)、支撑 4. 运输 5. 回填

表 4.2.5　石方工程(编码：010102)

项目编码	项目名称	项目特征	计量单位	工程量计算规则	工作内容
010102001	挖一般石方	1. 岩石类别 2. 开凿深度 3. 弃碴运距	m³	按设计图示尺寸以体积计算	1. 排地表水 2. 凿石 3. 运输
010102002	挖沟槽石方			按设计图示尺寸沟槽底面积乘以挖石深度以体积计算	
010102003	挖基坑石方			按设计图示尺寸基坑底面积乘以挖石深度以体积计算	
010102004	挖管沟石方	1. 岩石类别 2. 管外径 3. 挖沟深度	1. m 2. m³	1. 以米计量，按设计图示以管道中心线长度计算。 2. 以立方米计量，按设计图示截面积乘以长度计算	1. 排地表水 2. 凿石 3. 回填 4. 运输

表 4.2.6　表 A.3 回填(编码：010103)

项目编码	项目名称	项目特征	计量单位	工程量计算规则	工作内容
010103001	回填方	1. 密实度要求 2. 填方材料品种 3. 填方粒径要求 4. 填方来源、运距	m³	按设计图示尺寸以体积计算 　1. 场地回填：回填面积乘以平均回填厚度 　2. 室内回填：主墙间面积乘以回填厚度，不扣除间隔墙 　3. 基础回填：按挖方清单项目工程量减去自然地坪以下埋设的基础体积(包括基础垫层及其他构筑物)	1. 运输 2. 回填 3. 压实
010103002	余方弃置	1. 废弃料品种 2. 运距		按挖方清单项目工程量减去利用回填方体积(正数)计算	余方点装料运输至弃置点

1. 土方工程(010101001～010101007)

土方工程包括平整场地，挖一般土方，挖沟槽土方，挖基坑土方，冻土开挖，挖淤泥、流砂和管沟土方 7 个子目项。

(1)平整场地(010101001)。平整场地是指对建筑物场地厚度在 ±30 cm 以内的挖、填、运、找平。±30 cm 以外的竖向布置挖土或山坡切土，应按挖土方项目计算。

平整场地工程量计算按设计图示尺寸以建筑物首层建筑面积计算。如已知有一建筑物首层平面如图 4.2.3 所示，则

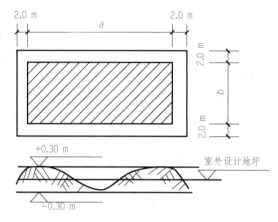

图 4.2.3　场地平整示意图

平整场地工程量＝其首层建筑面积

＝其首层占地面积 $S = a \times b$

提示 ➡

《辽宁省建筑工程计价定额》(2008)中规定，平整场地的工程量以建筑物外墙外边线每边各加 2 m，以 m² 计算。

则平整场地工程量为 $S_1 = (a+4) \times (b+4) = a \times b + 4(a+b) + 16$

＝首层占地面积 $S + 2 \times$ 外墙外边线周长 $+16$

(2)挖一般土方(010101002)。挖一般土方是指挖土厚度大于 300 mm 的竖向布置挖土或山坡切土，且不属于沟槽、基坑的土方工程。

挖一般土方工程量按设计图示尺寸以体积计算，土方体积应按挖掘前的天然密实体积计算。如需按天然密实体积折算时，应按表 4.2.1 中系数计算。挖土深度应按自然地面测量标高至设计地坪标高的平均厚度确定。

(3)挖沟槽土方(010101003)。挖沟槽土方按设计图示尺寸以基础垫层底面积乘以挖土

深度计算。

例4-3 已知某工程基础如图4.2.4所示，土质类别为二类，垫层C10混凝土，挖土深度为1.3 m。计算人工挖沟槽土方。

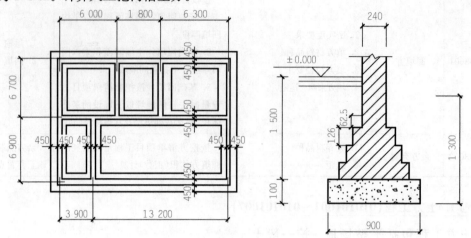

图4.2.4 某工程基础示意图

解： 1)计算沟槽长度：

①外墙中心线长＝(3.9＋13.2＋6.9＋6.7)×2＝61.40(m)

②内墙基础垫层净长＝(6.9－0.9)＋(6.7－0.9)×2＋(3.9＋13.2－0.9)

　　　　　　　　　＝6＋5.8×2＋16.2＝33.8(m)

则合计沟槽长度L＝61.4＋33.8＝95.2(m)

2)挖土深度为1.3 m。

3)挖沟槽工程量为：V＝0.9×95.2×1.3＝111.38(m³)。

《辽宁省建筑工程计价定额》(2008)中规定，计算挖土方时要考虑放坡和工作面所增加的土方量。如图4.2.5所示，若设c为工作面宽度，则人工挖沟槽：$V=(b+2c+kH)\times H \times L$。

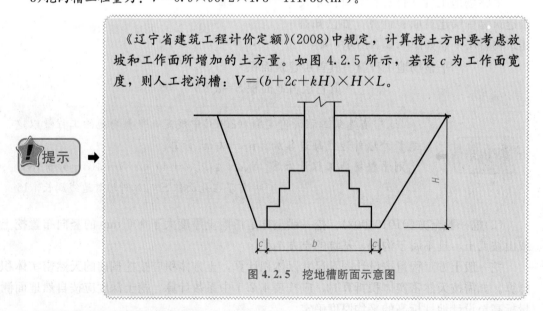

图4.2.5 挖地槽断面示意图

上例若按照《辽宁省建筑工程计价定额》(2008)的规定计算挖方工程量，计算步骤如下：

1)计算沟槽长度，同上，合计沟槽长度 $L=95.2$ m。

2)挖土深度，同上，为 1.3 m。

3)查表 4.2.2 知，一、二类土放坡起点为 1.2 m，放坡系数 $k=0.5$。

4)垫层宽 0.9 m 按原槽浇筑。

5)砖基础宽 $b=0.24+0.062\ 5\times6=0.615$ m，查表 4.2.3 知，砖基础工作面宽度为 0.2 m。

则挖垫层土方量 $V=0.9\times0.1\times95.2=8.57(\mathrm{m}^3)$

$$挖砖基础土方量 V=(b+2c+kH)\times H\times L$$
$$=(0.615+2\times0.2+0.5\times1.2)\times1.2\times95.2$$
$$=184.50(\mathrm{m}^3)$$

则合计挖沟槽工程量 $=8.57+184.50=193.07(\mathrm{m}^3)$

(4)挖基坑土方(010101004)。挖基坑土方常见为独立基础，按设计图示尺寸以基础垫层底面积乘以挖土深度计算。

设独立基础底面尺寸为 $a\times b$，至设计室外标高深度为 H。当不放坡、不留工作面时基坑为一长方体形状，则挖方工程量 $V=abH$。

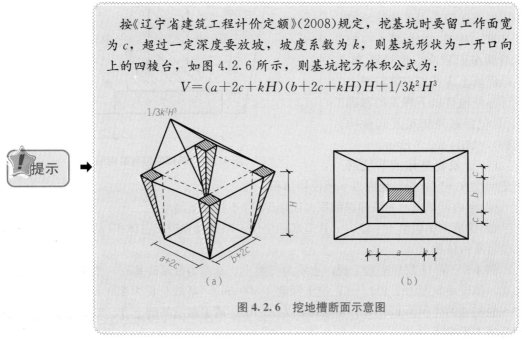

提示 ➡

按《辽宁省建筑工程计价定额》(2008)规定，挖基坑时要留工作面宽为 c，超过一定深度要放坡，坡度系数为 k，则基坑形状为一开口向上的四棱台，如图 4.2.6 所示，则基坑挖方体积公式为：
$$V=(a+2c+kH)(b+2c+kH)H+1/3k^2H^3$$

图 4.2.6　挖地槽断面示意图

例 4-4　某工程人工挖一基坑，混凝土基础长为 1.50 m，宽为 1.20 m，支模板浇灌，深度为 2.20 m，三类土。计算人工挖基坑工程量。

解 1：根据清单计算规则，若不考虑工作面和放坡，则工程量为：
$$V=1.5\times1.2\times2.2=3.96(\mathrm{m}^3)$$

解 2：按照《辽宁省建筑工程计价定额》(2008)的规定，挖基坑时要考虑放坡和工作面的宽度，已知放坡系数 $k=0.33$，工作面每边宽 300mm。

则挖基坑土方工程量为：

$$V = (1.50 + 0.30 \times 2 + 0.33 \times 2.20) \times (1.20 + 0.30 \times 2 + 0.33 \times 2.20)$$
$$\times 2.20 + 1/3 \times 0.33^2 \times 2.2^3$$
$$= 2.826 \times 2.526 \times 2.20 + 0.3865 = 16.09 (\text{m}^3)$$

（5）管沟土方（010101007）。

1）以米计量，按设计图示以管道中心线长度计算。

2）以立方米计量，按设计图示管底垫层面积乘以挖土深度计算；无管底垫层按管外径的水平投影面积乘以挖土深度计算。不扣除各类井的长度，井的土方并入。

🖎 2. 石方工程（010102001～010102005）

石方工程包括挖一般石方、挖沟槽石方、挖基坑石方、基底摊座和管沟石方等 5 个项目，计算规则基本与土方工程相同，这里不再赘述。

🖎 3. 回填（010103001～010103002）

回填包括回填方和余方弃置 2 个项目。

土石方回填按设计图示尺寸以体积计算。对于场地回填土以回填面积乘以平均回填厚度计算；对于室内回填土应按主墙间净面积乘以回填厚度计算；基础回填土应按挖方体积减去设计室外地坪以下埋设的基础体积（包括基础垫层及其他构筑物），如图 4.2.7 所示。

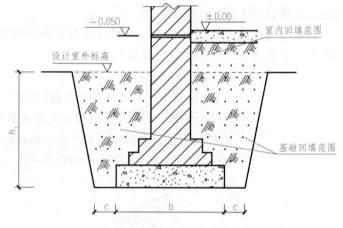

图 4.2.7 基础回填与室内回填

（1）建筑物基槽或基坑回填土＝挖方－室外设计地面以下埋设物体积。

（2）室内回填土＝主墙间净面积×回填厚度（不扣除间隔墙）

（3）管道沟槽回填土＝挖方－管道基础垫层、基础及管道所占体积（ϕ500 mm 以下不扣除管道所占体积）。

例 4-5 某 11 层住宅楼工程，土质为三类土，基础为带形砖基础，垫层为 C15 混凝土垫层，垫层底宽度为 1 400 mm，挖土深度 1 800 mm，基础总长为 220 m。室外设计地坪以下的基础的体积为 227 m³，垫层体积为 31 m³，请编制挖基础土方、基础土方回填的分部分项工程量清单。

解：（1）计算清单工程量。

挖基础土方编码 010101003001。

按照规范的工程量计算规则，挖基础土方工程量以基础垫层底面积乘以挖土深度计算。

基础垫层底面积＝1.4×220＝308（m³）

挖基础土方工程＝308×1.8＝554.4（m³）

基础回填土编码010103001001。

基础回填土工程量＝554.4－(227＋31)＝296.4(m³)

(2)编制工程量清单(表4.2.7)。

表4.2.7　某住宅楼基础工程量清单

工程名称：某住宅楼工程

序号	项目编码	项目名称	项目特征	计量单位	工程数量
1	010101003001	挖基础土方	1. 三类土 2. 挖土深度1.8 m	m³	554.4
2	010103001001	基础土方回填	1. 满足规范和设计要求 2. 原土 3. 运距5 m内	m³	296.4

4.3　地基处理与边坡支护工程

4.3.1　地基处理与边坡支护工程基本知识

由于天然地基软弱无法满足地基强度、变形等设计要求，需要在施工前对地基进行处理，利用换填、夯实、挤密、排水、胶结、加筋等方法改良地基土的工程特性，从而达到加固地基，满足设计要求的目的。

1. 桩长的计算范围

为提高地基承载力，当采用振冲桩(填料)、砂石桩、水泥粉煤灰碎石桩、深层搅拌桩、粉喷桩、夯实水泥土桩、高压喷射注浆桩、石灰桩、灰土(土)挤密桩、柱锤冲扩桩等对地基进行处理时，其桩长的计算应包括桩尖，即空桩长度＝孔深－桩长，其中孔深为自然地面至设计桩底的深度。

2. 检测费用

在《计算规范》中，复合地基的检测费用、基坑与边坡的检测、变形观测等费用，没有在清单项目中列项，如果实际发生，需按照相关规定、相关取费标准单独计算。

3. 与其他附录的衔接

(1)这部分的地下连续墙和喷射混凝土的钢筋网及咬合灌注桩的钢筋笼制作、安装，按《计算规范》附录E中相关项目编码列项。

(2)本分部未列的基坑与边坡支护的排桩按《计算规范》附录C中相关项目编码列项。

(3)水泥土墙、坑内加固按表4.3.1中相关项目编码列项。

(4)砖、石挡土墙、护坡按《计算规范》附录D中相关项目编码列项。

(5)混凝土挡土墙按《计算规范》附录E中相关项目编码列项。

(6)弃土(不含泥浆)清理、运输按《计算规范》附录 A 中相关项目编码列项。

4.3.2 地基处理与边坡支护工程工程量计算规则及示例

在《计算规范》中,地基处理与边坡支护工程包括地基处理和基坑与边坡支护两部分内容,示例见表 4.3.1 和表 4.3.2。

表 4.3.1 地基处理(编码:010201)

项目编码	项目名称	项目特征	计量单位	工程量计算规则	工作内容
010201001	换填垫层	1. 材料种类及配比 2. 压实系数 3. 掺加剂品种	m³	按设计图示尺寸以体积计算	1. 分层铺填 2. 碾压、振密或夯实 3. 材料运输
010201002	辅设土工合成材料	1. 部位 2. 品种 3. 规格		按设计图示尺寸以面积计算	1. 挖填锚固沟 2. 铺设 3. 固定 4. 运输
010201003	预压地基	1. 排水竖井种类、断面尺寸、排列方式、间距、深度 2. 预压方法 3. 预压荷载、时间 4. 砂垫层厚度	m²	按设计图示处理范围以面积计算	1. 设置排水竖井、盲沟、滤水管 2. 铺设砂垫层、密封膜 3. 堆载、卸载或抽气设备安拆、抽真空 4. 材料运输
010201004	强夯地基	1. 夯击能量 2. 夯击遍数 3. 夯击点布置形式、间距 4. 地耐力要求 5. 夯填材料种类			1. 铺设夯填材料 2. 强夯 3. 夯填材料运输
010201005	振冲密实(不填料)	1. 地层情况 2. 振密深度 3. 孔距			1. 振冲加密 2. 泥浆运输
010201006	振冲桩(填料)	1. 地层情况 2. 空桩长度、桩长 3. 桩径 4. 填弃材料种类	1. m 2. m³	1. 以米计量,按设计图示尺寸以桩长计算 2. 以立方米计量,按设计桩截面乘以桩长以体积计算	1. 振冲成孔、填料、振实 2. 材料运输 3. 泥浆运输
010201007	砂石桩	1. 地层情况 2. 空桩长度、桩长 3. 桩径 4. 成孔方法 5. 材料种类		1. 以米计量,按设计图示尺寸以桩长(包括桩尖)计算 2. 以立方米计量,按设计桩截面乘以桩长(包括桩尖)以体积计算	1. 成孔 2. 填弃、振实 3. 材料运输

项目编码	项目名称	项目特征	计量单位	工程量计算规则	工作内容
010201008	水泥粉煤灰碎石桩	1. 地层情况 2. 空桩长度、桩长 3. 桩径 4. 成孔方法 5. 混合料强度等级	m	按设计图示尺寸以桩长(包括桩尖)计算	1. 成孔 2. 混合料制作、灌注、养护 3. 材料运输
010201009	深层搅拌桩	1. 地层情况 2. 空桩长度、桩长 3. 桩截面尺寸 4. 水泥强度等级、掺量		按设计图示尺寸以桩长计算	1. 预搅下钻、水泥浆制作、喷浆搅拌提升成桩 2. 材料运输
010201010	粉喷桩	1. 地层情况 2. 空桩长度、桩长 3. 桩径 4. 粉体种类、掺量 5. 水泥强度等级、石灰粉要求			1. 预搅下钻、喷粉搅拌提升成桩 2. 材料运输
010201011	夯实水泥土桩	1. 地层情况 2. 空桩长度、桩长 3. 桩径 4. 成孔方法 5. 水泥强度等级 6. 混合料配比		按设计图示尺寸以桩长(包括桩尖)计算	1. 成孔、夯实 2. 水泥土拌和、填料、夯实 3. 材料运输
010201012	高压喷射注浆桩	1. 地层情况 2. 空桩长度、桩长 3. 桩截面 4. 注浆类型、方法 5. 水泥强度等级		按设计图示尺寸以桩长计算	1. 成孔 2. 水泥浆制作、高压喷射注浆 3. 材料运输
010201013	石灰桩	1. 地层情况 2. 空桩长度、桩长 3. 桩径 4. 成孔方法 5. 掺和料种类、配合比		按设计图示尺寸以桩长(包括桩尖)计算	1. 成孔 2. 混合料制作、运输、夯填
010201014	灰土(土)挤密桩	1. 地层情况 2. 空桩长度、桩长 3. 桩径 4. 成孔方法 5. 灰土级配	m		1. 成孔 2. 灰土拌和、运输、填充、夯实
010201015	柱锤冲扩桩	1. 地层情况 2. 空桩长度、桩长 3. 桩径 4. 成孔方法 5. 桩体材料种类、配合比		按设计图示尺寸以桩长计算	1. 安、拔套管 2. 冲孔、填料、夯实 3. 桩体材料制作、运输

项目编码	项目名称	项目特征	计量单位	工程量计算规则	工作内容
010201016	注浆地基	1. 地层情况 2. 空钻深度、注浆深度 3. 注浆间距 4. 浆液种类及配比 5. 注浆方法 6. 水泥强度等级	1. m 2. m³	1. 以米计量，按设计图示尺寸以钻孔深度计算 2. 以立方米计量，按设计图示尺寸以加固体积计算	1. 成孔 2. 注浆导管制作、安装 3. 浆液制作、压浆 4. 材料运输
010201017	褥垫层	1. 厚度 2. 材料品种及比例	1. m² 2. m³	1. 以平方米计量，按设计图示尺寸以铺设面积计算 2. 以立方米计量，按设计图示尺寸以体积计算	材料拌和、运输、铺设、压实

表 4.3.2 基坑与边坡支护（编码：010202）

项目编码	项目名称	项目特征	计量单位	工程量计算规则	工作内容
010202001	地下连续墙	1. 地层情况 2. 导墙类型、截面 3. 墙体厚度 4. 成槽深度 5. 混凝土类别、强度等级 6. 接头形式	m³	按设计图示墙中心线长乘以厚度乘以槽深以体积计算	1. 导墙挖填、制作、安装、拆除 2. 挖土成槽、固壁、清底置换 3. 混凝土制作、运输、灌注、养护 4. 接头处理 5. 土方、废泥浆外运 6. 打桩场地硬化及泥浆池、泥浆沟
010202002	咬合灌注桩	1. 地层情况 2. 桩长 3. 桩径 4. 混凝土种类、强度等级 5. 部位	1. m 2. 根	1. 以米计量，按设计图示尺寸以桩长计算 2. 以根计量，按设计图示数量计算	1. 成孔、固壁 2. 混凝土制作、运输、灌注、养护 3. 套管压拔 4. 土方、废泥浆外运 5. 打桩场地硬化及泥浆池、泥浆沟
010202003	圆木桩	1. 地层情况 2. 桩长 3. 材质 4. 尾径 5. 桩倾斜度	1. m 2. 根	1. 以米计量，按设计图示尺寸以桩长（包括桩尖）计算 2. 以根计量，按设计图示数量计算	1. 工作平台搭拆 2. 桩机移位 3. 桩靴安装 4. 沉桩
010202004	预制钢筋混凝土板桩	1. 地层情况 2. 送桩深度、桩长 3. 桩截面 4. 沉桩方法 5. 连接方工 6. 混凝土强度等级			1. 工作平台搭拆 2. 桩机移位 3. 沉桩 4. 板桩连接
010202005	型钢桩	1. 地层情况或部位 2. 送桩深度、桩长 3. 规格型号 4. 桩倾斜度 5. 防护材料种类 6. 是否拨出	1. t 2. 根	1. 以吨计量，按设计图示尺寸以质量计算 2. 以根计量，按设计图示数量计算	1. 工作平台搭拆 2. 桩机移位 3. 打（拔）桩 4. 接桩 5. 刷防护材料

项目编码	项目名称	项目特征	计量单位	工程量计算规则	工作内容
010202006	钢板桩	1. 地层情况 2. 桩长 3. 板桩厚度	1. t 2. m²	1. 以吨计量，按设计图示尺寸以质量计算 2. 以平方米计量，按设计图示墙中心线长乘以桩长以面积计算	1. 工作平台搭拆 2. 桩机移位 3. 打拔钢板桩
010202007	锚杆(锚索)	1. 地层情况 2. 锚杆(索)类型、部位 3. 钻孔深度 4. 钻孔直径 5. 杆体材料品种、规格、数量 6. 预应力 7. 浆液种类、强度等级	1. m 2. 根	1. 以米计量，按设计图示尺寸以钻孔深度计算 2. 以根计量，按设计图示数量计算	1. 钻孔、浆液制作、运输、压浆 2. 锚杆(锚索)制作、安装 3. 张拉锚固 4. 锚杆(锚索)施工平台搭设、拆除
010202008	土钉	1. 地层情况 2. 钻孔深度 3. 钻孔直径 4. 置入方法 5. 杆体材料品种、规格、数量 6. 浆液种类、强度等级			1. 钻孔、浆液制作、运输、压浆 2. 土钉制作、安装 3. 土钉施工平台搭设、拆除
010202009	喷射混凝土、水泥砂浆	1. 部位 2. 厚度 3. 材料种类 4. 混凝土(砂浆)类别、强度等级	m²	按设计图示尺寸以面积计算	1. 修整边坡 2. 混凝土(砂浆)制作、运输、喷射、养护 3. 钻排水孔、安装排水管 4. 喷射施工平台搭设、拆除
010202010	钢筋混凝土支撑	1. 部位 2. 混凝土种类 3. 混凝土强度等级	m³	按设计图示尺寸以体积计算	1. 模板(支架或支撑)制作、安装、拆除、堆放、运输及清理模内杂物、刷隔离剂等 2. 混凝土制作、运输、浇筑、振捣、养护
010202011	钢支撑	1. 部位 2. 钢材品种、规格 3. 探伤要求	t	按设计图示尺寸以质量计算。不扣除孔眼质量，焊条、铆钉、螺栓等不另增加质量	1. 支撑、铁件制作(摊销、租赁) 2. 支撑、铁件安装 3. 探伤 4. 刷漆 5. 拆除 6. 运输

🔍 1. 地基处理(010201001～010201017)

地基处理包括换填垫层、铺设土工合成材料、预压地基、强夯地基、振冲密实(不填料)、振冲桩(填料)、砂石桩、水泥粉煤灰碎石桩、深层搅拌桩、粉喷桩、夯实水泥土桩、高压喷射注浆桩、石灰桩、灰土(土)挤密桩、柱锤冲扩桩、注浆地基、褥垫层17个项目。

(1)强夯地基(010203004)项目工程量计算规则为:按设计图示尺寸以加固面积计算,计量单位为m^2。

(2)振冲桩(填料)(010201006)项目工程量计量单位有两个,一是以米为计量单位,按设计图示尺寸以桩长计算;二是以立方米为计量单位,按设计桩截面乘以桩长以体积计算。

(3)高压喷射注浆桩(010201012)项目中,高压喷射注浆的类型包括旋喷、摆喷、定喷;高压喷射注浆的方法包括单管法、双重管法、三重管法。

(4)其他锚杆是指不施加预应力的土层锚杆和岩石锚杆。置入方法包括钻孔置入、打入或射入等。

2. 基坑与边坡支护(010202001~010202011)

基坑与边坡支护包括地下连续墙,咬合灌注桩,圆木桩,预制钢筋混凝土板桩,型钢桩,钢板桩,锚杆(锚索),土钉,喷射混凝土、水泥砂浆,钢筋混凝土支撑,钢支撑11个项目。

(1)地下连续墙(010202001)项目工程量计算规则为:按设计图示墙中心线长乘以厚度乘以槽深以体积计算,计量单位为m^3。

(2)锚杆、锚索(010202007)和土钉(010202008)两项的工程量计算规则均有两个:一是以米计量,按设计图示尺寸以钻孔深度计算;二是以根计量,按设计图示数量计算。

4.4 桩基工程

4.4.1 桩基工程基本知识

1. 桩基础

桩基础是用承台梁把沉入土中的若干个单桩的顶部联系起来的一种基础。桩的作用是将上部建筑物的荷载传递到深处承载力较大的土(岩)层上,或将软弱土层挤密以提高地基土的承载力及密实度。

在建筑结构设计时,遇到地基软弱土层较厚、上部荷载较大,用天然地基无法满足建筑物对地基变形和强度方面的要求时,常用桩基础。

2. 桩的分类

桩是置于岩土中的柱型构件,一般房屋基础中,桩基的主要作用是将承受的上部竖向荷载,通过较弱底层传至深部较硬、压缩性小的土层或岩层。按桩基传递荷载的形式可分为端承桩和摩擦桩：端承桩是桩顶荷载由桩端阻力承受；摩擦桩是桩顶荷载由桩侧阻力承受。按施工工艺分为预制混凝土桩和灌注混凝土桩。

（1）预制混凝土桩：按断面形式分为预制方桩和预应力空心管桩。

预制桩的施工包括制桩（或购买成品桩）、运桩、沉桩三个过程；当单节桩长不能满足设计要求时，应接桩；当桩顶标高要求在自然地坪以下时，应送桩。

（2）灌注混凝土桩：按照成孔方法划分为沉管灌注桩、钻（冲）孔灌注桩、人工挖孔桩等。

3. 桩长的计算范围

与《计算规范》附录 B 中桩长的计算范围相同，桩长的计算应包括桩尖，即空桩长度＝孔深－桩长，其中孔深为自然地面至设计桩底的深度。

4. 检测费用

在《计算规范》中，桩基础的承载力检测、桩身完整性检测等费用，没有在清单项目中列项，如果实际发生，需按照相关规定、相关取费标准单独计算。

5. 与其他附录的衔接

混凝土灌注桩的钢筋笼制作、安装，按《计算规范》附录 E 中相关项目编码列项。

4.4.2 桩基工程工程量计算规则及示例

在《计算规范》中，桩基工程包括打桩和灌注桩两部分内容，示例见表 4.4.1 和表 4.4.2。

表 4.4.1　打桩（编码：010301）

项目编码	项目名称	项目特征	计量单位	工程量计算规则	工作内容
010301001	预制钢筋混凝土方桩	1. 地层情况 2. 送桩深度、桩长 3. 桩截面 4. 桩倾斜度 5. 沉桩方式 6. 接桩方式 7. 混凝土强度等级	1. m 2. m² 3. 根	1. 以米计量，按设计图示尺寸以桩长（包括桩尖）计算 2. 以立方米计量，按设计图示截面积乘以桩长（包括桩尖）以体积计算 3. 以根计量，按设计图示数量计算	1. 工作平台搭拆 2. 桩机竖拆、移位 3. 沉桩 4. 接桩 5. 送桩
010301002	预制钢筋混凝土管桩	1. 地层情况 2. 送桩深度、桩长 3. 桩外径、壁厚 4. 桩倾斜度 5. 沉桩方式 6. 桩尖类型 7. 混凝土强度等级 8. 填充材料种类 9. 防护材料种类			1. 工作平台搭拆 2. 桩机竖拆、移位 3. 沉桩 4. 接桩 5. 送桩 6. 桩尖制作安装 7. 填充材料、刷防护材料

项目编码	项目名称	项目特征	计量单位	工程量计算规则	工作内容
010301003	钢管桩	1. 地层情况 2. 送桩深度、桩长 3. 材质 4. 管径、壁厚 5. 桩倾斜度 6. 沉桩方法 7. 填充材料种类 8. 防护材料种类	1. t 2. 根	1. 以吨计量，按设计图示尺寸以质量计算 2. 以根计量，按设计图示数量计算	1. 工作平台搭拆 2. 桩机竖拆、移位 3. 沉桩 4. 接桩 5. 送桩 6. 切割钢管、精割盖帽 7. 管内取土 8. 填充材料、刷防护材料
010301004	截(凿)桩头	1. 桩类型 2. 桩头截面、高度 3. 混凝土强度等级 4. 有无钢筋	1. m³ 2. 根	1. 以立方米计量，按设计桩截面乘以桩头长度以体积计算 2. 以根计量，按设计图示数量计算	1. 截(切割)桩头 2. 凿平 3. 废料外运

表 4.4.2　灌注桩(编码：010302)

项目编码	项目名称	项目特征	计量单位	工程量计算规则	工作内容
010302001	泥浆护壁成孔灌注桩	1. 地层情况 2. 空桩长度、桩长 3. 桩径 4. 成孔方法 5. 护筒类型、长度 6. 混凝土种类、强度等级			1. 护筒埋设 2. 成孔、固壁 3. 混凝土制作、运输、灌注、养护 4. 土方、废泥浆外运 5. 打桩场地硬化及泥浆池、泥浆沟
010302002	沉管灌注桩	1. 地层情况 2. 空桩长度、桩长 3. 复打长度 4. 桩径 5. 沉管方法 6. 桩尖类型 7. 混凝土种类、强度等级	1. m 2. m³ 3. 根	1. 以米计量，按设计图示尺寸以桩长(包括桩尖)计算 2. 以立方米计量，按不同截面在桩上范围内以体积计算。 3. 以根计量，按设计图示数量计算	1. 打(沉)拔钢管 2. 桩尖制作、安装 3. 混凝土制作、运输、灌注、养护
010302003	干作业成孔灌注桩	1. 地层情况 2. 空桩长度、桩长 3. 桩径 4. 扩孔直径、高度 5. 成孔方法 6. 混凝土种类、强度等级			1. 成孔、扩孔 2. 混凝土制作、运输、灌注、振捣、养护

项目编码	项目名称	项目特征	计量单位	工程量计算规则	工作内容
010302004	挖孔桩土(石)方	1. 地层情况 2. 挖孔深度 3. 弃土(石)运距	m³	按设计图示尺寸(含护壁)截面积乘以挖孔深度以立方米计算	1. 排地表水 2. 挖土、凿石 3. 基底钎探 4. 运输
010302005	人工挖孔灌注桩	1. 桩芯长度 2. 桩芯直径、扩底直径、扩底高度 3. 护壁厚度、高度 4. 护壁混凝土种类、强度等级 5. 桩芯混凝土种类、强度等级	1. m³ 2. 根	1. 以立方米米计量,按桩芯混凝土体积计算。 2. 以根计量,按设计图示数量计算	1. 护壁制作 2. 混凝土制作、运输、灌注、振捣、养护
010302006	钻孔压浆桩	1. 地层情况 2. 空钻长度、桩长 3. 钻孔直径 4. 水泥强度等级	1. m 2. 根	1. 以米计量,按设计图示尺寸以桩长计算。 2. 以根计量,按设计图示数量计算	钻孔、下注浆管、投放骨料、浆液制作、运输、压浆
010302007	灌注桩后压浆	1. 注浆导管材料、规格 2. 注浆导管长度 3. 单孔注浆量 4. 水泥强度等级	孔	按设计图示以注浆孔数计算	1. 注浆导管制作、安装 2. 浆液制作、运输、压浆

1. 打桩(010301001~010301004)

打桩包括预制钢筋混凝土方桩、预制钢筋混凝土管桩、钢管桩、截(凿)桩头 4 个项目。

(1)打桩项目包括成品桩购置费,如果用现场预制桩,应包括现场预制的所有费用。

(2)打试验桩和打斜桩应按相应项目编码单独列项,并应在项目特征中注明试验桩或斜桩(斜率)。

(3)预制钢筋混凝土方桩(010301001)和预制钢筋混凝土管桩(010301002),工程量计量单位有三个,一是以米为计量单位,按设计图示尺寸以桩长(包括桩尖)计算;二是以立方米计量,按设计图示截面积乘以桩长(包括桩尖)以实体积计算;三是以根为计量单位,按设计图示数量计算。

2. 灌注桩(010302001~010302007)

灌注桩包括泥浆护壁成孔灌注桩、沉管灌注桩、干作业成孔灌注桩、挖孔桩土(石)方、人工挖孔灌注桩、钻孔压浆桩、灌注桩后压浆 7 个项目。

(1)泥浆护壁成孔灌注桩是指在泥浆护壁条件下成孔,采用水下灌注混凝土的桩。其成孔方法包括冲击钻成孔、冲抓锥成孔、回旋钻成孔、潜水钻成孔、泥浆护壁的旋挖成孔等。

(2)沉管灌注桩的沉管方法包括锤击沉管法、振动沉管法、振动冲击沉管法、内夯沉管法等。

(3)干作业成孔灌注桩是指不用泥浆护壁和套管护壁的情况下，用钻机成孔后，下钢筋笼，灌注混凝土的桩，适用于地下水位以上的土层使用。其成孔方法包括螺旋钻成孔、螺旋钻成孔扩底、干作业的旋挖成孔等。

4.5　砌筑工程

4.5.1　砌筑工程基本知识

砌筑工程是建筑工程中的一个主要分部工程。它是以砖或其他块料为主要材料，用砂浆砌筑而成，用于砖混结构或砖木结构承重墙、柱、框架间墙或房屋的围护、分隔墙等。

1. 砌筑工程的分类

砌筑工程的划分形式有多种，按材料种类划分为砌标准砖、多孔砖、加气混凝土块、空心砌块、毛石、料石；按部位不同划分为砖基础、砖墙、砖柱；按墙体厚度不同划分为1/2砖墙、一砖墙、一砖以上墙；接组砌方式不同划分为实砌墙、空斗墙、空花墙、填充墙、其他隔墙等。

2. 砖基础与砖墙的划分

(1)基础与墙(柱)身使用同一种材料时，以设计室内地面为界(有地下室者，以地下室室内设计地面为界)，以下为基础，以上为墙(柱)身。

(2)基础与墙身使用不同材料时，位于设计室内地面高度≤±300 mm时，以不同材料为分界线，高度＞±300 mm时，以设计室内地面为分界线。

(3)砖、石围墙以设计室外地坪为界，以下为基础，以上为墙身。

3. 墙体工程量计算规则

(1)计算原则。实心砖墙、多孔砖墙、空心砖墙、砌块墙和石墙的工程量均按设计图示尺寸以体积计算。

①扣除门窗洞口、过人洞、空圈、嵌入墙内的钢筋混凝土柱、梁、圈梁、挑梁、过梁及凹进墙内的壁龛、管槽、暖气槽、消火栓箱所占体积；

②不扣除梁头、板头、檩头、垫木、木楞头、沿椽木、木砖、门窗走头、砖墙内的加固钢筋、木筋、铁件、钢管及单个面积≤0.3 m² 的孔洞等所占的体积；

③不增加凸出墙面的腰线、挑檐、压顶、窗台线、虎头砖、门窗套的体积，凸出墙面的砖垛并入墙体体积内计算。

(2)墙长度的确定原则。外墙按中心线、内墙按净长计算。

(3)墙高度的确定原则。

①外墙：斜(坡)屋面无檐口天棚者算至屋面板底；有屋架且室内外均有天棚者算至屋架下弦底另加 200 mm；无天棚者算至屋架下弦底另加 300 mm，出檐宽度超过 600 mm 时按实砌高度计算；与钢筋混凝土楼板隔层者算至板顶。平屋顶算至钢筋混凝土板底。

②内墙：位于屋架下弦者，算至屋架下弦底；无屋架者算至天棚底另加 100 mm；有钢筋混凝土楼板隔层者算至楼板顶；有框架梁时算至梁底。

③女儿墙：从屋面板上表面算至女儿墙顶面(如有混凝土压顶时算至压顶下表面)。

④内、外山墙：按其平均高度计算。

⑤框架间墙：不分内外墙按墙体净尺寸以体积计算。

⑥围墙：高度算至压顶上表面(如有混凝土压顶时算至压顶下表面)，围墙柱并入围墙体积内。

4. 墙体工程量的计算方法

(1)计算公式。

墙体工程量按图示实际体积计算，以 m³ 为单位。

$$V=(墙高×墙长-应扣面积)×墙厚+应增加体积-应扣体积$$

(2)墙体工程量计算的一般顺序：

①计算墙面面积。

②扣除门窗洞口，空圈面积，算出净面积，并算出体积。

③增加或扣减附于墙体上或嵌入墙内各种混凝土构件的体积，得出最后的墙体净体积。

④计算时必须分段分层计算，然后再按内外墙分别进行汇总。

(3)在墙体计算时，要严格按照墙体工程量计算规则的要求，确定计算内、外墙的长度，确定计算墙体的高度，以保证工程量计算结果的准确，为后面的准确计价做好准备。

5. 墙砌体厚度

标准砖以 240 mm×115 mm×53 mm 为准，其砌体计算厚度，按表 4.5.1 计算。

表 4.5.1　标准墙计算厚度

砖数(厚度)	1/4	1/2	3/4	1	$1\frac{1}{2}$	2	$2\frac{1}{2}$	3
计算厚度/mm	53	115	180	240	365	490	615	740

6. 零星砌砖的适用范围

砖砌锅台、灶台(不扣除空洞)、厕所蹲台、池槽、池槽腿、垃圾箱、台阶挡墙或梯带、花台、花池、楼梯栏板、阳台栏板、地垄墙、窗台虎头砖、架空隔热板下砌筑的砖墩、石墙的门窗立边以及 0.3 m² 以内的空洞填塞等，均按零星砌砖项目列项。

零星砌砖工程量的计算，根据具体工程内容分别按体积、水平投影面积、延长米及个计算。

7. 与其他附录的衔接

(1)砌体内加筋、墙体拉结的制作、安装，应按《计算规范》附录 E 中相关项目编码列项。

（2）检查井内的爬梯按《计算规范》附录 E 中相关项目编码列项；井、池内的混凝土构件按《计算规范》附录 E 中混凝土及钢筋混凝土预制构件编码列项。

（3）砖砌体勾缝按《计算规范》附录 M 中相关项目编码列项。

4.5.2 砌筑工程工程量计算规则及示例

在《计算规范》中，砌筑工程包括砖砌体、砌块砌体、石砌体和垫层 4 部分内容，示例见表 4.5.2～表 4.5.5。

表 4.5.2　砖砌体（编码：010401）

项目编码	项目名称	项目特征	计量单位	工程量计算规则	工作内容
010401001	砖基础	1. 砖品种、规格、强度等级 2. 基础类型 3. 砂浆强度等级 4. 防潮层材料种类		按设计图示尺寸以体积计算。 包括附墙垛基础宽出部分体积，扣除地梁（圈梁）、构造柱所占体积，不扣除基础大放脚 T 形接头处的重叠部分及嵌入基础内的钢筋、铁件、管道、基础砂浆防潮层和单个面积≤0.3 m² 的孔洞所占体积，靠墙暖气沟的挑檐不增加。 基础长度：外墙按外墙中心线，内墙按内墙净长线计算	1. 砂浆制作、运输 2. 砌砖 3. 防潮层铺设 4. 材料运输
010401002	砖砌挖孔桩护壁	1. 砖品种、规格、强度等级 2. 砂浆强度等级		按设计图示尺寸以立方米计算	1. 砂浆制作、运输 2. 砌砖 3. 材料运输
010401003	实心砖墙		m³	按设计图示尺寸以体积计算。扣除门窗、洞口、嵌入墙内的钢筋混凝土柱、梁、圈梁、挑梁、过梁及凹进墙内的壁龛、管槽、暖气槽、消火栓箱所占体积，不扣除梁头、板头、檩头、垫木、木楞头、沿缘木、木砖、门窗走头、砖墙内加固钢筋、木筋、铁件、钢管及单个面积≤0.3 m² 的孔洞所占的体积。凸出墙面的腰线、挑檐、压顶、窗台线、虎头砖、门窗套的体积亦不增加。凸出墙面的砖垛并入墙体体积内计算。 1. 墙长度：外墙按中心线，内墙按净长计算。 2. 墙高度： （1）外墙：斜（坡）层面无檐口天棚者算至屋面板底；有屋架且室内外均有天棚者算至屋架下弦底另加200 mm；无天棚者算至屋架下弦底另加300 mm，出檐宽度超过600 mm 时按实砌高度计算；与钢筋混凝土板隔层者算至板顶。平屋顶算至钢筋混凝土板底	
010401004	多孔砖墙	1. 砖品种、规格、强度等级 2. 墙体类型 3. 砂浆强度等级、配合比			1. 砂浆制作、运输 2. 砌砖 3. 刮缝 4. 砖压顶砌筑 5. 材料运输
010401005	空心砖墙				

续表

项目编码	项目名称	项目特征	计量单位	工程量计算规则	工作内容
010401003	实心砖墙	1. 砖品种、规格、强度等级 2. 墙体类型 3. 砂浆强度等级、配合比	m³	（2）内墙：位于屋架下弦者，算至屋架下弦底；无屋架者算至天棚底另加100 mm；有钢筋混凝土楼板隔屋者算至楼板顶；有框架梁时算至梁底。 （3）女儿墙：从屋面板上表面算至女儿墙顶面（如有混凝土压顶时算至压顶下表面）。 （4）内、外山墙：按其平均高度计算。 3. 框架间墙：不分内外墙按墙体净尺寸以体积计算。 4. 围墙：高度算至压顶上表面（如有混凝土压顶时算至压顶下表面），围墙柱并入围墙体积内	1. 砂浆制作、运输 2. 砌砖 3. 刮缝 4. 砖压顶砌筑 5. 材料运输
010401004	多孔砖墙				
010401005	空心砖墙				
010401006	空斗墙	1. 砖品种、规格、强度等级 2. 墙体类型 3. 砂浆强度等级、配合比		按设计图示尺寸以空斗墙外形体积计算。墙角、内外墙交接处、门窗洞口立边、窗台砖、屋檐处的实砌部分体积并入空斗墙体积内	1. 砂浆制作、运输 2. 砌砖 3. 装填充料 4. 刮缝 5. 材料运输
010401007	空花墙			按设计图示尺寸以空花部分外形体积计算，不扣除空洞部分体积	
010401008	填充墙	1. 砖品种、规格、强度等级 2. 墙体类型 3. 填充材料种类及厚度 4. 砂浆强度等级、配合比		按设计图示尺寸以填充墙外形体积计算	
010401009	实心砖柱	1. 砖品种、规格、强度等级 2. 柱类型 3. 砂浆强度等级、配合比		按设计图示尺寸以体积计算。扣除混凝土及钢筋混凝土梁垫、梁头、板头所占体积	1. 砂浆制作、运输 2. 砌砖 3. 刮缝 4. 材料运输
010401010	多孔砖柱				

续表

项目编码	项目名称	项目特征	计量单位	工程量计算规则	工作内容
010401011	砖检查井	1. 井截面、深度 2. 砖品种、规格、强度等级 3. 垫层材料种类、厚度 4. 底板厚度 5. 井盖安装 6. 混凝土强度等级 7. 砂浆强度等级 8. 防潮层材料种类	座	按设计图示数量计算	1. 砂浆制作、运输 2. 铺设垫层 3. 底板混凝土制作、运输、浇筑、振捣、养护 4. 砌砖 5. 刮缝 6. 井池底、壁抹灰 7. 抹防潮层 8. 材料运输
010401012	零星砌砖	1. 零星砌砖名称、部位 2. 砖品种、规格、强度等级 3. 砂浆强度等级、配合比	1. m³ 2. m² 3. m 4. 个	1. 以立方米计量,按设计图示尺寸截面积乘以长度计算。 2. 以平方米计量,按设计图示尺寸水平投影面积计算。 3. 以米计量,按设计图示尺寸以长度计算。 4. 以个计量,按设计图示数量计算	1. 砂浆制作、运输 2. 砌砖 3. 刮缝 4. 材料运输
010401013	砖散水、地坪	1. 砖品种、规格、强度等级 2. 垫层材料种类、厚度 3. 散水、地坪厚度 4. 面层种类、厚度 5. 砂浆强度等级	m²	按设计图示尺寸以面积计算	1. 土方挖、运、填 2. 地基找平、夯实 3. 铺设垫层 4. 砌砖散水、地坪 5. 抹砂浆面层
010401014	砖地沟、明沟	1. 砖品种、规格、强度等级 2. 沟截面尺寸 3. 垫层材料种类、厚度 4. 混凝土强度等级 5. 砂浆强度等级	m	以米计量,按设计图示以中心线长度计算	1. 土方挖、运、填 2. 铺设垫层 3. 底板混凝土制作、运输、浇筑、振捣、养护 4. 砌砖 5. 刮缝、抹砂 6. 材料运输

表 4.5.3 砌块砌体(编码：010402)

项目编码	项目名称	项目特征	计量单位	工程量计算规则	工作内容
010402001	砌块墙	1. 砌块品种、规格、强度等级 2. 墙体类型 3. 砂浆强度等级	m³	按设计图示尺寸以体积计算 扣除门窗、洞口、嵌入墙内的钢筋混凝土柱、梁、圈梁、挑梁、过梁及凹进墙内的壁龛、管槽、暖气槽、消火栓箱所占体积，不扣除梁头、板头、檩头、垫木、木楞头、沿缘木、木砖、门窗走头、砌块墙内加固钢筋、木筋、铁件、钢管及单个面积≤0.3 m² 的孔洞所占体积。凸出墙面的腰线、挑檐、压顶、窗台线、虎头砖、门窗套的体积亦不增加。凸出墙面的砖垛并入墙体体积内计算。 1. 墙长度：外墙按中心线，内墙按净长计算。 2. 墙高度： (1)外墙：斜(坡)屋面无檐口天棚者算至屋面板底；有屋架且室内外均有天棚者算至屋架下弦底另加200 mm；无天棚者算至屋架下弦底另加 300 mm；出檐宽度超过600 mm时按实砌高度计算；与钢筋混凝土楼板隔层者算至板顶；平屋面算至钢筋混凝土板底。 (2)内墙：位于屋架下弦者，算至屋架下弦底；无屋架者算至天棚底另加 100 mm；有钢筋混凝土楼板隔层者算至档板顶；有框架梁时算至梁底。 (3)女儿墙：从层面板上表面算至女儿墙顶面(如有混凝土压顶时算至压下表面)。 (4)内、外山墙：按其平均高度计算。 3. 框架间墙：不分内外墙按墙体净尺寸以体积计算。 4. 围墙：高度算至压顶上表面(如有混凝土压顶时算至压顶下表面)，围墙柱并入围墙体积内	1. 砂浆制作、运输 2. 砌砖、砌块 3. 勾缝 4. 材料运输
010402002	砌块柱			按设计图示尺寸以体积计算。 扣除混凝土及钢筋混凝土梁垫、梁头、板头所占体积	

表 4.5.4 砌块砌体(编码: 010402)

项目编码	项目名称	项目特征	计量单位	工程量计算规则	工作内容
010403001	石基础	1. 石料种类、规格 2. 基础类型 3. 砂浆强度等级	m³	按设计图示尺寸以体积计算。 包括附墙垛基础宽出部分体积,不扣除基础砂浆防潮层及单个面积≤0.3 m² 的孔洞所占体积,靠墙暖气沟的挑檐不增加体积。基础长度:外墙按中心线,内墙按净长计算	1. 砂浆制作、运输 2. 吊装 3. 砌石 4. 防潮层铺设 5. 材料运输
010403002	石勒脚			按设计图示尺寸以体积计算,扣除单个面积>0.3 m² 的孔洞所占的体积	
010403003	石墙	1. 石料种类、规格 2. 石表面加工要求 3. 勾缝要求 4. 砂浆强度等级、配合比	m³	按设计图示尺寸以体积计算。 扣除门窗、洞口、嵌入墙内的钢筋混凝土柱、梁、圈梁、挑梁、过梁及凹进墙内的壁龛、管槽、暖气槽、消火栓箱所占体积。不扣除梁头、板头、檩头、垫木、木楞头、沿椽木、木砖、门窗走头、石墙内加固钢筋、木筋、软件、钢管及单个面积≤0.3 m² 的孔洞所占体积。凸出墙面的腰线、挑檐、压顶、窗台线、虎头砖、门窗套的体积亦不增加。凸出墙面的砖垛并入墙体体积内计算。 1. 墙长度:外墙按中心线,内墙按净长计算; 2. 墙高度: (1)外墙:斜(坡)屋面无檐口天棚者算至屋面板底;有屋架且室内外均有天棚者算至屋架下弦底另加 200 mm;无天棚者算至屋架下弦底另加 300 mm,出檐宽度超过 600 mm 时按实砌高度计算;有钢筋混凝土楼板隔层者算至板顶;平屋面算至钢筋混凝土板底; (2)内墙:位于屋架下弦者,算至屋架下弦底;无屋架者算至天棚底另加 100 mm;有钢筋混凝土楼板隔层者算至楼板顶;有框架梁时算至梁底。 (3)女儿墙:从屋面板上表面算至女儿墙顶面(如有混凝土压顶时算至压顶下表面)。 (4)内、外山墙:按其平均高度计算。 3. 围墙:高度算至压顶上表面(如有混凝土压顶时算至压顶下表面),围墙柱并入围墙体积内	1. 砂浆制作、运输 2. 吊装 3. 砌石 4. 石表面加工 5. 勾缝 6. 材料运输
010403004	石挡土墙			按设计图尺寸以体积计算	1. 砂浆制作、运输 2. 吊装 3. 砌石 4. 变形缝、泄水孔、压顶抹灰 5. 滤水层 6. 勾缝 7. 材料运输

项目编码	项目名称	项目特征	计量单位	工程量计算规则	工作内容
010403005	石柱	1. 石料种类、规格 2. 石表面加工要求 3. 勾缝要求 4. 砂浆强度等级、配合比	m³	按设计图示尺寸以体积计算	1. 砂浆制作、运输 2. 吊装 3. 砌石 4. 石表面加工 5. 勾缝 6. 材料运输
010403006	石栏杆		m	按设计图示尺寸以长度计算	
010403007	石护坡	1. 垫层材料种类、厚度 2. 石料种类、规格 3. 护坡厚度、高度 4. 石表面加工要求 5. 勾缝要求 6. 砂浆强度等级、配合比	m³	按设计图示尺寸以体积计算	1. 铺设垫层 2. 石料加工 3. 砂浆制作、运输 4. 砌石 5. 石表面加工 6. 勾缝 7. 材料运输
010403008	石台阶				
010403009	石坡道		m²	按设计图示尺寸以水平投影面积计算	
010403010	石地沟、石明沟	1. 沟截面尺寸 2. 土壤类别、运距 3. 垫层材料种类、厚度 4. 石料种类、规格 5. 石表面加工要求 6. 勾缝要求 7. 砂浆强度等级、配合比	m	按设计图示尺寸以中心线长度计算	1. 土方挖、运 2. 砂浆制作、运输 3. 铺设垫层 4. 砌石 5. 石表面加工 6. 勾缝 7. 回填 8. 材料运输

表 4.5.5 垫层(编码: 010404)

项目编码	项目名称	项目特征	计量单位	工程量计算规则	工作内容
010404001	垫层	垫层材料种类、配合比、厚度	m³	按设计图示尺寸以立方米计算	1. 垫层材料的拌制 2. 垫层铺设 3. 材料运输

🔍 1. 砖砌体工程(010401001~010401014)

砖砌体工程包括砖基础,砖砌挖孔桩护壁,实心砖墙,多孔砖墙,空心砖墙,空斗墙,空花墙,填充墙,实心砖柱,多孔砖柱,砖检查井,零星砌砖,砖散水、地坪和砖地沟、明沟等14个项目。

(1)砖基础(010301001)。"砖基础"项目适用于各种类型的砖基础:柱基础、墙基础、管道基础等。

例 4-6 某工程基础平面图如图 4.5.1 所示,墙体为标准砖一砖墙,M10 水泥砂浆砌筑,混凝土垫层厚 100 mm,在基础四角为四根钢筋混凝土柱,试计算砖基础工程量。

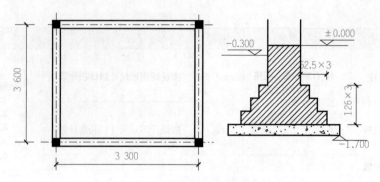

图 4.5.1 基础平面及剖面图

分析： 此题中的基础为条形基础，条形基础的长度计算规则是外墙按外墙中心线计算，内墙按内墙净长线计算。并且应扣除嵌入基础里的混凝土构件体积(如构造柱、地圈梁等)，本题中是 4 根钢筋混凝土柱。

计算步骤为： 1)要计算出砖基础断面积 S 和砖基础计算长度 L。

2)要计算出需要扣除的钢筋混凝土柱的工程量 $V_{柱}$。

3)砖基础工程量 $V=S\times L-V_{柱}$。

解： 砖基础断面积 $S=0.24\times(1.7-0.1)+0.0625\times0.126\times12$

$$=0.384+0.0945=0.479(\text{m}^2)$$

砖基础计算长度 $L=(3.6+3.3)\times2=13.8(\text{m})$

钢筋混凝土柱 $V_{柱}=0.24^2\times(1.7-0.1)\times4=0.369(\text{m}^3)$

故：砖基础工程量 $V=S\times L-V_{柱}$

$$=0.479\times13.8-0.369=6.24(\text{m}^3)$$

> 砌筑砖基础防潮层工程量按照图示平面面积以 m^2 为单位计算。
> 计算公式为：$S_{平面}=$墙厚×长度
> 式中 长度(条形砖基础防潮层长度)——外墙按外墙中心线长度，内墙按内墙净长线。

(2)实心砖墙(010401003)。工程量计算规则为：按设计图示尺寸以体积计算。如有附墙烟囱、通风道、垃圾道等，应按设计图示尺寸以体积(扣除孔洞所占体积)计算并入所依附的墙体体积内。当设计规定孔洞内需抹灰时，应按零星抹灰项目编码列项。

(3)空斗墙(010401006)。工程量计算规则为：按设计图示尺寸以空斗墙外形体积计算，墙角、内外墙交接处、门窗洞口立边、窗台砖、屋檐处的实砌部分体积并入空斗墙体积内，计量单位为 m^3。

(4)空花墙(010401007)。适用于各种类型的空花墙，使用混凝土花格砌筑的空花墙，实砌墙体与混凝土花格应分别计算，混凝土花格按混凝土及钢筋混凝土中预制构件相关项目编码列项。工程量计算时按设计图示尺寸以空花部分外形体积计算，不扣除空洞部分体积。

(5)零星砌砖(010401012)。

①包括的项目内容：

a. 台阶、台阶挡墙、梯带、锅台、炉灶、蹲台、池槽、池槽腿、砖胎模、花台、花池、楼梯栏板、阳台栏板、地垄墙、≤0.3 m² 的孔洞填塞等。

b. 框架外表面的镶贴砖部分；

c. 空斗墙的窗间墙、窗台下、楼板下、梁头下等的实砌部分。

②计量单位的选择：《计算规范》中给出了 4 个可选计量单位。

a. 以平方米计量，按设计图示尺寸水平投影面积计算，比如砖砌台阶可按水平投影面积以平方米计算。

b. 以米计量，按设计图示尺寸长度计算，比如小便槽、地垄墙可按长度计算。

c. 以个计量，按设计图示数量计算，比如砖砌锅台与炉灶可按外形尺寸以个计算。

d. 以立方米计量，按设计图示尺寸截面积乘以长度计算，比如花台和花池的砌砖可按立方米计算。

2. 砌块砌体工程(010402001、010402002)

砌块砌体工程包括：砌块墙和砌块柱 2 个项目。

(1)砌块墙(010402001)的砌块排列应上、下错缝搭砌，如果搭错缝长度满足不了规定的压搭要求，应采取压砌钢筋网片的措施，具体构造要求按设计规定。

(2)砌体垂直灰缝宽>30 mm 时，要采用 C20 细石混凝土灌实。灌注的混凝土应按《计算规范》附录 E 相关项目编码列项。

3. 石砌体 (010403001~010403010)

石砌体工程包括：石基础，石勒脚，石墙，石挡土墙，石柱，石栏杆，石护坡，石台阶，石坡道，石地沟、明沟 10 个项目。

(1)石基础、石勒脚、石墙(010403001~010403003)的划分：基础与勒脚应以设计室外地坪为界。勒脚与墙身应以设计室内地面为界。石围墙内外地坪标高不同时，应以较低地坪标高为界，以下为基础；内外标高之差为挡土墙时，挡土墙以上为墙身。

(2)石栏杆(010403006)项目适用于无雕饰的一般石栏杆。

(3)石台阶(010403008)项目包括石梯带(垂带)，不包括石梯膀。如果有石梯膀应按《计算规范》附录 C 石挡土墙项目编码列项。

4. 垫层(010404001)

除混凝土垫层外，此项目适用于各种材质、各种尺寸、各种不同位置的垫层，对没有包括垫层要求的清单项目应按本项目编码列项。混凝土垫层应按《计算规范》附录 E 中相关项目编码列项。

例 4-7　某工程项目的基础如图 4.5.2 所示，一层平面如图 4.5.3 所示，已知墙体为标准砖一砖厚实心砖墙，M10 水泥砂浆砌筑，混凝土垫层厚 100 mm，外墙单面清水墙，采用原浆勾缝，内墙为混水墙，门窗尺寸如图 4.5.3 所示，墙体高度为 3.6 m，每个门窗上均有钢筋混凝土过梁，过梁两边伸入墙体各 300 mm，过梁厚均为 150 mm，垫层底面标高-1.700 m。问题：

(1)计算砖基础、砖墙工程量；

(2)试按《计算规范》编制该项目砖基础和砖墙工程的分部分项工程量清单。

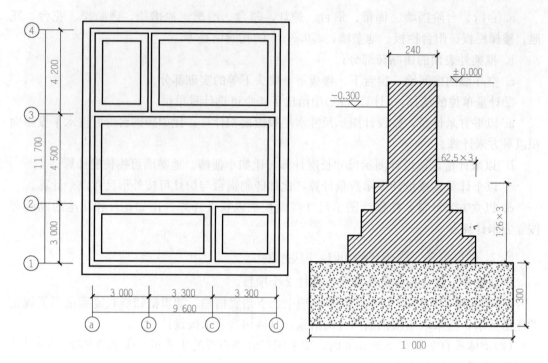

图 4.5.2　基础平面及剖面图

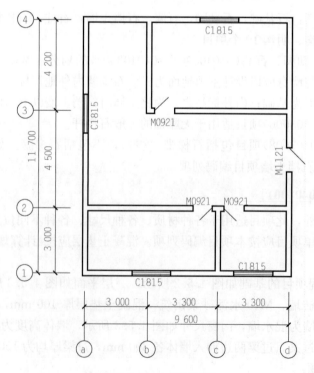

图 4.5.3　一层平面图

解：(1)砖基础高度 $H=1.7-0.3=1.4$ m，砖墙高 3.6 m；

砖基础外墙中心线总长 $L_中=(9.6+11.7)\times2=42.6$(m)

砖基础内墙净长线总长 $L_{内净}=(4.2-0.24)+(3-0.24)+(9.6-0.24)\times2$
$$=25.44(m)$$

砖基础断面积 $S=0.24\times(1.7-0.3)+0.062\,5\times0.126\times12$
$$=0.336+0.094\,5=0.430\,5(m^2)$$

一层砖墙外墙中心线总长 $L_{中1}=(9.6+11.7)\times2=42.6$(m)

一层砖墙内墙净长线总长 $L_{内净1}=(4.2-0.24+6.6)+(3-0.24)+(9.6-0.24)$
$$=22.68(m)$$

四个窗：每个尺寸 1 800 mm×1 500 mm。

三个门：尺寸为 900 mm×2 100 mm，一个门：尺寸为 1 100 mm×2 100 mm。

C1815 窗 4 个：

每个窗上过梁体积 $V=(1.8+0.3\times2)\times0.15\times0.24=0.086\,4(m^3)$

每个窗在墙体内所占体积 $V=1.8\times1.5\times0.24=0.648(m^3)$

M0921 门 3 个：

每个门上过梁体积 $V=(0.9+0.3\times2)\times0.15\times0.24=0.054(m^3)$

每个门在墙体内所占体积 $V=0.9\times2.1\times0.24=0.453\,6(m^3)$

M1121 门 1 个：

每个门上过梁体积 $V=(1.1+0.3\times2)\times0.15\times0.24=0.061\,2(m^3)$

每个门在墙体内所占体积 $V=1.1\times2.1\times0.24=0.554\,4(m^3)$

故砖基础、砖墙工程量为：
$$V_{砖基础}=S(L_中+L_{内净})=0.430\,5\times(42.6+25.44)=29.3(m^3)$$
$$V_{砖墙}=(L_{中1}+L_{内净1})\times b\times H-V_{过梁}-V_门-V_窗$$
$$=(42.6+22.68)\times0.24\times3.6-(0.086\,4\times4+0.054\times3$$
$$+0.061\,2)-(0.648\times4+0.453\,6\times3+0.554\,4)$$
$$=51.326(m^3)$$

(2)因为在《计算规范》中墙体有清水和浑水之分，因此在此工程中应分别计算砖基础、单面清水外墙和浑水内墙的工程量。

砖基础工程量 $V_{砖基础}=S(L_中+L_{内净})$
$$=0.430\,5\times(42.6+25.44)=29.3(m^3)$$

清水外墙工程量 $V_{外墙}=L_{中1}\times b\times H-V_{过梁}-V_门-V_窗$
$$=42.6\times0.24\times3.6-(0.086\,4\times4+0.0612)-0.554\,4-0.648\times4$$
$$=33.25(m^3)$$
$$V_{浑水砖墙}=L_{内净1}\times b\times H-V_{过梁}-V_门-V_窗$$
$$=22.68\times0.24\times3.6-0.054\times3-0.453\,6\times3$$
$$=18.07(m^3)$$

则该项目砖基础和砖墙工程的分部分项工程量清单见表 4.5.6。

表 4.5.6 某工程砖基础、砖墙工程量清单

序号	项目编码	项目名称	项目特征	计量单位	工程量	备注
1	010401001001	砖基础	1. 标准砖砌筑 2. 条形砖基础 3. M10 水泥砂浆砌筑	m³	51.326	
2	010401003001	实心砖墙	1. 标准砖砌筑 2. 单面清水墙 3. M10 水泥砂浆砌筑	m³	33.25	
3	010401003002	实心砖墙	1. 标准砖砌筑 2. 双面混水墙 3. M10 水泥砂浆砌筑	m³	18.07	

例 4-8 某建筑平面图如图 4.5.4 所示,标准砖一砖墙,M10 水泥砂浆砌筑,所有的门均为 900 mm×2 100 mm,墙体高度为 3.0 m,每个门上均有相同尺寸的钢筋混凝土过梁,尺寸为 240 mm×100 mm×1 300 mm,试计算此建筑的墙体工程量。

解: 由题中已知条件得:墙体高度=3.0 m,墙体厚度=0.24 m。

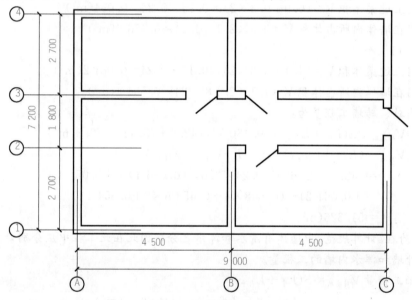

图 4.5.4 某建筑平面图

则墙体断面积=0.24×3.0=0.72(m³)

看图计算墙体总长度

$L = L_{中} + L_{内净} = (7.2+9)×2+[(2.7-0.24)+(9-0.24)+(4.5-0.24+2.7-0.24)]$
$= 50.34(m)$

扣减前的墙体总体积 $V_1 = L×S = 50.34×0.72 = 36.25(m³)$

门窗在墙体内所占体积 $V_2 = 0.9×2.1×0.24×4 = 1.81(m³)$

过梁体积 $V_3 = 0.1×1.3×0.24×4 = 0.12(m³)$

则:所求墙体体积 $V = V_1 - V_2 - V_3 = 36.25 - 1.81 - 0.12 = 34.32(m³)$

4.6　混凝土及钢筋混凝土工程

4.6.1 混凝土及钢筋混凝土工程基本知识

🔖 1. 现浇混凝土工程

现浇混凝土工程主要有两大部分：主体结构构件部分和辅助结构构件部分，其中主体结构构件部分主要包括基础、柱、梁、板、墙；辅助结构构件部分主要包括楼梯、阳台、栏板、雨篷、檐沟。

🔖 2. 预制混凝土工程

预制混凝土工程主要分为预制混凝土构件的制作和预制构件的安装。

🔖 3. 混凝土类别

(1)混凝土类别是指清水混凝土、彩色混凝土。

(2)在同一地区既使用预拌(商品)混凝土、又允许现场搅拌混凝土时，也应在类别中注明。

🔖 4. 混凝土构件——特征描述时应注意的问题

《计算规范》中明确了计量单位可以是多个，以方便计量为准。在使用个、组、根、榀、块、套等自然单位时，注意必须描述单件体积。

4.6.2 混凝土及钢筋混凝土工程工程量计算规则及示例

在《计算规范》中，混凝土及钢筋混凝土工程包括现浇混凝土的基础、柱、梁、墙、板、楼梯、其他构件和后浇带，预制混凝土的柱、梁、屋架、板、楼梯和其他预制构件，以及钢筋工程和螺栓、铁件工程。示例见表4.6.1～表4.6.16。

表 4.6.1　现浇混凝土基础(编码：010501)

项目编码	项目名称	项目特征	计量单位	工程量计算规则	工作内容
010501001	垫层	1. 混凝土种类 2. 混凝土强度等级	m³	按设计图示尺寸以体积计算。不扣除伸入承台基础的桩头所占体积	1. 模板及支撑制作、安装、拆除、堆放、运输及清理模内杂物、刷隔离剂等 2. 混凝土制作、运输、浇筑、振捣、养护
010501002	带形基础				
010501003	独立基础				
010501004	满堂基础				
010501005	桩承台基础				
010501006	设备基础	1. 混凝土种类 2. 混凝土强度等级 3. 灌浆材料及其强度等级			

表 4.6.2　现浇混凝土柱(编码：010502)

项目编码	项目名称	项目特征	计量单位	工程量计算规则	工作内容
010502001	矩形柱	1. 混凝土种类 2. 混凝土强度等级	m³	按设计图示尺寸以体积计算 柱高： 1. 有梁板的柱高，应自柱基上表面(或楼板上表面)至上一层楼板上表面之间的高度计算 2. 无梁板的柱高，应自柱基上表面(或楼板上表面)至柱帽下表面之间的高度计算 3. 框架柱的柱高，应自柱基上表面至柱顶高度计算 4. 构造柱按全高计算，嵌接墙体部分(马牙槎)并入柱身体积 5. 依附柱上的牛腿和升板的柱帽，并入柱身体积计算	1. 模板及支架(撑)制作、安装、拆除、堆放、运输及清理模内杂物、刷隔离剂等 2. 混凝土制作、运输、浇筑、振捣、养护
010502002	构造柱				
010502003	异形柱	1. 柱形状 2. 混凝土种类 3. 混凝土强度等级			

表 4.6.3　现浇混凝土梁(编码：010503)

项目编码	项目名称	项目特征	计量单位	工程量计算规则	工作内容
010503001	基础梁	1. 混凝土种类 2. 混凝土强度等级	m³	按设计图示尺寸以体积计算、伸入墙内的梁头、梁垫并入梁体积内 梁长 1. 梁与柱连接时，梁长算至柱侧面 2. 主梁与次梁连接时，次梁长算至主梁侧面	1. 模板及支架(撑)制作、安装、拆除、堆放、运输及清理模内杂物、刷隔离剂等 2. 混凝土制作、运输、浇筑、振捣、养护
010503002	矩形梁				
010503003	异形梁				
010503004	圈梁				
010503005	过梁				
010503005	弧形、拱形梁				

表 4.6.4　现浇混凝土墙(编码：010504)

项目编码	项目名称	项目特征	计量单位	工程量计算规则	工作内容
010504001	直形墙	1. 混凝土类别 2. 混凝土强度等级	m³	按设计图示尺寸以体积计算。 扣除门窗洞口及单个面积>0.3 m²的孔洞所占体积，墙垛及突出墙面部分并入墙体体积计算内	1. 模板及支架(撑)制作、安装、拆除、堆放、运输及清理模内杂物、刷隔离剂等 2. 混凝土制作、运输、浇筑、振捣、养护
010504002	弧形墙				
010504003	短肢剪力墙				
010504004	挡土墙				

表 4.6.5　现浇混凝土板(编码：010505)

项目编码	项目名称	项目特征	计量单位	工程量计算规则	工作内容
010505001	有梁板	1. 混凝土种类 2. 混凝土强度等级	m³	按设计图示尺寸以体积计算，不扣除单个面积≤0.3 m²的柱、垛以及孔洞所占体积。压形钢板混凝土楼板扣除构件内压形钢板所占体积。有梁板(包括主、次梁与板)按梁、板体积之和计算，无梁板安板和柱帽体积之和计算，各类板伸入墙内的板头并入板体积内，薄壳板的肋、基梁并入薄壳体积内计算	1. 模板及支架(撑)制作、安装、拆除、堆放、运输及清理模内杂物、刷隔离剂等 2. 混凝土制作、运输、浇筑、振捣、养护
010505002	无梁板				
010505003	平板				
010505004	拱板				
010505005	薄壳板				
010505006	拦板				
010505007	天沟(檐沟)、挑檐板			按设计图示尺寸以体积计算	
010505008	雨篷、悬挑板、阳台板			按设计图示尺寸以墙外部分体积计算。包括伸出墙外的牛腿和雨蓬反挑檐的体积	
010505009	空心板			按设计图示尺寸以体积计算，空心板(GBF高强薄壁蜂巢芯板等)应扣除空心部分体积	
010505010	其他板			按设计图示尺寸以体积计算	

表 4.6.6　现浇混凝土楼梯(编码：010506)

项目编码	项目名称	项目特征	计量单位	工程量计算规则	工作内容
010506001	直形楼梯	1. 混凝土种类 2. 混凝土强度等级	1. m² 2. m³	1. 以平方米计量，按设计图示尺寸以水平投影面积计算。不扣除宽度≤500 mm的楼梯井，伸入墙内部分不计算 2. 以立方米计量，按设计图示尺寸以体积计算	1. 模板及支架(撑)制作、安装、拆除、堆放、运输及清理模内杂物、刷隔离剂等 2. 混凝土制作、运输、浇筑、振捣、养护
010506002	弧形楼梯				

表 4.6.7　现浇混凝土其他构件(编码:010507)

项目编码	项目名称	项目特征	计量单位	工程量计算规则	工作内容
010507001	散水、坡道	1. 垫层材料种类、厚度 2. 面层厚度 3. 混凝土种类 4. 混凝土强度等级 5. 变形缝填塞材料种类	m²	按设计图示尺寸以水平投影面积计算。不扣除单个≤0.3 m²的孔洞所占面积	1. 地基夯实 2. 铺设垫层 3. 模板及支撑制作、安装、拆除、堆放、运输及清理模内杂物、刷隔离剂等 4. 混凝土制作、运输、浇筑、振捣、养护 5. 变形缝填塞
010507002	室外地坪	1. 地坪厚度 2. 混凝土强度等级			
010507003	电缆沟、地沟	1. 土壤类别 2. 沟截面净空尺寸 3. 垫层材料种类、厚度 4. 混凝土种类 5. 混凝土强度等级 6. 防护材料种类	m	按设计图示以中心线长度计算	1. 挖填、运土石方 2. 铺设垫层 3. 模板及支撑制作、安装、拆除、堆放、运输及清理模内杂物、刷隔离剂等 4. 混凝土制作、运输、浇筑、振捣、养护 5. 刷防护材料
010507004	台阶	1. 踏步高、宽 2. 混凝土种类 3. 混凝土强度等级	1. m² 2. m³	1. 以平方米计量,按设计图示尺寸水平投影面积计算 2. 以立方米计量,按设计图示尺寸以体积计算	1. 模板及支撑制作、安装、拆除、堆放、运输及清理模内杂物、刷隔离剂等 2. 混凝土制作、运输、浇筑、振捣、养护
010507005	扶手、压顶	1. 断面尺寸 2. 混凝土种类 3. 混凝土强度等级	1. m 2. m³	1. 以米计量,按设计图示的中心线延长米计算 2. 以立方米计量,按设计图示尺寸以体积计算	1. 模板及支架(撑)制作、安装、拆除、堆放、运输及清理模内杂物、刷隔离剂等 2. 混凝土制作、运输、浇筑、振捣、养护
010507006	化粪池、检查井	1. 部位 2. 混凝土强度等级 3. 防水、抗渗要求	1. m³ 2. 座	1. 按设计图示尺寸以体积计算 2. 以座计量,按设计图示数量计算	
010507007	其他构件	1. 构件的类型 2. 构件规格 3. 部位 4. 混凝土种类 5. 混凝土强度等级	m³		

表 4.6.8 后浇带(编码：010508)

项目编码	项目名称	项目特征	计量单位	工程量计算规则	工作内容
010508001	后浇带	1. 混凝土种类 2. 混凝土强度等级	m³	按设计图示尺寸以体积计算	1. 模板及支架(撑)制作、安装、拆除、堆放、运输及清理模内杂物、刷隔离剂等 2. 混凝土制作、运输、浇筑、振捣、养护及混凝土交接面、钢筋等的清理

表 4.6.9 预制混凝土柱(编码：010509)

项目编码	项目名称	项目特征	计量单位	工程量计算规则	工作内容
010509001	矩形柱	1. 图代号 2. 单件体积 3. 安装高度 4. 混凝土强度等级 5. 砂浆(细石混凝土)强度等级、配合比	1. m³ 2. 根	1. 以立方米计量，按设计图示尺寸以体积计算 2. 以根计量，按设计图示尺寸以数量计算	1. 模板制作、安装、拆除、堆放、运输及清理模内杂物、刷隔离剂等 2. 混凝土制作、运输、浇筑、振捣、养护 3. 构件运输、安装 4. 砂浆制作、运输 5. 接头灌缝、养护
010509002	异形柱				

表 4.6.10 预制混凝土梁(编码：010510)

项目编码	项目名称	项目特征	计量单位	工程量计算规则	工作内容
010510001	矩形梁	1. 图代号 2. 单件体积 3. 安装高度 4. 混凝土强度等级 5. 砂浆(细石混凝土)强度等级、配合比	1. m² 2. 根	1. 以立方米计量，按设计图示尺寸以体积计算 2. 以根计量，按设计图示尺寸以数量计算	1. 模板制作、安装、拆除、堆放、运输及清理模内杂物、刷隔离剂等 2. 混凝土制作、运输、浇筑、振捣、养护 3. 构件运输、安装 4. 砂浆制作、运输 5. 接头灌缝、养护
010510002	异形梁				
010510003	过梁				
010510004	拱形梁				
010510005	鱼腹式吊车梁				
010510006	其他梁				

表 4.6.11 预制混凝土屋架(编码：010511)

项目编码	项目名称	项目特征	计量单位	工程量计算规则	工作内容
010511001	折线型	1. 图代号 2. 单件体积 3. 安装高度 4. 混凝土强度等级 5. 砂浆(细石混凝土)强度等级、配合比	1. m³ 2. 榀	1. 以立方米计量，按设计图示尺寸以体积计算 2. 以榀计量，按设计图示尺寸以数量计算	1. 模板制作、安装、拆除、堆放、运输及清理模内杂物、刷隔离剂等 2. 混凝土制作、运输、浇筑、振捣、养护 3. 构件运输、安装 4. 砂浆制作、运输 5. 接头灌缝、养护
010511002	组合				
010511003	薄腹				
010511004	门式钢架				
010511005	天窗架				

表 4.6.12 预制混凝土板(编码：010512)

项目编码	项目名称	项目特征	计量单位	工程量计算规则	工作内容
010512001	平板	1.图代号 2.单件体积 3.安装高度 4.混凝土强度等级 5.砂浆(细石混凝土)强度等级、配合比	1. m³ 2. 块	1.以立方米计量，按设计图示尺寸以体积计算。不扣除单个面积≤300 mm×300 mm的孔洞所占体积，扣除空心板空洞体积 2.以块计量，按设计图示尺寸以数量计算	1.模板制作、安装、拆除、堆放、运输及清理模内杂物、刷隔离剂等 2.混凝土制作、运输、浇筑、振捣、养护 3.构件运输、安装 4.砂浆制作、运输 5.接头灌缝、养护
010512002	空心板				
010512003	槽形板				
010512004	网架板				
010512005	折线板	1.单件体积 2.安装高度 3.混凝土强度等级 4.砂浆强度等级、配合比	1. m³ 2. 块 (套)	1.以立方米计量，按设计图示尺寸以体积计算 2.从块计量，按设计图示尺寸以数量计算	
010512006	带肋板				
010512007	大型板				
010512008	沟盖板、井盖板、井圈				

表 4.6.13 预制混凝土楼梯(编码：010513)

项目编码	项目名称	项目特征	计量单位	工程量计算规则	工作内容
010513001	楼梯	1.楼梯类型 2.单件体积 3.混凝土强度等级 4.砂浆(细石混凝土)强度等级	1. m³ 2. 段	1.以立方米计量，按设计图示尺寸以体积计算。扣除空心踏步板空洞体积 2.以段计量，按设计图示数量计算	1.模板制作、安装、拆除、堆放、运输及清理模内杂物、刷隔离剂等 2.混凝土制作、运输、浇筑、振捣、养护 3.构件运输、安装 4.砂浆制作、运输 5.接头灌缝、养护

表 4.6.14 其他预制构件(编码：010514)

项目编码	项目名称	项目特征	计量单位	工程量计算规则	工作内容
010514001	垃圾道、通风道、烟道	1.单件体积 2.混凝土强度等级 3.砂浆强度等级	1. m³ 2. m² 3. 根 (块、套)	1.以立主米计量，按设计图示尺寸以体积计算。不扣除单个面积≤300 mm×300 mm的孔洞所占体积，扣除烟道、垃圾道、通风道的孔洞所占体积 2.以平方米计量，按设计图示尺寸以面积计算。不扣除单个面积≤300 mm×300 mm的孔洞所占面积 3.以根计量，按设计图示尺寸以数量计算	1.模板制作、安装、拆除、堆放、运输及清理模内杂物、刷隔离剂等 2.混凝土制作、运输、浇筑、振捣、养护 3.构件运输、安装 4.砂浆制作、运输 5.接头灌缝、养护
010514002	其他构件	1.单件体积 2.构件的类型 3.混凝土强度等级 4.砂浆强度等级			

表 4.6.15　钢筋工程(编码：010515)

项目编码	项目名称	项目特征	计量单位	工程量计算规则	工作内容
010515001	现浇构件钢筋	钢筋种类、规格		按设计图示钢筋(网)长度(面积)乘以单位理论质量计算	1. 钢筋制作、运输 2. 钢筋安装 3. 焊接(绑扎)
010515002	预制构件钢筋				
010515003	钢筋网片				
010515004	钢筋笼				
010515005	先张法预应力钢筋	1. 钢筋种类、规格 2. 锚具种类		按设计图示钢筋长度乘单位理论质量计算	1. 钢筋制作、运输 2. 钢筋张拉
010515006	后张法预应力钢筋	1. 钢筋种类、规格 2. 钢丝种类、规格 3. 钢铰线种类、规格 4. 锚具种类 5. 砂浆强度等级	t	按设计图示钢筋(丝束、绞线)长度乘单位理论质量计算 1. 低合金钢筋两端均采用螺杆锚具时，钢筋长度按孔道长度减0.35 m计算，螺杆另行计算 2. 低合金钢筋一端采用镦头插片，另一端采用螺杆锚具时，钢筋长度按孔道长度计算，螺杆另行计算 3. 低合金钢筋一端采用镦头插片，另一端采用帮条锚具时，钢筋增加0.15 m计算；两端均采用帮条锚具时，钢筋长度按孔道长度增加0.3 m计算 4. 低合金钢筋采用后张混凝土自锚时，钢筋长度按孔道长度增加0.35 m计算 5. 低合金钢筋(钢铰线)采用JM、XM、QM型锚具，孔道长度≤20 m时，钢筋长度增加1 m计算，孔道长度>20 m时，钢筋长度增加1.8 m计算 6. 碳素钢丝采用锥形锚具，孔道长度≤20 m时，钢丝束长度按孔道长度增加1 m计算，孔道长度>20 m时，钢丝束长度按孔道长度增加1.8 m计算 7. 碳素钢丝采用镦头锚具时，钢丝束长度按孔道长度增加0.35 m计算	1. 钢筋、钢丝、钢绞线制作、运输 2. 钢筋、钢丝、钢绞线安装 3. 预埋管孔道铺设 4. 锚具安装 5. 砂浆制作、运输 6. 孔道压浆、养护
010515007	预应力钢丝				
010515008	预应力钢绞线				
010515009	支撑钢筋(铁马)	1. 钢筋种类 2. 规格		按钢筋长度乘单位理论质量计算	钢筋制作、焊接、安装
010515010	声测管	1. 材质 2. 规格型号		按设计图示尺寸以质量计算	1. 检测管截断、封头 2. 套管制作、焊接 3. 定位、固定

表 4.6.16　螺栓、铁件(编码：010516)

项目编码	项目名称	项目特征	计量单位	工程量计算规则	工作内容
010516001	螺栓	1. 螺栓种类 2. 规格	t	按设计图示尺寸以质量计算	1. 螺栓、铁件制作、运输 2. 螺栓、铁件安装
010516002	预埋铁件	1. 钢材种类 2. 规格 3. 铁件尺寸			
010516003	机械连接	1. 连接方式 2. 螺纹套筒种类 3. 规格	个	按数量计算	1. 钢筋套丝 2. 套筒连接

1. 现浇混凝土基础(010501001～010501006)

现浇混凝土基础包括垫层、带形基础、独立基础、满堂基础、桩承台基础及设备基础6个子目项。

(1)带形基础(010501002)：又称条形基础，包括无梁式和有梁式条形基础两种。有梁式带形基础也称为有肋带形基础。

带形基础(图 4.6.1)工程量可用其基础的断面积乘以基础的长度计算。

对有梁带形混凝土基础，其梁高与梁宽之比在 4∶1 以内的，按有梁式带形基础计算；超过 4∶1 时，其基础底板按无梁式带形基础计算，上部按墙计算，如图 4.6.2 所示。

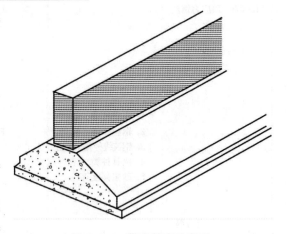

图 4.6.1　带形基础示意图

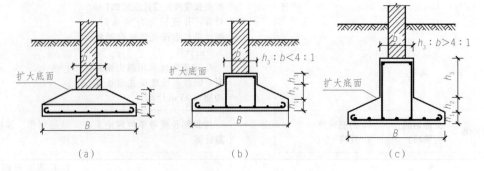

图 4.6.2　有梁式、无梁式带形基础断面

(a)无梁式；(b)梁高与梁宽之比在 4∶1 以内；(c)梁高与梁宽之比超过 4∶1

例 4-9 某现浇钢筋混凝土带形基础尺寸，如图 4.6.3 所示。试计算现浇钢筋混凝土带形基础混凝土工程量。

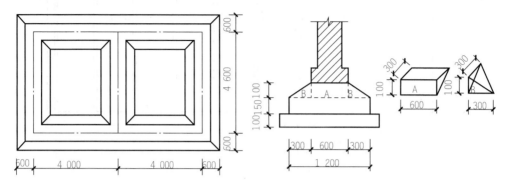

图 4.6.3 现浇钢筋混凝土带形基础

解：带形基础混凝土工程量＝设计外墙中心线长度×设计断面＋设计内墙基础图示长度×设计断面＝[(8.00＋4.60)×2＋4.60－1.20]×(1.20×0.15＋0.90×0.10)＋0.60×0.30×0.10(A 折合体积)＋0.30×0.10÷2×0.30÷3×4(B 体积)＝7.75(m³)

（2）独立基础（010501003）：是指现浇钢筋混凝土柱下的单独基础，如图 4.6.4 所示。独立基础与柱现浇成一个整体，其分界以基础扩大顶面为界。工程量按图示尺寸以体积计算。

（3）满堂基础（010501004）：又称筏形基础，适用于设有地下室或软弱地基及有特殊要求的建筑。满堂基础按构造形式可分为无梁式（板式）、有梁式（片筏式）和箱式满堂基础，如图 4.6.5 所示。

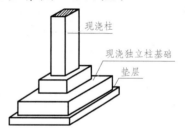

图 4.6.4 独立基础示意图

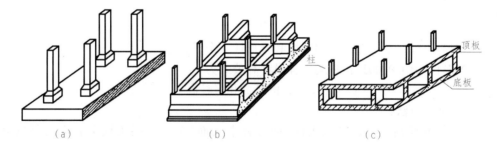

图 4.6.5 满堂基础示意图

(a)无梁式满堂基础；(b)有梁式满堂基础；(c)箱式满堂基础

例 4-10 试计算图 4.6.6 所示现浇钢筋混凝土满堂基础混凝土工程量。

解：混凝土工程量按"底板体积＋墙下部凸出部分体积"计算。

工程量＝(31.5＋1＋1)×10×0.3＋[(31.5＋8)×2＋(6.0－0.24)×8＋(31.5－0.24)＋(2.0－0.24)×8]×(0.24＋0.24＋0.1＋0.1)×1/2×0.1

　　　　＝106.29(m³)

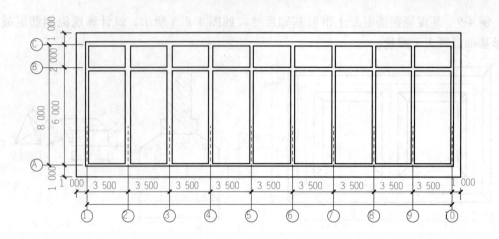

基础平面

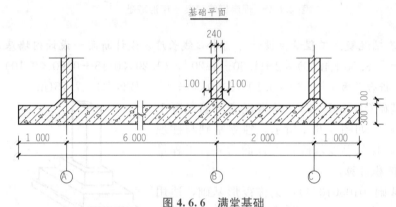

图 4.6.6 满堂基础

（4）桩承台基础（010501005）：适用于浇筑在组桩（如梅花桩）上的承台，工程量按图示尺寸实体体积以立方米计算，不扣除浇入承台体积内的桩头所占体积。

2. 现浇混凝土柱（010502001～010502003）

现浇混凝土柱包括矩形柱、构造柱和异形柱3个子目项。

（1）矩形柱（010502001）：柱的工程量计算公式为

$$V = 柱的断面积 \times 柱高$$

柱高的取定方法：

①有梁板的柱高，自柱基上表面（或楼板上表面）至上一层楼板上表面之间的高度计算。

②无梁板的柱高，自柱基上表面（或楼板上表面）至柱帽下表面之间的高度计算。

③框架柱的柱高，自柱基上表面至柱顶高度计算。

④依附柱上的牛腿和升板的柱帽，并入柱身体积计算。

（2）构造柱（010502002）：构造柱按全高（柱基上表面至构造柱顶的高度）计算，与砖墙嵌接部分（马牙槎）的体积并入柱身体积计算。

单根构造柱工程量计算公式为：$V = abH + V_{马牙槎}$

式中：a 为构造柱断面长；b 为构造柱断面宽；H 为构造柱高。

马牙槎体积为 $V_{马牙槎} = 0.03 \times 墙厚 \times n \times H$

式中：0.03 为马牙槎断面宽度(0.06/2＝0.03)；n 为马牙槎水平投影的个数；H 为构造柱高。

例 4-11 如图 4.6.7 所示构造柱，A 形 5 根，B 形 10 根，C 形 12 根，D 形 24 根，总高 26 m，混凝土强度等级为 C25。计算构造柱现浇混凝土工程量。

解： 根据题意可知 $a＝b＝0.24$ m，$H＝26$ m。

$$n＝2×5＋2×10＋4×12＋3×24＝150(根)$$

马牙槎的体积 $V_{马牙槎}＝\sum(0.003×墙厚×n×H)$

$$＝0.03×0.24×150×26＝28.08(m^3)$$

则构造柱的体积 $V＝\sum(abH＋V_{马牙槎})$

$$＝0.24×0.24×26×(5＋10＋12＋24)＋28.08＝104.46(m^3)$$

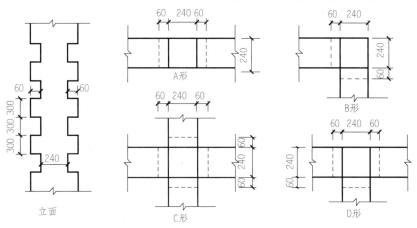

图 4.6.7 构造柱示意图

3. 现浇混凝土梁(010503001～010503006)

现浇混凝土梁包括基础梁、矩形梁、异形梁、圈梁、过梁和弧形梁、拱形梁 6 个子目项。

(1)梁构件工程量计算规则：按设计图示尺寸以体积计算。不扣除构件内钢筋、预埋铁件所占体积，伸入墙内的梁头、梁垫并入梁体积内。

如图 4.6.8 所示，梁的工程量计算公式为：$V＝L×H×B＋V_{梁垫}$。

(2)梁长的取定方法：

梁与柱连接时，梁长算至柱侧面；主梁与次梁连接时，次梁长算至主梁侧面，如图 4.6.9 所示。

圈梁带挑梁连接时，以墙的结构外皮为分界线，伸出墙外部分按挑梁计算；墙内部分按圈梁计算。

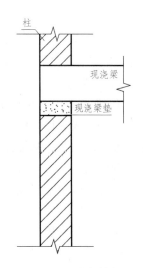

图 4.6.8 现浇梁垫并入现浇梁体积内计算示意图

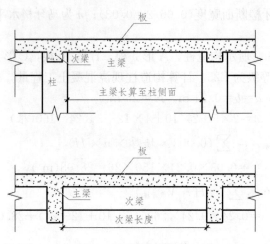

图 4.6.9 主梁、次梁连接时计算长度示意图

4. 现浇混凝土墙(010504001～010504004)

现浇混凝土墙包括混凝土直形墙、弧形墙、短肢剪力墙、挡土墙 4 个子目项。

(1)工程量计算公式为:

$$V=(墙长×墙高-门窗洞口面积)×墙厚±有关体积$$

①墙长的取定:外墙按中心线长度计算,内墙按净长线长度计算。

②墙高的取定:墙、基础连接时,墙高从基础上表面算至墙顶;梁、墙连接时,墙高算至梁底;柱、墙与板相交时,柱和外墙的高度算至板上皮,内墙的高度算至板底。

(2)短肢剪力墙(010504003)包括墙肢截面的最大长度与厚度之比≤6 的剪力墙项目。

(3)L、Y、T、十字、Z 形、一字形等短肢剪力墙的单肢中心线长≤0.4 m,按柱项目列项。

5. 现浇混凝土板(010505001～010505010)

现浇混凝土板包括有梁板,无梁板,平板,拱板,薄壳板,栏板,天沟(檐沟)、挑檐板,雨篷、悬挑板、阳台板,空心板和其他板 10 个子目项。

(1)有梁板(010505001)(包括主、次梁与板)按梁、板体积之和计算,无梁板(010505002)按板和柱帽体积之和计算,各类板伸入墙内的板头并入板体积内计算,薄壳板(010505005)的肋、基梁并入薄壳体积内计算。

(2)现浇天沟、挑檐板(010505007)与板(包括屋面板、楼板)连接时,以外墙外边线为分界线;与圈梁(包括其他梁)连接时,以梁外边线为分界线。外边线以外为挑檐、天沟、雨篷或阳台,如图 4.6.10 所示。

(3)雨篷、阳台板(010505008)按设计图示尺寸以墙外部分体积计算,包括伸出墙外的牛腿和雨篷反挑檐的体积,单位为 m^3(图 4.6.11)。

(4)板与梁连接时,板宽(长)算至梁内侧,分别按梁、平板计算套用相应项目。

(5)多种板连接时,以墙的中心线为界,伸入墙内的板头并入板体积内计算。

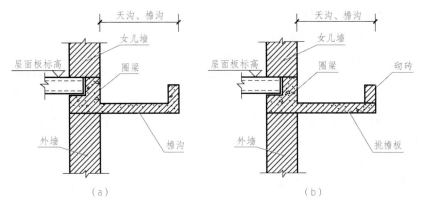

图 4.6.10　天沟、挑檐

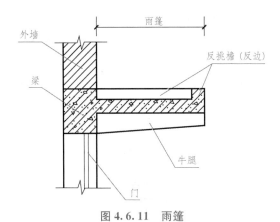

图 4.6.11　雨篷

🔧 **6. 现浇混凝土楼梯(010506001、010506002)**

现浇混凝土楼梯包括直形楼梯和弧形楼梯 2 个子目项。

(1)整体楼梯:包括直形楼梯(010505001)和弧形楼梯(010505002)。

(2)当以平方米为单位计量时,按设计图示尺寸以水平投影面积计算。不扣除宽度 ≤500 mm 的楼梯井,伸入墙内部分的体积不另计算。

对整体直形楼梯而言,若设 S 为楼梯的面积;B 为楼梯间净宽;L 为楼梯间长度(从外墙里皮至梯梁外侧);X 为楼梯井长度;C 为楼梯井宽度;N 为楼梯的层数−1(上人屋面通常 $N=$ 楼梯层数),则有:

当 $C \leqslant 500$ mm 时,$S = B \times L \times N$;

当 $C \geqslant 500$ mm 时,$S = (B \times L - C \times X) \times N$。

(3)水平投影面积包括休息平台、平台梁、斜梁和楼梯的连接梁,如图 4.6.12 所示。

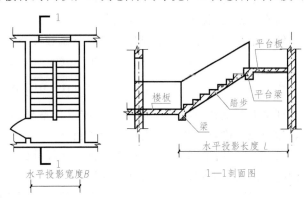

图 4.6.12　楼梯示意图

(4)当整体楼梯与现浇楼板无梯梁连接时，以楼梯的最后一个踏步边缘加 300 mm 为界。

例 4-12 已知现浇钢筋混凝土整体直形楼梯平面图如图 4.6.13 所示，共四层，计算此楼梯混凝土工程量。

分析： 现浇钢筋混凝土整体楼梯工程量应分层按水平投影面积计算，其工程量按楼梯宽度乘以长度计算，其中宽度为楼梯间净宽，长度包括休息平台、平台梁、楼梯段以及楼段与楼板之间的梁的长度，楼梯井宽度 $C=160$ mm<500 mm，则应套用公式。

解： 依据图 4.6.13 得 $B=3.6-0.12\times2=3.36$(m)

$L=1.22+0.2+2.4+0.2+0.3=4.05$(m)

则 $S=B\times L\times N=3.36\times4.05\times(4-1)=40.82$(m^2)

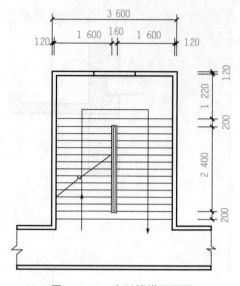

图 4.6.13　直形楼梯平面图

例 4-13 计算如图 4.6.14 所示弧形楼梯的混凝土工程量。

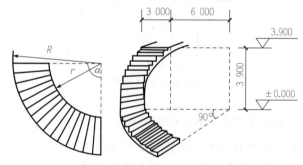

图 4.6.14　弧形楼梯平面图

分析： 弧形楼梯的工程量应分层按水平投影面积计算，若设 S 为弧形楼梯水平投影面积；R 为弧形楼梯水平投影外半径；r 为弧形楼梯水平投影内半径；α 为弧形楼梯转角角度，则有：$S=\pi(R^2-r^2)\times\alpha/360$。

解： 根据上述公式，弧形楼梯混凝土工程量为：

$$S=\pi(R^2-r^2)\times\alpha/360=\pi(9^2-6^2)\times90/360=35.33\text{(m}^2\text{)}$$

7. 现浇混凝土其他构件(010507001～010507007)及后浇带(010508001)

现浇混凝土其他构件包括散水、坡道，室外地坪，电缆沟、地沟，台阶，扶手、压顶，化粪池、检查井和其他构件 7 个子目项。

(1)散水、坡道(010507001)按设计图示尺寸以水平投影面积计算。不扣除单个 0.3 m^2 以内的孔洞所占面积，单位为 m^2(图 4.6.15)。

(2)其他构件(010507007)包括现浇混凝土小型池槽、垫块、门框等项目。

(3)架空式混凝土台阶，按现浇混凝土楼梯计算。

(4)后浇带(010508001)按设计图示尺寸以体积计算。

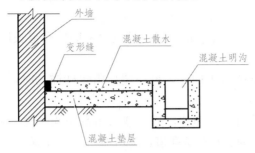

图 4.6.15　散水示意图

8. 预制混凝土板(010512001～010512008)

预制混凝土板包括平板、空心板、槽形板、网架板、折线板、带肋板、大型板和沟盖板、井盖板、井圈 8 个子目项。

(1)平板(010512001)包括不带肋的预制阳台板、雨篷板、挑檐板、栏板等项目。

(2)带肋板(010512006)包括预制 F 形板、双 T 形板、单肋板和带反挑檐的雨篷板、挑檐板、遮阳板等项目。

(3)大型板(010512007)包括预制大型墙板、大型楼板、大型屋面板等项目。

(4)同类型构件，截面尺寸相同时，预制混凝土板工程量可以"块"为单位计算。当以块计量时，必须在项目特征中描述单件体积。

9. 其他预制构件(010514001～010514002)

其他预制构件主要包括垃圾道、通风道、烟道和其他构件两个子目项。

其他构件(010514002)包括预制混凝土小型池槽、压顶、扶手、垫块、隔热板、花格等项目。

10. 钢筋工程(010515001～010515009)

钢筋工程项目包括现浇构件钢筋、预制构件钢筋、钢筋网片、钢筋笼、先张法预应力钢筋、后张法预应力钢筋、预应力钢丝、预应力钢绞线、支撑钢筋(铁马)和声测管 9 个子目项。

(1)现浇构件钢筋(010515001)：现浇构件钢筋的工程量计算规则是按设计图示钢筋长度乘单位理论质量计算。

1)设计(包括规范)已规定钢筋搭接长度、锚固长度的，按规定长度计算，并入钢筋工程量内。设计未规定塔接长度、锚固长度(包括施工搭接)的，已包括在钢筋的损耗率之内，不另计算。

2)现浇构件中固定位置的支撑钢筋、双层钢筋用的"铁马"，在编制工程量清单时，其工程数量可为暂估量，结算时按现场签证数量计算。

3)钢筋电渣压力焊接、套筒挤压等接头，以个计算。

(2)后张法预应力钢筋(010515006)：后张法预应力钢筋的工程量是按设计图示钢筋长度乘单位理论质量计算。

后张法预应力钢筋的长度,按设计图规定的预留孔道长度,并区别不同的锚具类型,按下列规定计算:

1)低合金钢筋两端均采用螺杆锚具时,预应力钢筋按孔道长度减 0.35 m 计算,螺杆另行计算。

2)低合金钢筋一端采用镦头插片,另一端采用螺杆锚具时,钢筋长度按孔道长度计算,螺杆另行计算。

3)低合金钢筋一端采用镦头插片,另一端采用帮条锚具时,钢筋增加 0.15 m 计算;两端均采用帮条锚具时,钢筋长度按孔道长度增加 0.3 m 计算。

4)低合金钢筋采用后张混凝土自锚时,钢筋长度按孔道长度增加 0.35 m 计算。

5)低合金钢筋(钢铰线)采用 JM、XM、QM 型锚具,孔道长度≤20 m 时,钢筋长度增加 1 m 计算,孔道长度>20 m 时,钢筋长度增加 1.8 m 计算。

(3)预应力钢丝(010515007):预应力钢丝的工程量是按设计图示钢丝束长度乘以单位理论质量计算。

预应力钢丝的长度,按下列规定计算:

1)碳素钢丝采用锥形锚具,孔道长度≤20 m 时,钢丝束长度按孔道长度增加 1 m 计算,孔道长度>20 m 时,钢丝束长度按孔道长度增加 1.8 m 计算。

2)碳素钢丝采用镦头锚具时,钢丝束长度按孔道长度增加 0.35 m 计算。

(4)各类钢筋计算长度的确定。

钢筋长度=构件图示尺寸-保护层总厚度+两端弯钩长度+(图纸注明的搭接长度、弯起钢筋斜长的增加值)

1)钢筋的混凝土保护层厚度。受力钢筋的混凝土保护层厚度,应符合设计要求,当设计无具体要求时,不应小于受力钢筋直径,并应符合表 4.6.17 的要求。

表 4.6.17　钢筋的混凝土保护层厚度　　　　　　　　　　(mm)

环境条件	构件名称	混凝土强度等级		
		低于 C25	C25~C45	高于 C50
室内正常环境	板、墙、壳	15		
	梁/柱	25/30		
露天或室内高湿度环境	板、墙、壳	—	25	20
	梁、柱	—	35	30
有垫层	基础	40		
无垫层		70		

2)钢筋的弯钩长度:HPB300 级钢筋末端需要做 180°、135°、90°弯钩时,其圆弧弯曲直径 D 不应小于钢筋直径 d 的 2.5 倍,平直部分长度不宜小于钢筋直径 d 的 3 倍;HRB335 级、HRB400 级钢筋的弯弧内径不应小于钢筋直径 d 的 4 倍,弯钩的平直部分长度应符合设计要求。

如图 4.6.16 所示,180°的每个弯钩长度为 $6.25d$(d 为钢筋直径),135°的每个弯钩长度为 $4.9d$,90°的每个弯钩长度为 $3.5d$。

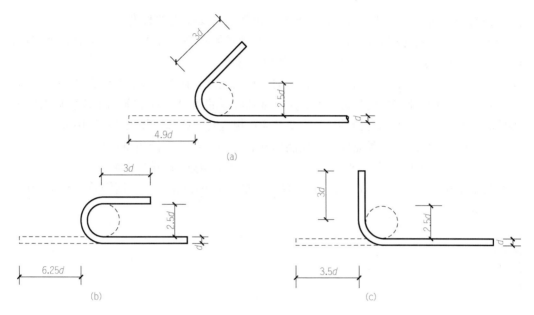

图 4.6.16　钢筋弯钩示意图

(a)135°斜弯钩；(b)180°半圆弯钩；(c)90°直弯钩

3)箍筋的长度：用 HPB300 级钢筋或低碳钢丝制作箍筋时，其末端应作弯钩，弯钩形式应符合设计要求。当设计无具体要求时，其弯钩的弯曲直径 D 不应大于受力钢筋直径，且不小于箍筋直径的 2.5 倍；弯钩的平直部分长度，一般结构的，不宜小于箍筋直径的 5 倍；有抗震要求的结构构件箍筋要求 135°弯钩，且平直部分长度不应小于箍筋直径的 10 倍。

箍筋长度＝构件断面周长－8×保护层厚度＋箍筋弯钩增加长度

箍筋弯钩增加长度见表 4.6.18。

表 4.6.18　箍筋弯钩增加长度表

弯钩形式		180°	135°	90°
弯钩增加值	一般结构	8.25d	6.9d	5.5d
	抗震结构	13.25d	11.9d	10.5d

例 4-14　试计算图 4.6.17 所示箍筋的长度。已知梁断面尺寸为 200 mm×450 mm，混凝土强度等级为 C25，正常环境，箍筋直径为 8 mm，双肢箍。

解：根据上述条件，查表 4.6.15 得钢筋保护层厚度为 25 mm，

弯钩的增加长度＝$11.9d×2＝11.9×0.008×2＝0.19(m)$

箍筋长度＝$(0.2＋0.45)×2－0.025×8＋0.19＝1.29(m)$

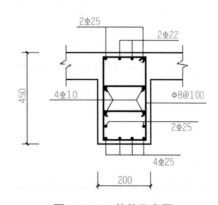

图 4.6.17　箍筋示意图

4)钢筋的锚固长度：是指为防止钢筋被拔出而伸入支座内的长度。

当设计图有明确规定的，钢筋的锚固长度按图计算；当设计无具体要求时，则按现行《混凝土结构设计规范》(GB 50010—2010)的规定计算。

5)钢筋计算其他问题。在计算钢筋用量时，还要注意设计图纸未画出以及未明确表示的钢筋，如楼板中上层钢筋的附加分布筋、满堂基础底板的双层钢筋在施工时支撑所用的马凳及钢筋混凝土墙施工时所用的拉筋等。这些都应按规范要求计算，并入其钢筋用量中。

(5)钢筋质量的计算：现浇构件钢筋制作安装工程量：按理论质量计算。

$$钢筋质量＝钢筋分规格长度×每延米质量 kg/m×根数$$

每延米质量＝$0.00617×d^2$ (kg/m)，直径 d 的计算单位是 mm。钢筋单位长度理论质量见表 4.6.19。

表 4.6.19　钢筋单位长度理论质量表

钢筋直径/mm	6.5	8	10	12	14	16	18	20	22	25	28
理论重量(kg/m)	0.261	0.395	0.617	0.888	1.21	1.58	2.0	2.47	2.98	3.85	4.84

11. 螺栓、铁件(010516001~010516003)

螺栓、铁件工程项目包括螺栓、预埋铁件和机械连接 3 个子目项。

螺栓、预埋铁件的工程量按图示尺寸以质量计算。机械连接按数量计算。编制工程量清单时，这部分工程数量可为暂估量，实际工程量按现场签证数量计算。

4.7　金属结构工程

4.7.1　金属结构工程基本知识

1. 金属结构的概念与特点

金属结构是指建筑物内用各种型钢、钢板和钢管等金属材料或半成品，以不同的连接方式加工制作、安装而形成的结构类型。

金属结构的特点：强度高、材质均匀、塑性韧性好、拆迁方便，但单耐腐蚀性和耐火性差。

2. 金属结构的材质与形式

一般常用的是普通碳素结构钢和低合金结构钢。常见的形式是钢板、钢管、各种型钢和圆钢。

3. 金属结构材料的表示方法

(1)圆钢：一般用直径大小表示，如 $\phi10$，表示直径为 10 mm 的圆钢筋。

(2)角钢。

1)等边角钢(等肢角钢)：等边角钢的断面呈"∟"形，角钢的两肢宽度相等，一般用 ∟$b\times d$ 表示。如 ∟50×6 表示等边角钢边宽 50 mm，边厚 6 mm。

2)不等边角钢(不等肢角钢)：不等边角钢的断面呈"∟"形，角钢两肢宽度不相等，一般用 ∟$B\times b\times d$ 表示。如 ∟100×80×8 表示不等边角钢长边宽 100 mm，短边宽 80 mm，边厚 8 mm。

(3)槽钢：槽钢的断面呈"["形，同一高度的槽钢其腿宽度和腰厚度均有差别，分别用 a、b、c 表示不同的型号。如 [30a 表示槽钢高 300 mm，腿宽 85 mm，腰厚 7.5 mm。

(4)工字钢：工字钢断面呈工字形，一般用型号表示，同一高度的工字钢其腿宽度和腰厚度均有差别，分别用 a、b、c 表示不同的型号。如 I20a 表示工字钢高 200 mm，腿宽 110 mm，腰厚 7.5 mm。

(5)钢板：钢板的表示方法，一般用厚度来表示，符号为"$-\delta$"其中"$-$"为钢板代号，δ 为板厚。如 $-600\times10\times12\ 000$ 表示钢板宽 600 mm，厚 10 mm，长 12 m。

(6)钢管：钢管分为无缝钢管和焊接钢管，一般的表示方法用"$\phi D\times t$"来表示。如 $\phi400\times6$ 表示钢管外径 400 mm，壁厚 8 mm。

4. 金属结构材料重量的计算方法

(1)各种规格型钢的计算。型钢包括圆钢、角钢、槽钢、工字钢等，每米理论重量均可从表 4.7.1 中查得。

表 4.7.1 各类结构用钢质量计算表

钢材名称	单位	计算公式/mm
圆钢	kg/m	0.00617×直径²
方钢	kg/m	0.00785×边宽²
六角钢	kg/m	0.0068×对边距²
扁钢	kg/m	0.00785×边宽×厚
等边角钢	kg/m	0.00795×边厚×(2×边宽−边厚)
不等边角钢	kg/m	0.00795×边厚×(长边宽+短边宽−边厚)
钢管	kg/m	0.2466×壁厚×(外径−壁厚)
钢板	kg/m²	7.85×板厚

(2)钢板的计算。钢材的比重为 7 850 kg/m³、7.85 g/cm³；1 mm 厚钢板每平方米质量为 7 850 kg/m³×0.001 m=7.85 kg/m²；计算不同厚度钢板时，其每平方米理论质量为 7.850 kg/m²×δ(δ 为钢板厚度)。

(3)扁钢、钢带的计算。计算不同厚度扁钢、钢带时其每米理论质量为 0.007 85×a×δ(a、δ 为扁钢宽度及厚度)。

(4)方钢的计算：$G(kg/m)=0.007\ 85\times a^2$($a$ 为方钢的边长 mm)。

(5)圆钢的计算：$G(kg/m)=0.006\ 17\times d^2$($d$ 为圆钢的直径 mm)。

（6）钢管的计算 $G(\text{kg/m}) = 0.024\,66 \times \delta \times (D - \delta)$（$\delta$ 为钢管的壁厚 mm、D 为钢管的外径 mm）。

5. 其他相关问题

（1）《计算规范》附录 F 金属结构工程中的结构构件计算规则是按设计图示尺寸以质量计算。在施工过程中不规则及多边形钢板发生的损耗要在综合单价中考虑。

（2）《计算规范》附录中项目特征中提到的防火要求指的是耐火极限；螺栓种类指普通螺栓或高强螺栓。

4.7.2 金属结构工程工程量计算规则及示例

在《计算规范》中，金属结构工程包括 7 部分内容，钢网架，钢屋架、钢托架、钢桁架、钢桥架，钢柱，钢梁，钢板楼板、墙板，钢构件和金属制品。示例见表 4.7.2～表 4.7.8。

表 4.7.2　钢网架（编码：010601）

项目编码	项目名称	项目特征	计量单位	工程量计算规则	工作内容
010601001	钢网架	1. 钢材品种、规格 2. 网架节点形式、连接方式 3. 网架跨度、安装高度 4. 探伤要求 5. 防火要求	t	按设计图示尺寸以质量计算。不扣除孔眼的质量，焊条、铆钉等不另增加质量	1. 拼装 2. 安装 3. 探伤 4. 补刷油漆

表 4.7.3　钢屋架、钢托架、钢桁架、钢桥架（编码：010602）

项目编码	项目名称	项目特征	计量单位	工程量计算规则	工作内容
010602001	钢屋架	1. 钢材品种、规格 2. 单榀质量 3. 屋架跨度、安装高度 4. 螺栓种类 5. 探伤要求 6. 防火要求	1. 榀 2. t	1. 以榀计量，按设计图示数量计算 2. 以吨计量，按设计图示尺寸以质量计算。不扣除孔眼的质量，焊条、铆钉、螺栓等不另增加质量	1. 拼装 2. 安装 3. 探伤 4. 补刷油漆
010602002	钢托架	1. 钢材品种、规格 2. 单榀质量 3. 安装高度 4. 螺栓种类 5. 探伤要求 6. 防火要求	t	按设计图示尺寸以质量计算。不扣除孔眼的质量，焊条、铆钉、螺栓等不另增加质量	
010602003	钢桁架				
010602004	钢架桥	1. 桥类型 2. 钢材品种、规格 3. 单榀质量 4. 安装高度 5. 螺栓种类 6. 探伤要求			

表 4.7.4　钢柱(编码：010603)

项目编码	项目名称	项目特征	计量单位	工程量计算规则	工作内容
010603001	实腹钢柱	1. 柱类型 2. 钢材品种、规格 3. 单根柱质量 4. 螺栓种类 5. 探伤要求 6. 防火要求	t	按设计图示尺寸以质量计算。不扣除孔眼的质量，焊条、铆钉、螺栓等不另增加质量，依附在钢柱上的牛腿及悬臂梁等并入钢柱工程量内	1. 拼装 2. 安装 3. 探伤 4. 补刷油漆
010603002	空腹钢柱				
010603003	钢管柱	1. 钢材品种、规格 2. 单根柱质量 3. 螺栓种类 4. 探伤要求 5. 防火要求		按设计图示尺寸以质量计算。不扣除孔眼的质量，焊条、铆钉、螺栓等不另增加质量，钢管柱上的节点板、加强环、内衬管、牛腿等并入钢管柱工程量内	

表 4.7.5　钢梁(编码：010604)

项目编码	项目名称	项目特征	计量单位	工程量计算规则	工作内容
010604001	钢梁	1. 梁类型 2. 钢材品种、规格 3. 单根质量 4. 螺栓种类 5. 安装高度 6. 探伤要求 7. 防火要求	t	按设计图示尺寸以质量计算。不扣除孔眼的质量，焊条、铆钉、螺栓等不另增加质量，制动梁、制动板、制动桁架、车挡并入钢吊车梁工程量内	1. 拼装 2. 安装 3. 探伤 4. 补刷油漆
010604002	钢吊车梁	1. 钢材品种、规格 2. 单根质量 3. 螺栓种类 4. 安装高度 5. 探伤要求 6. 防火要求			

表 4.7.6　钢板楼板、墙板(编码：010605)

项目编码	项目名称	项目特征	计量单位	工程量计算规则	工作内容
010605001	钢板楼板	1. 钢材品种、规格 2. 钢板厚度 3. 螺栓种类 4. 防火要求	m²	按设计图示尺寸以铺设水平投影面积计算。不扣除单个面积≤0.3 m² 柱、垛及孔洞所占面积	1. 拼装 2. 安装 3. 探伤 4. 补刷油漆
010605002	钢板墙板	1. 钢材品种、规格 2. 钢板厚度、复合板厚度 3. 螺栓种类 4. 复合板夹芯材料种类、层数、型号、规格 5. 防火要求		按设计图示尺寸以铺挂展开面积计算。不扣除单个面积≤0.3 m² 的梁、孔洞所占面积，包角、包边、窗台泛水等不另加面积	1. 拼装 2. 安装 3. 探伤 4. 补刷油漆

表 4.7.7　钢构件(编码：010606)

项目编码	项目名称	项目特征	计量单位	工程量计算规则	工作内容
010606001	钢支撑、钢拉条	1. 钢材品种、规格 2. 构件类型 3. 安装高度 4. 螺栓种类 5. 探伤要求 6. 防火要求	t	按设计图示尺寸以质量计算，不扣除孔眼的质量，焊条、铆钉、螺栓等不另增加质量	1. 拼装 2. 安装 3. 探伤 4. 补刷油漆
010606002	钢檩条	1. 钢材品种、规格 2. 构件类型 3. 单根质量 4. 安装高度 5. 螺栓种类 6. 探伤要求 7. 防火要求			
010606003	钢天窗架	1. 钢材品种、规格 2. 单榀质量 3. 安装高度 4. 螺栓种类 5. 探伤要求 6. 防火要求			
010606004	钢挡风架	1. 钢材品种、规格 2. 单榀质量 3. 螺栓种类 4. 探伤要求 5. 防火要求			
010606005	钢墙架				
010606006	钢平台	1. 钢材品种、规格 2. 螺栓种类 3. 防火要求			
010606007	钢走道				
010606008	钢梯	1. 钢材品种、规格 2. 钢梯形式 3. 螺栓种类 4. 防火要求			
010606009	钢护栏	1. 钢材品种、规格 2. 防火要求			
010606010	钢漏斗	1. 钢材品种、规格 2. 漏斗、天沟形式 3. 安装高度 4. 探伤要求		按设计图示尺寸以质量计算，不扣除孔眼的质量，焊条、铆钉、螺栓等不另增加质量，依附漏斗或天沟的型钢并入漏斗或天沟工程量内	
010606011	钢板天沟				

续表

项目编码	项目名称	项目特征	计量单位	工程量计算规则	工作内容
010606012	钢支架	1. 钢材品种、规格 2. 安装高度 3. 防火要求	t	按设计图示尺寸以质量计算，不扣除孔眼的质量，焊条、铆钉、螺栓等不另增加质量	1. 拼装 2. 安装 3. 探伤 4. 补刷油漆
010606013	零星钢构件	1. 构件名称 2. 钢材品种、规格			

表 4.7.8　金属制品(编码：010607)

项目编码	项目名称	项目特征	计量单位	工程量计算规则	工作内容
010607001	成品空调金属百页护栏	1. 材料品种、规格 2. 边框材质	m²	按设计图示尺寸以框外围展开面积计算	1. 安装 2. 校正 3. 预埋铁件及安螺栓
010607002	成品栅栏	1. 材料品种、规格 2. 边框及立柱型钢品种、规格			1. 安装 2. 校正 3. 预埋铁件 4. 安螺栓及金属立柱
010607003	成品雨篷	1. 材料品种、规格 2. 雨篷宽度 3. 凉衣杆品种、规格	1. m 2. m²	1. 以米计量，按设计图示接触边以米计算 2. 以平方米计量，按设计图示尺寸以展开面积计算	1. 安装 2. 校正 3. 预埋铁件及安螺栓
010607004	金属网栏	1. 材料品种、规格 2. 边框及立柱型钢品种、规格	m²	按设计图示尺寸以框处围展开面积计算	1. 安装 2. 校正 3. 预埋铁件及金属立柱
010607005	砌块墙钢丝网加固	1. 材料品种、规格 2. 加固方式		按设计图示尺寸以面积计算	1. 铺贴 2. 铆固
010607006	后浇带金属网				

🔎 1. 钢柱(010603001～010603003)

钢柱包括实腹钢柱、空腹钢柱和钢管柱 3 个子目项。钢柱工程量包括依附于柱上的牛腿及悬臂梁质量，要合并计算。

实腹钢柱(010603001)类型是指十字、T、L、H形等；空腹钢柱(010603002)类型是指箱形、格构等。

钢管混凝土柱的盖板、底板、穿心板、横隔板、加强环、明牛腿、暗牛腿应包括在报价内。

型钢混凝土柱浇筑钢筋混凝土，其混凝土和钢筋应按《计算规范》附录E混凝土及钢筋混凝土工程中相关项目编码列项。

2. 钢构件(010606001～010606013)

钢构件包括钢支撑、钢拉条，钢檩条，钢天窗架，钢挡风架，钢墙架，钢平台，钢走道，钢梯，钢护栏，钢漏斗，钢板天沟，钢支架和零星钢构件13个子目项。

(1)工程量计算规则均按照设计图示尺寸以质量计算，不扣除孔眼、切边、切肢的质量，焊条、铆钉、螺栓等也不另增加质量。工作内容主要包括拼装、安装、探伤、补刷油漆。

(2)钢墙架(010606005)包括墙架柱、墙架梁和连接杆件。

(3)钢支撑、钢拉条(010606001)类型是指单式、复式；钢檩条(010606002)类型是指型钢式、格构式；钢漏斗(010606010)形式是指方形、圆形；钢板天沟(010606011)形式是指矩形天沟或半圆形天沟。

(4)加工铁件等小型构件，应按零星钢构件(010606013)项目编码列项。

4.8 木结构工程

4.8.1 木结构工程基本知识

木结构是单纯由木材或主要由木材承受荷载的结构，通过各种金属连接件或榫铆手段进行连接和固定。这种结构因为是由天然材料所组成，受着材料本身条件的限制，因而木结构多用在民用建筑和中小型工业厂房中的屋盖中。木屋盖结构包括木屋架、支撑系统、吊顶、挂瓦条及屋面板等。

4.8.2 木结构工程工程量计算规则及示例

在《计算规范》中，包括木屋架、木构件和屋面木基层3部分内容。示例见表4.8.1～表4.8.3。

表 4.8.1　木屋架(编码：010701)

项目编码	项目名称	项目特征	计量单位	工程量计算规则	工作内容
010701001	木屋架	1. 跨度 2. 材料品种、规格 3. 刨光要求 4. 拉杆及夹板种类 5. 防护材料种类	1. 榀 2. m³	1. 以榀计量，按设计图示数量计算 2. 以立方米计量，按设计图示的规格尺寸以体积计算	1. 制作 2. 运输 3. 安装 4. 刷防护材料
010701002	钢木屋架	1. 跨度 2. 木材品种、规格 3. 刨光要求 4. 钢材品种、规格 5. 防护材料种类	榀	以榀计量，按设计图示数量计算	

表 4.8.2　木构件(编码：010702)

项目编码	项目名称	项目特征	计量单位	工程量计算规则	工作内容
010702001	木柱	1. 构件规格尺寸 2. 木材种类 3. 刨光要求 4. 防护材料种类	m³	按设计图示尺寸以体积计算	1. 制作 2. 运输 3. 安装 4. 刷防护材料
010702002	木梁				
010702003	木檩		1. m³ 2. m	1. 以立方米计量，按设计图示尺寸以体积计算 2. 以米计量，按设计图示尺寸以长度计算	
010702004	木楼梯	1. 楼梯形式 2. 木材种类 3. 刨光要求 4. 防护材料种类	m²	按设计图示尺寸以水平投影面积计算。不扣除宽度≤300 mm的楼梯井，伸入墙内部分不计算	
010702005	其他木构件	1. 构件名称 2. 构件规格尺寸 3. 木材种类 4. 刨光要求 5. 防护材料种类	1. m³ 2. m	1. 以立方米计量，按设计图示尺寸以体积计算 2. 以米计量，按设计图示尺寸以长度计算	

表 4.8.3　屋面木基层(编码：010703)

项目编码	项目名称	项目特征	计量单位	工程量计算规则	工作内容
010703001	屋面木基层	1. 椽子断面尺寸及椽距 2. 望板材料种类、厚度 3. 防护材料种类	m²	按设计图示尺寸以斜面积计算。不扣除房上烟囱、风帽底座、风道、小气窗、斜沟等所占面积。小气窗的出檐部分不增加面积	1. 椽子制作、安装 2. 望板制作、安装 3. 顺水条和挂瓦条制作、安装 4. 刷防护材料

1. 木屋架（010701001～010701002）

木屋架包括木屋架和钢木屋架 2 个子目项。

（1）项目特征中屋架的跨度应以上、下弦中心线两交点之间的距离计算。

（2）带气楼的屋架和马尾、折角以及正交部分的半屋架，按相关屋架项目编码列项。

（3）当屋架采用以榀计量时，按标准图设计的，必须在项目特征描述中明确标注标准图代号。

2. 木构件（010702001～010702005）

木构件主要包括木柱、木梁、木檩、木楼梯、其他木构件 5 个子目项。

（1）木楼梯（010702004）的栏杆（栏板）、扶手，要按《计算规范》附录 Q 其他装饰工程中的相关项目编码列项。

（2）当木构件以米计量时，必须在项目特征中描述构件的规格尺寸。

3. 屋面木基层（010703001）

屋面木基层的工程量计算规则是按设计图示尺寸以斜面积计算。不扣除房上烟囱、风帽底座、风道、小气窗、斜沟等所占面积，小气窗的出檐部分不增加面积，计量单位为 m^2。

4.9 门窗工程

4.9.1 门窗工程基本知识

1. 门的种类

（1）按其使用材料不同分类。

1）木质门：分为镶板木门、企口木板门、实木装饰门、胶合板门、夹板装饰门、木纱门、全玻门（带木质扇框）、木质半玻门（带木质扇框）等。

2）金属门：分为金属平开门、金属推拉门、金属地弹门、全玻门（带金属扇框）、金属半玻门（带扇框）等。

3）特种门：分为冷藏门、冷冻间门、保温门、变电室门、隔音门、防射电门、人防门、金库门等。

（2）按开启方式不同。按其开启方式不同可分为平开门、推拉门、旋转门等。

2. 门的五金

（1）木门五金：包括折页、插销、门碰珠、弓背拉手、搭机、木螺丝、弹簧折页（自动门）、管子拉手（自由门、地弹门）、地弹簧（地弹门）、角铁、门轧头（地弹门、自由门）等。

(2)铝合金门五金包括：地弹簧、门锁、拉手、门插、门铰、螺丝等。

(3)其他金属门五金包括L形执手插锁(双舌)、执手锁(单舌)、门轨头、地锁、防盗门机、门眼(猫眼)、门碰珠、电子锁(磁卡锁)、闭门器、装饰拉手等。

3. 窗的种类

(1)按其使用材料不同可分为：

①木质窗：分为木百叶窗、木组合窗、木天窗、木固定窗、木装饰空花窗等。

②金属窗：分为金属组合窗、防盗窗等。

(2)按其开启方式不同可分为平开窗、固定窗、转窗(水平、垂直转窗)、悬窗(上悬窗或中悬窗)等。

(3)按窗的层数结构不同，分为单层窗、双层窗、一玻一纱窗等。

(4)按窗的构造形式不同，分为玻璃窗、纱窗、组合窗、百叶窗等。

4. 窗的五金

(1)木窗五金：包括折页、插销、风钩、木螺丝、滑楞滑轨(推拉窗)等。

(2)金属窗中铝合金窗五金：包括卡锁、滑轮、铰拉、执手、拉把、拉手、风撑、角码、牛角制等。

(3)其他金属窗五金：包括折页、螺丝、执手、卡锁、风撑、滑轮滑轨(推拉窗)等。

4.9.2 门窗工程工程量计算规则及示例

在《计算规范》中，门窗工程包括木门，金属门，金属卷帘(闸)门，厂库房大门、特种门，其他门和木窗，金属窗，门窗套，窗台板，窗帘、窗帘盒、轨10部分内容。示例见表4.9.1～表4.9.10。

表4.9.1 木门(编码：010801)

项目编码	项目名称	项目特征	计量单位	工程量计算规则	工作内容
010801001	木质门	1. 门代号及洞口尺寸 2. 镶嵌玻璃品种、厚度	1. 樘 2. m²	1. 以樘计量，按设计图示数量计算 2. 以平方米计量，按设计图示洞口尺寸以面积计算	1. 门安装 2. 玻璃安装 3. 五金安装
010801002	木质门带套				
010801003	木质连窗门				
010801004	木质防火门				
010801005	木门框	1. 门代号及洞口尺寸 2. 框截面尺寸 3. 防护材料种类	1. 樘 2. m	1. 以樘计量，按设计图示数量计算 2. 以平方米计量，按设计图示洞口尺寸以面积计算	1. 木门框制作、安装 2. 运输 3. 刷防护材料
010801006	门锁安装	1. 锁品种 2. 锁规格	个(套)	按设计图示数量计算	安装

表 4.9.2　金属门(编码：010802)

项目编码	项目名称	项目特征	计量单位	工程量计算规则	工作内容
010802001	金属(塑钢)门	1. 门代号及洞口尺寸 2. 门框或扇外围尺寸 3. 门框、扇材质 4. 玻璃品种、厚度	1. 樘 2. m²	1. 以樘计量，按设计图示数量计算 2. 以平方米计量，按设计图示洞口尺寸以面积计算	1. 门安装 2. 五金安装 3. 玻璃安装
010802002	彩板门	1. 门代号及洞口尺寸 2. 门框或扇外围尺寸			
010802003	钢质防火门	1. 门代号及洞口尺寸 2. 门框或扇外围尺寸 3. 门框、扇材质			1. 门安装 2. 五金安装
010802004	防盗门				

表 4.9.3　金属卷帘(闸)门(编码：010803)

项目编码	项目名称	项目特征	计量单位	工程量计算规则	工作内容
010803001	金属卷帘(闸)门	1. 门代号及洞口尺寸 2. 门材质 3. 启动装置品种、规格	1. 樘 2. m²	1. 以樘计量，按设计图示数量计算 2. 以平方米计量，按设计图示洞口尺寸以面积计算	1. 门运输、安装 2. 启动装置、活动小门、五金安装
010803002	防火卷帘(闸)门				

表 4.9.4　厂库房大门、特种门(编码：010804)

项目编码	项目名称	项目特征	计量单位	工程量计算规则	工作内容
010804001	木板大门	1. 门代号及洞口尺寸 2. 门框或扇外围尺寸 3. 门框、扇材质 4. 五金种类、规格 5. 防护材料种类	1. 樘 2. m²	1. 以樘计量，按设计图示数量计算 2. 以平方米计量，按设计图示洞口尺寸以面积计算	1. 门(骨架)制作、运输 2. 门、五金配件安装 3. 刷防护材料
010804002	钢木大门				
010804003	金钢板大门			1. 以樘计量，按设计图示数量计算 2. 以平方米计量，按设计图示门框或窗以面积计算	
010804004	防护铁丝门				
010804005	金属格栅门	1. 门代号及洞口尺寸 2. 门框或扇外围尺寸 3. 门框、扇材质 4. 启动装置的品种、规格		1. 以樘计量，按设计图示数量计算 2. 以平方米计量，按设计图示洞口尺寸以面积计算	1. 门安装 2. 启动装置、五金配件安装
010804006	钢制花饰大门	1. 门代号及洞口尺寸 2. 门框或扇外围尺寸 3. 门框、扇材质		1. 以樘计量，按设计图示数量计算 2. 以平方米计量，按设计图示门框或窗以面积计算	1. 门安装 2. 五金配件安装
010804007	特种门			1. 以樘计量，按设计图示数量计算 2. 以平方米计量，按设计图示洞口尺寸以面积计算	

表 4.9.5 其他门(编码: 010805)

项目编码	项目名称	项目特征	计量单位	工程量计算规则	工作内容
010805001	电子感应门	1. 门代号及洞口尺寸 2. 门框或扇外围尺寸 3. 门框、扇材质	1. 樘 2. m²	1. 以樘计量,按设计图示数量计算 2. 以平方米计量,按设计图示洞口尺寸以面积计算	1. 门安装 2. 启动装置、五金、电子配件安装
010805002	旋转门	4. 玻璃品种、厚度 5. 启动装置的品种、规格 6. 电子配件品种、规格			
010805003	电子对讲门	1. 门代号及洞口尺寸 2. 门框或扇外围尺寸 3. 门材质			
010805004	电动伸缩门	4. 玻璃品种、厚度 5. 启动装置的品种、规格 6. 电子配件品种、规格			
010805005	全玻自由门	1. 门代号及洞口尺寸 2. 门框或扇外围尺寸 3. 框材质 4. 玻璃品种、厚度			1. 门安装 2. 五金安装
010805006	镜面不锈钢饰面门	1. 门代号及洞口尺寸 2. 门框或扇外围尺寸			
010805007	复合材料门	3. 框、扇材质 4. 玻璃品种、厚度			

表 4.9.6 木窗(编码: 010806)

项目编码	项目名称	项目特征	计量单位	工程量计算规则	工作内容
010806001	木质窗	1. 窗代号及洞口尺寸 2. 玻璃品种、厚度	1. 樘 2. m²	1. 以樘计量,按设计图示数量计算 2. 以平方米计量,按设计图示洞口尺寸以面积计算	1. 窗安装 2. 五金、玻璃安装
010806002	木飘(凸)窗				
010806003	木橱窗	1. 窗代号 2. 框截面及外围展开面积 3. 玻璃品种、厚度 4. 防护材料种类		1. 以樘计量,按设计图示数量计算 2. 以平方米计量,按设计图示尺寸以框外围展开面积计算	1. 窗制作、运输、安装 2. 五金、玻璃安装 3. 刷防护材料
010806004	木纱窗	1. 窗代号及框的外围尺寸 2. 窗纱材料品种、规格		1. 以樘计量,按设计图示数量计算 2. 以平方米计量,按框的外围尺寸以面积计算	1. 窗安装 2. 五金、玻璃安装

表 4.9.7　金属窗(编码：010807)

项目编码	项目名称	项目特征	计量单位	工程量计算规则	工作内容
010807001	金属(塑钢、断桥)窗	1. 窗代号及洞口尺寸 2. 框、扇材质 3. 玻璃品种、厚度	1. 樘 2. m²	1. 以樘计量，按设计图示数量计算 2. 以平方米计量，按设计图示洞口尺寸以面积计算	1. 窗安装 2. 五金、玻璃安装
010807002	金属防火窗				
010807003	金属百叶窗	1. 窗代号及洞口尺寸 2. 框、扇材质 3. 玻璃品种、厚度		1. 以樘计量，按设计图示数量计算 2. 以平方米计量，按设计图示洞口尺寸以面积计算	
010807004	金属纱窗	1. 窗代号及框的外围尺寸 2. 框材质 3. 窗纱材料品种、规格		1. 以樘计量，按设计图示数量计算 2. 以平方米计量，按框的外围尺寸以面积计算	1. 窗安装 2. 五金安装
010807005	金属格栅窗	1. 窗代号及洞口尺寸 2. 框外围尺寸 3. 框、扇材质		1. 以樘计量，按设计图示数量计算 2. 以平方米计量，按设计图示洞口尺寸以面积计算	
010807006	金属(塑钢、断桥)橱窗	1. 窗代号 2. 框外围展开面积 3. 框、扇材质 4. 玻璃品种、厚度 5. 防护材料种类		1. 以樘计量，按设计图示数量计算 2. 以平方米计量，按设计图示尺寸以框外围展开面积计算	1. 窗制作、运输、安装 2. 五金、玻璃安装 3. 刷防护材料
010807007	金属(塑钢、断桥)飘(凸)窗	1. 窗代号 2. 框外围展开面积 3. 框、扇材质 4. 玻璃品种、厚度			
010807008	彩板窗	1. 窗代号及洞口尺寸 2. 框外围尺寸 3. 框、扇材质 4. 玻璃品种、厚度		1. 以樘计量，按设计图示数量计算 2. 以平方米计量，按设计图示洞口尺寸或框外围以面积计算	1. 窗安装 2. 五金、玻璃安装
010807009	复合材料窗				

表 4.9.8　门窗套(编码: 010808)

项目编码	项目名称	项目特征	计量单位	工程量计算规则	工作内容
010808001	木门窗套	1. 窗代号及洞口尺寸 2. 门窗套展开宽度 3. 基层材料种类 4. 面层材料品种、规格 5. 线条品种、规格 6. 防护材料种类	1. 樘 2. m² 3. m	1. 以樘计量,按设计图示数量计算 2. 以平方米计量,按设计图示尺寸以展开面积计算 3. 以米计量,按设计图示中心以延长米计算	1. 清理基层 2. 立筋制作、安装 3. 基层板安装 4. 面层铺贴 5. 线条安装 6. 刷防护材料
010808002	木筒子板	1. 筒子板宽度 2. 基层材料种类 3. 面层材料品种、规格 4. 线条品种、规格 5. 防护材料种类			
010808003	饰面夹板筒子板				
010808004	金属门窗套	1. 窗代号及洞口尺寸 2. 门窗套展开宽度 3. 基层材料种类 4. 面层材料品种、规格 5. 防护材料种类			1. 清理基层 2. 立筋制作、安装 3. 基层板安装 4. 面层铺贴 5. 刷防护材料
010808005	石材门窗套	1. 门窗代号及洞口尺寸 2. 门窗套展开宽度 3. 粘结层厚度、砂浆配合比 4. 面层材料品种、规格 5. 线条品种、规格			1. 清理基层 2. 立筋制作、安装 3. 基层抹灰 4. 面层铺贴 5. 线条安装
010808006	门窗木贴脸	1. 门窗代号及洞口尺寸 2. 贴脸板宽度 3. 防护材料种类	1. 樘 2. m	1. 以樘计量,按设计图示数量计算 2. 以米计量,按设计图示尺寸以延长米计算	安装
010808007	成品木门窗套	1. 门窗代号及洞口尺寸 2. 门窗套展开宽度 3. 门窗套材料品种、规格	1. 樘 2. m² 3. m	1. 以樘计量,按设计图示数量计算 2. 以平方米计量,按设计图示尺寸以展开面积计算 3. 以米计量,按设计图示中心以延长米计算	1. 清理基层 2. 立筋制作、安装 3. 板安装

表 4.9.9 窗台板(编码:010809)

项目编码	项目名称	项目特征	计量单位	工程量计算规则	工作内容
010809001	木窗台板	1. 基层材料种类 2. 窗台面板材质、规格、颜色 3. 防护材料种类	m²	按设计图示尺寸以展开面积计算	1. 基层清理 2. 基层制作、安装 3. 窗台板制作、安装 4. 刷防护材料
010809002	铝塑窗台板				
010809003	金属窗台板				
010809004	石材窗台板	1. 粘结层厚度、砂浆配合比 2. 窗台板材质、规格、颜色			1. 基层清理 2. 抹找平层 3. 窗台板制作、安装

表 4.9.10 窗帘、窗帘盒、轨(编码:010810)

项目编码	项目名称	项目特征	计量单位	工程量计算规则	工作内容
010810001	窗帘(杆)	1. 窗帘材质 2. 窗帘高度、宽度 3. 窗帘层数 4. 带幔要求	1. m 2. m²	1. 以米计量,按设计图示尺寸以成活后长度计算 2. 以平方米计量,按图示尺寸以成活后展开面积计算	1. 制作、运输 2. 安装
010810002	木窗帘盒	1. 窗帘盒材质、规格 2. 防护材料种类	m	按设计图示尺寸以长度计算	1. 制作、运输、安装 2. 刷防护材料
010810003	饰面夹板、塑料窗帘盒				
010810004	铝合金窗帘盒				
010810005	窗帘轨	1. 窗帘轨材质、规格 2. 轨的数量 3. 防护材料种类			

1. 木门(010801001~010801006)

木门工程包括木质门、木质门带套、木质连窗门、木质防火门、木门框和门锁安装 6 个子目项。

(1)木门(010801001)以樘计量时,在项目特征中必须描述洞口尺寸;以平方米计量时,可以不描述洞口尺寸。

(2)木质门带套(010801002)计量按洞口尺寸以面积计算,不包括门套的面积。

(3)木门框(010801005)项目适用于单独制作安装木门框的情况。

2. 金属门、特种门

(1)金属门(010802001~010802004)包括金属(塑钢)门、彩板门、钢质防火门和防盗门 4 个子目项。

(2)金属卷帘(闸)门(010803001、010803002)包括金属卷帘(闸)门和防火卷帘(闸)门 2 个子目项。

(3)厂库房大门、特种门(010804001~010804007)包括木板大门、钢木大门、全钢板大门、防护铁丝门、金属格栅门、钢质花饰大门和特种门7个子目项。

(4)其他门(010805001~010805007)包括电子感应门、旋转门、电子对讲门、电动伸缩门、全玻自由门、镜面不锈钢饰面门和复合材料门7个子目项。

这四项工程的计算规则是:

(1)以樘为单位计量时,在项目特征中要描述洞口尺寸,没有洞口尺寸时必须描述门框或扇外围尺寸;以平方米为单位计量时,可不描述洞口尺寸及框、扇的外围尺寸。

(2)以平方米为单位计量,且无设计图示洞口尺寸时,按门框、扇外围以面积计算。

例 4-15 求图 4.9.1 所示的钢木推拉二面板大门的工程量。

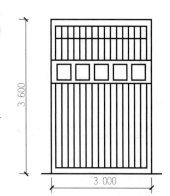

图 4.9.1 钢木推拉门立面图

解:钢木推拉二面板大门工程量=3.6×3=10.8(m²)

3. 木窗(010806001~010806004)

木窗包括木质窗、木飘(凸)窗、木橱窗和木纱窗4个子目项。

(1)木质窗(010806001)。

1)以樘计量时,在项目特征中必须描述洞口尺寸,没有洞口尺寸时必须描述窗框外围尺寸;以平方米计量时,可以不描述洞口尺寸或窗框外围尺寸。

2)以平方米计量且无设计图示洞口尺寸时,按窗框外围以面积计算。

(2)木飘(凸)窗(010806002)、木橱窗(010806003)。木飘(凸)窗和木橱窗是以樘为计量单位,在项目特征中必须描述框截面及外围展开面积的尺寸。

(3)项目特征中要求描述的窗形状指的是窗的外形是否是矩形或是异形。

4. 金属窗(010807001~010807009)

金属窗包括金属(塑钢、断桥)窗、金属防火窗、金属百叶窗、金属纱窗、金属格栅窗、金属(塑钢、断桥)橱窗、金属(塑钢、断桥)飘(凸)窗、彩板窗和复合材料窗9个子目项。

(1)金属窗的计算规则是:

1)当以樘计量时,项目特征要求描述洞口尺寸或描述窗框外围尺寸;以平方米计量,可不描述洞口尺寸或框的外围尺寸。

2)以平方米计量且无设计图示洞口尺寸时,按窗框外围以面积计算。

(2)当遇有金属组合窗、金属防盗窗等项目时,按金属窗项目列项。

5. 门窗套(010808001~010808007)

门窗套包括木门窗套、木筒子板、饰面夹板筒子板、金属门窗套、石材门窗套、门窗木贴脸和成品木门窗套7个子目项。

在这个项目中,《计算规范》给出了3个计量单位选项:

(1)以樘为计量单位时,要在项目特征中描述洞口尺寸、门窗套展开宽度。

（2）以平方米为计量单位时，项目特征中可不描述洞口尺寸、门窗套展开宽度。

（3）以米为计量单位时，要在项目特征中描述门窗套展开宽度、筒子板及贴脸的宽度等信息，以方便综合单价的组价。

6. 窗台板（010809001～010809004）

窗台板包括木窗台板、铝塑窗台板、金属窗台板和石材窗台板 4 个子目项。

窗台板的工程量计算规则是按设计图示尺寸以展开面积计算，工作内容中包括制作与安装。

7. 窗帘、窗帘盒、轨（010810001～010810005）

窗帘、窗帘盒、轨包括窗帘，木窗帘盒，饰面夹板、塑料窗帘盒，铝合金窗帘盒和窗帘轨 5 个子目项。

（1）窗帘（010810001）若是双层，项目特征必须描述每层材质。

（2）窗帘按设计图示尺寸以长度计算，其计量单位是米，在项目特征中必须描述窗帘高度和宽度，以确定其综合单价。

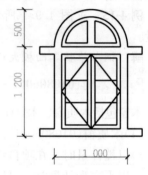

例 4-16 求图 4.9.2 所示玻璃窗工程量。

解： 矩形面积＝$1.2 \times 1.0 = 1.2 (m^2)$

半圆形面积＝$0.5 \times 3.14 \times 0.5^2 = 0.39 (m^2)$

则所求玻璃窗工程量＝$1.2 + 0.39 = 1.59 (m^2)$

图 4.9.2 玻璃窗示意图

4.10 屋面及防水工程

4.10.1 屋面及防水工程基本知识 ▶▶▶

1. 屋面的基本概念

屋面是建筑物的六大构成要素之一，是房屋顶层的外围护结构，用于抵御自然界的风、雪、霜、雨、太阳辐射、气温变化以及其他不利因素。

2. 屋面的组成

屋面由承重层（结构层）、隔气层、保温隔热层、找平层、防水层、面层（保护层）等构成。

3. 屋面的分类

（1）屋面按照屋顶几何形状不同分为：平屋面、坡屋面、拱形（壳体）屋面和齿形屋面等形式。干旱地区房屋多用平顶，湿润地区多用坡顶，多雨地区屋顶坡度较大。坡顶又分为单坡、双坡、四坡等。

(2)屋面按采用材料的不同可以分为：

1)瓦屋面：按照采用的瓦的不同又可以分为机平瓦、波形瓦、压型钢板瓦三种。

2)防水涂膜屋面：按照采用不同的涂料可以分为沥青基涂料、高聚物改性沥青涂料、合成高分子防水涂料三种；按照采用胎体的不同可以分为化纤无纺布、玻璃纤维网格布两种。

3)刚性屋面：即采用混凝土浇捣而成的屋面防水层。

4. 卷材与基层的粘贴方法

(1)满铺：卷材与基层采用全部粘贴的方法。

(2)空铺：卷材与基层仅在四周一定宽度内粘结，其余部分不粘结。

(3)条铺：卷材与基层采用宽度≥150 mm 的条状粘结法，每幅卷材与基层粘结面≥2 条。

(4)点铺：卷材与基层采用点状粘结法，每 m² 粘结≥5 点，每个点面积为 100 mm×100 mm。

5. 与其他附录的衔接

屋面找平层按《计算规范》附录 L 楼地面装饰工程"平面砂浆找平层"项目编码列项。

4.10.2 屋面及防水工程工程量计算规则及示例

在《计算规范》中，屋面及防水工程包括瓦、型材及其他屋面，屋面防水及其他，墙面防水、防潮和楼(地)面防水、防潮 4 部分内容。示例见表 4.10.1～表 4.10.4。

表 4.10.1 瓦、型材及其他屋面(编码：010901)

项目编码	项目名称	项目特征	计量单位	工程量计算规则	工作内容
010901001	瓦屋面	1. 瓦品种、规格 2. 粘结层砂浆的配合比	m²	按设计图示尺寸以斜面积计算 不扣除房上烟囱、风帽底座、风道、小气窗、斜沟等所占面积。小气窗的出檐部分不增加面积	1. 砂浆制作、运输、摊铺、养护 2. 安瓦、作瓦脊
010901002	型材屋面	1. 型材品种、规格 2. 金属檩条材料品种、规格 3. 接缝、嵌缝材料种类			1. 檩条制作、运输、安装 2. 屋面型材安装 3. 接缝、嵌缝
010901003	阳光板屋面	1. 阳光板品种、规格 2. 骨架材料品种、规格 3. 接缝、嵌缝材料种类 4. 油漆品种、刷漆遍数		按设计图示尺寸以斜面积计算 不扣除屋面面积≤0.3 m² 孔洞所占面积	1. 骨架制作、运输、安装、刷防护材料、油漆 2. 阳光板安装 3. 接缝、嵌缝
010901004	玻璃钢屋面	1. 玻璃钢品种、规格 2. 骨架材料品种、规格 3. 玻璃钢固定方式 4. 接缝、嵌缝材料种类 5. 油漆品种、刷漆遍数			1. 骨架制作、运输、安装、刷防护材料、油漆 2. 玻璃钢制作、安装 3. 接缝、嵌缝
010901005	膜结构屋面	1. 膜布品种、规格 2. 支柱(网架)钢材品种、规格 3. 钢丝绳品种、规格 4. 锚固基座做法 5. 油漆品种、刷漆遍数		按设计图示尺寸以需要覆盖的水平投影面积计算	1. 膜布热压胶接 2. 支柱(网架)制作、安装 3. 膜布安装 4. 穿钢丝绳、锚头锚固 5. 锚固基座、挖土、回填 6. 刷防护材料、油漆

表 4.10.2 屋面防水及其他(编码：010902)

项目编码	项目名称	项目特征	计量单位	工程量计算规则	工作内容
010902001	屋面卷材防水	1. 卷材品种、规格、厚度 2. 防水层数 3. 防水层做法	m²	按设计图示尺寸以面积计算 1. 斜屋顶(不包括平屋顶找坡)按斜面积计算，平屋顶按水平投影面积计算 2. 不扣除房上烟囱、风帽底座、风道、屋面小气窗和斜沟所占面积 3. 屋面的女儿墙、伸缩缝和天窗等处的弯起部分，并入屋面工程量内	1. 基层处理 2. 刷底油 3. 铺油毡卷材、接缝
010902002	屋面涂膜防水	1. 防水膜品种 2. 涂膜厚度、遍数 3. 增强材料种类			1. 基层处理 2. 刷基层处理剂 3. 铺布、喷涂防水层
010902003	屋面刚性层	1. 刚性层厚度 2. 混凝土种类 3. 混凝土强度等级 4. 嵌缝材料种类 5. 钢筋规格、型号		按设计图示尺寸以面积计算。不扣除房上烟囱、风帽底座、风道等所占面积	1. 基层处理 2. 混凝土制作、运输、铺筑、养护 3. 钢筋制安装
010902004	屋面排水管	1. 排水管品种、规格 2. 雨水斗、山墙出水口品种、规格 3. 接缝、嵌缝材料种类 4. 油漆品种、刷漆遍数	m	按设计图示尺寸以长度计算。如设计未标注尺寸，以檐口至设计室外散水上表面垂直距离计算	1. 排水管及配件安装、固定 2. 雨水斗、山墙出水口、雨水篦子安装 3. 接缝、嵌缝 4. 刷漆
010902005	屋面排(透)气管	1. 排(透)气管品种、规格 2. 接缝、嵌缝材料种类 3. 油漆品种、刷漆遍数		按设计图示尺寸以长度计算	1. 排(透)气管及配件安装、固定 2. 铁件制作、安装 3. 接缝、嵌缝 4. 刷漆
010902006	屋面(廊、阳台)泄(吐)水管	1. 吐水管品种、规格 2. 接缝、嵌缝材料种类 3. 吐水管长度 4. 油漆品种、刷漆遍数	根(个)	按设计图示数量计算	1. 水管及配件安装、固定 2. 接缝、嵌缝 3. 刷漆
010902007	屋面天沟、檐沟	1. 材料品种、规格 2. 接缝、嵌缝材料种类	m²	按设计图示尺寸以展开面积计算	1. 天沟材料铺设 2. 天沟配件安装 3. 接缝、嵌缝 4. 刷防护材料

项目编码	项目名称	项目特征	计量单位	工程量计算规则	工作内容
010902008	屋面变形缝	1. 嵌缝材料种类 2. 止水带材料种类 3. 盖缝材料 4. 防护材料种类	m	按设计图示以长度计算	1. 清缝 2. 填塞防水材料 3. 止水带安装 4. 盖缝制作、安装 5. 刷防护材料

表 4.10.3　墙面防水、防潮(编码：010903)

项目编码	项目名称	项目特征	计量单位	工程量计算规则	工作内容
010903001	墙面卷材防水	1. 卷材品种、规格、厚度 2. 防水层数 3. 防水层做法	m²	按设计图示尺寸以面积计算	1. 基层处理 2. 刷粘结剂 3. 铺防水卷材 4. 接缝、嵌缝
010903002	墙面涂膜防水	1. 防水膜品种 2. 涂膜厚度、遍数 3. 增强材料种类			1. 基层处理 2. 刷基层处理剂 3. 铺布、喷涂防水层
010903003	墙面砂浆防水(防潮)	1. 防水层做法 2. 砂浆厚度、配合比 3. 钢丝网规格			1. 基层处理 2. 挂钢丝网片 3. 设置分格缝 4. 砂浆制作、运输、摊铺、养护
010903004	墙面变形缝	1. 嵌缝材料种类 2. 止水带材料种类 3. 盖缝材料 4. 防护材料种类	m	按设计图示以长度计算	1. 清缝 2. 填塞防水材料 3. 止水带安装 4. 盖缝制作、安装 5. 刷防护材料

表 4.10.4　楼(地)面防水、防潮(编码：010904)

项目编码	项目名称	项目特征	计量单位	工程量计算规则	工作内容
010904001	楼(地)面卷材防水	1. 卷材品种、规格、厚度 2. 防水层数 3. 防水层做法 4. 反边高度	m²	按设计图示尺寸以面积计算 1. 楼(地)面防水：按主墙间净空面积计算，扣除凸出地面的构筑物、设备基础等所占面积，不扣除间壁墙及单个面积≤0.3 m² 柱、垛、烟囱和孔洞所占面积。 2. 楼(地)面防水反边高度≤300 mm 算作地面防水，反边高度＞300 mm 算作墙面防水计算	1. 基层处理 2. 刷粘结剂 3. 铺防水卷材 4. 接缝、嵌缝
010904002	楼(地)面涂膜防水	1. 防水膜品种 2. 涂膜厚度、遍数 3. 增强材料种类 4. 反边高度			1. 基层处理 2. 刷基础处理剂 3. 铺布、喷涂防水层
010904003	楼(地)面砂浆防水(防潮)	1. 防水层做法 2. 砂浆厚度、配合比 3. 反边高度			1. 基层处理 2. 砂浆制作、运输、摊铺、养护

项目编码	项目名称	项目特征	计量单位	工程量计算规则	工作内容
010904004	楼(地)面变形缝	1. 嵌缝材料种类 2. 止水带材料种类 3. 盖缝材料 4. 防护材料种类	m	按设计图示以长度计算	1. 清缝 2. 填塞防水材料 3. 止水带安装 4. 盖缝制作、安装 5. 刷防护材料

1. 瓦、型材及其他屋面(010901001～010901005)

瓦、型材及其他屋面包括瓦屋面、型材屋面、阳光板屋面、玻璃钢屋面和膜结构屋面5个子目项。

(1)瓦屋面(010901001)。瓦屋面工程量计算规则均为：按设计图示尺寸以斜面积计算。不扣除房上烟囱、风帽底座、风道、小气窗、斜沟等所占面积，小气窗的出檐部分不增加面积，计量单位为 m^2。

当瓦屋面铺设防水层时，在项目特征中要描述粘结层砂浆的配合比，并且需要按照J.2屋面防水及其他中相关项目编码列项。

(2)型材屋面(010901002)、阳光板屋面(010901003)、玻璃钢屋面(010901004)。型材屋面、阳光板屋面、玻璃钢屋面的柱、梁、屋架，需要按照《计算规范》附录F金属结构工程和附录G木结构工程中相关项目编码列项。

(3)膜结构屋面(010701005)。膜结构屋面的工程量计算规则是按设计图示尺寸以需要覆盖的水平投影面积计算，计量单位为 m^2。

2. 屋面防水及其他(010902001～010902005)

屋面防水及其他包括屋面卷材防水，屋面涂膜防水，屋面刚性层，屋面排水管，层面排(透)气管，屋面(廊、阳台)泄(吐)水管，屋面天沟、檐沟和屋面变形缝8个子目项。

(1)屋面卷材防水(010902001)、屋面涂膜防水(010902002)的工程量计算规则均是按设计图示尺寸以面积计算，斜屋顶按斜面积计算，平屋顶按水平投影面积计算；不扣除房上烟囱、风帽底座、风道、屋面小气窗和斜沟所占面积；屋面的女儿墙、伸缩缝和天窗等处的弯起部分，并入屋面工程量，计量单位为 m^2。

(2)屋面刚性层(010902003)的工程量计算规则为：按设计图示尺寸以面积计算。不扣除房上烟囱、风帽底座、风道等所占面积，计量单位为 m^2。

屋面防水搭接及附加层(图4.10.1)用量不另行计算，在综合单价中考虑。

(3)屋面排水管(010902004)的工程量是按设计图示尺寸以长度计算。如设计未标注尺寸，以檐口至设计室外散水上表面垂直距离计算；计量单位为 m。

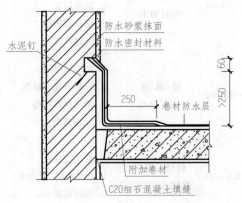

图 4.10.1 屋面防水示意图

(4)屋面天沟、檐沟(010902007)的工程量要按设计图示尺寸以展开面积计算,计量单位为 m^2。

例 4-17 某建筑物轴线尺寸为 50 m×16 m,墙厚 240 mm,四周女儿墙,无挑檐。屋面做法:水泥珍珠岩保温层,最薄处 60 mm,屋面坡度 $i=1.5\%$,1∶3 水泥砂浆找平层 15 mm 厚,刷冷底子油一道,二毡三油防水层,弯起 250 mm。试编制此建筑的防水工程量清单。

解: 由于屋面坡度 $i=1.5\%$,小于 1/30,因此按平屋面防水计算。

(1)平面防水面积:$S=(50-0.24)\times(16-0.24)=784.22(m^2)$

(2)上卷面积:$S=[(50-0.24)+(16-0.24)]\times2\times0.25=32.76(m^2)$

由于冷底子油已包括在定额内容中,不另计算。

(3)因此防水工程量:$S=784.22+32.76=816.98(m^2)$

根据计算结果,列出此建筑物的防水工程量清单见表 4.10.5。

表 4.10.5 某建筑防水工程量清单

序号	项目编码	项目名称	项目特征	计量单位	工程数量
1	010902001001	屋面卷材防水	1. 水泥珍珠岩保温层,最薄处 60 mm,屋面坡度 $i=1.5\%$; 2. 1∶3 水泥砂浆找平层 15 mm 厚,刷冷底子油一道,二毡三油防水层,弯起 250 mm	m^2	816.98

3. 墙面防水、防潮(010903001～010903004)

墙面防水、防潮包括墙面卷材防水、墙面涂膜防水、墙面砂浆防水(防潮)和墙面变形缝 4 个子目项。

(1)墙面卷材防水(010903001)、墙面涂膜防水(010903002)和墙面砂浆防水(防潮)(010903003)的工程量要求按设计图示尺寸以面积计算。地面防水要按主墙间净空面积计算,扣除凸出地面的构筑物、设备基础等所占面积,不扣除间壁墙及单个 0.3 m^2 以内的柱、垛、烟囱和孔洞所占面积;计算墙基防水时,要用外墙按中心线、内墙按净长乘以宽度计算,计量单位为 m^2。

(2)墙面做找平层时,要按《计算规范》附录 M 墙、柱面装饰与隔断工程中的"立面砂浆找平层"项目编码列项;墙面做防水搭接及附加层时,其发生的用量不另行计算,在综合单价中考虑。

(3)墙面变形缝(010903004)的工程量按设计图示以长度计算,计量单位为 m。墙面变形缝,若做双面,工程量要乘以 2。

4. 楼(地)面防水、防潮(010904001～010904004)

楼(地)面防水、防潮包括楼(地)面卷材防水、楼(地)面涂膜防水、楼(地)面砂浆防水(防潮)和楼(地)面变形缝 4 个子目项。

(1)楼(地)面卷材防水(010904001)、楼(地)面涂膜防水(010904002)和楼(地)面砂浆防水(防潮)(010904003)的工程量均按设计图示尺寸以面积计算。

1)按主墙间净空面积计算,扣除凸出地面的构筑物、设备基础等所占面积,不扣除间壁墙及单个面积≤0.3 m² 柱、垛、烟囱和孔洞所占面积。

2)楼(地)面防水反边高度≤300 mm算作地面防水,反边高度>300 mm算作墙面防水。

3)楼(地)面防水搭接及附加层用量不单独计算,在综合单价中考虑。

(2)楼(地)面变形缝(010904004)按设计图示以长度计算。

4.11 保温、隔热、防腐工程

4.11.1 保温、隔热、防腐工程基本知识

1. 保温

保温通常是指围护结构(包括屋顶、外墙、门窗等)在冬季阻止由室内向室外传热,夏季由外至内传热,从而使室内保持适当温度的能力。

常用的保温材料主要有:泡沫塑料、矿物棉制品、泡沫玻璃、膨胀珍珠岩绝热制品、胶粉 EPS 颗粒保温浆料、矿物喷涂棉、发泡水泥保温制品等。

2. 隔热

隔热是指砌筑墙体的材料或制品在夏季阻止热量传入,保持室温稳定的能力。一般是指围护结构在夏季隔离太阳辐射热和室外高温的影响,从而达到使其内部空间保持适当温度的目的。

隔热材料分类:

(1)按照其作用方式分为多孔材料和热反射材料两类,前者利用材料本身所含的孔隙隔热,因为空隙内的空气或惰性气体的导热系数很低,如泡沫材料、纤维材料等;后一种材料具有很高的反射系数,能将热量反射出去,如金、银、镍、铝箔或镀金属的聚酯、聚酰亚胺薄膜等。

(2)按照材质分类,可分为无机绝热材料、有机绝热材料和金属绝热材料三大类。

(3)按形态分类,可分为纤维状、微孔状、气泡状和层状等。

3. 防腐

防腐就是通过采取各种手段保护容易锈蚀的金属物品,达到延长其使用寿命的目的。通常采用物理防腐、化学防腐、电化学防腐等方法。常用防腐材料主要有:高氯化聚乙烯防腐涂料、氯磺化聚乙烯防腐涂料、有机硅耐高温防腐涂料、环氧防腐涂料、氯化橡胶涂料、聚氨酯防腐涂料、氟树脂涂料等。

4.11.2 保温、隔热、防腐工程工程量计算规则及示例 ▶▶▶

在《计算规范》中，保温、隔热、防腐工程包括保温、隔热，防腐面层和其他防腐3部分内容。示例见表4.11.1~表4.11.3。

表4.11.1 保温、隔热(编码：011001)

项目编码	项目名称	项目特征	计量单位	工程量计算规则	工作内容
011001001	保温隔热屋面	1. 保温隔热材料品种、规格、厚度 2. 隔气层材料品种、厚度 3. 粘结材料种类、做法 4. 防护材料种类、做法		按设计图示尺寸以面积计算。扣除面积>0.3 m²孔洞及占位面积	1. 基层清理 2. 刷粘结材料 3. 铺粘保温层 4. 铺、刷(喷)防护材料
011001002	保温隔热天棚	1. 保温隔热面层材料种、规格、性能 2. 保温隔热材料品种、规格及厚度 3. 粘结材料种类及做法 4. 防护材料种类及做法		按设计图示尺寸以面积计算。扣除面积>0.3 m²上柱、垛、孔洞所占面积，与天棚相连的梁按展开面积，并入天棚工程量内计算	
011001003	保温隔热墙面	1. 保温隔热部位 2. 保温隔热方式 3. 踢脚线、勒脚线保温做法		按设计图示尺寸以面积计算。扣除门窗洞口以及面积>0.3 m²梁、孔洞所占面积；门窗洞口侧以及与墙相连的柱，并入保温墙体工程量内	1. 基层清理 2. 刷界面剂 3. 安装龙骨 4. 填贴保温材料 5. 保温板安装 6. 粘贴面层 7. 铺设增强格网、抹抗裂、防水砂浆面层 8. 嵌缝 9. 铺、刷(喷)防护材料
011001004	保温柱、梁	4. 龙骨材料品种、规格 5. 保温隔热面层材料品种、规格、性能 6. 保温隔热材料品种、规格及厚度 7. 增强网及抗裂防水砂浆种类 8. 粘结材料种类及做法 9. 防护材料种类及做法	m²	按设计图示以面积计算。 1. 柱按设计图示柱断面保温层中心线展开长度乘保温层高度以面积计算，扣除面积>0.3 m²梁所占面积 2. 梁按设计图示梁断面保温层中心线展开长度乘保温长度以面积计算	
011001005	保温隔热楼地面	1. 保温隔热部位 2. 保温隔热材料品种、规格、厚度 3. 隔气层材料品种、厚度 4. 粘结材料种类、做法 5. 防护材料种类、做法		按设计图示尺寸以面积计算。扣除面积>0.3 m²柱、垛、孔洞所占面积	1. 基层清理 2. 刷粘结材料 3. 铺粘保温层 4. 铺、刷(喷)防护材料
011001006	其他保温隔热	1. 保温隔热部位 2. 保温隔热方式 3. 隔气层材料品种、厚度 4. 保温隔热面层材料品种、规格、性能 5. 保温隔热材料品种、规格及厚度 6. 粘结材料种类及做法 7. 增强网及抗裂防水砂浆种类 8. 防护材料种类及做法		按设计图示尺寸以展开面积计算。扣除面积>0.3 m²孔洞及占位面积	1. 基层清理 2. 刷界面剂 3. 安装龙骨 4. 填贴保温材料 5. 保温板安装 6. 粘贴面层 7. 铺设增强格网、抹抗裂防水砂浆面层 8. 嵌缝 9. 铺、刷(喷)防护材料

表 4.11.2　防腐面层(编码：011002)

项目编码	项目名称	项目特征	计量单位	工程量计算规则	工作内容
011002001	防腐混凝土面层	1. 防腐部位 2. 面层厚度 3. 混凝土种类 4. 胶泥种类、配合比	m²	按设计图示尺寸以面积计算。 　1. 平面防腐：扣除凸出地面的构筑物、设备基础等以及面积＞0.3 m² 孔洞、柱、垛所占面积 　2. 立面防腐：扣除门、窗、洞口以及面积＞0.3 m² 孔洞、梁所占面积，门、窗、洞口侧壁、垛突出部分按展开面积并入墙面积内	1. 基层清理 2. 基层刷稀胶泥 3. 混凝土制作、运输、摊铺、养护
011002002	防腐砂浆面层	1. 防腐部位 2. 面层厚度 3. 砂浆、胶泥种类、配合比			
011002003	防腐胶泥面层	1. 防腐部位 2. 面层厚度 3. 胶泥种类、配合比			
011002004	玻璃钢防腐面层	1. 防腐部位 2. 玻璃钢种类 3. 贴布材料的种类、层数 4. 面层材料品种			
011002005	聚氯乙烯板面层	1. 防腐部位 2. 面层材料品种、厚度 3. 粘结材料种类			
011002006	块料防腐面层	1. 防腐部位 2. 块料品种、规格 3. 粘结材料种类 4. 勾缝材料种类			
011002007	池、槽块料防腐面层	1. 防腐池、槽名称、代号 2. 块料品种、规格 3. 粘结材料种类 4. 勾缝材料种类		按设计图示尺寸以展开面积计算	1. 基层清理 2. 铺贴块料 3. 胶泥调制、勾缝

表 4.11.3　其他防腐(编码：011003)

项目编码	项目名称	项目特征	计量单位	工程量计算规则	工作内容
011003001	隔离层	1. 隔离层部位 2. 隔离层材料品种 3. 隔离层做法 4. 粘贴材料种类	m²	按设计图示尺寸以面积计算。 　1. 平面防腐：扣除凸出地面的构筑物、设备基础等以及面积＞0.3 m² 孔洞、柱、垛所占面积 　2. 立面防腐：扣除门、窗、洞口以及面积＞0.3 m² 孔洞、梁所占面积，门、窗、洞口侧壁、垛突出部分按展开面积并入墙面积内	1. 基层清理、刷油 2. 煮沥青 3. 胶泥调制 4. 隔离层铺设
011003002	砌筑沥青浸渍砖	1. 砌筑部位 2. 浸渍砖规格 3. 胶泥种类 4. 浸渍砖砌法	m³	按设计图示尺寸以体积计算	1. 基层清理 2. 胶泥调制 3. 浸渍砖铺砌

续表

项目编码	项目名称	项目特征	计量单位	工程量计算规则	工作内容
011003003	防腐涂料	1. 涂刷部位 2. 基层材料类型 3. 刮腻子的种类、遍数 4. 涂料品种、刷涂遍数	m²	按设计图示尺寸以面积计算。 1. 平面防腐：扣除凸出地面的构筑物、设备基础等以及面积＞0.3 m² 孔洞、柱、垛所占面积 2. 立面防腐：扣除门、窗、洞口以及面积＞0.3 m² 孔洞、梁所占面积，门、窗、洞口侧壁、垛突出部分按展开面积并入墙面积内	1. 基层清理 2. 刮腻子 3. 刷涂料

1. 保温、隔热(011001001～011001006)

保温、隔热工程包括保温隔热屋面，保温隔热天棚，保温隔热墙面，保温柱、梁，保温隔热楼地面和其他保温隔热6个子目项。

(1)保温隔热屋面(011001001)项目适用于各种材料的屋面保温隔热。工程量计算规则为：按设计图示尺寸以面积计算，扣除面积＞0.3 m² 孔洞及占位面积。

(2)保温隔热天棚(011001002)项目适用于各种材料的下贴式或吊顶上搁置式的保温隔热，柱帽保温隔热应并入天棚保温隔热工程量内。工程量计算规则为：按设计图示尺寸以面积计算，扣除面积＞0.3 m² 上柱、垛、孔洞所占面积；计量单位为 m²。

(3)保温隔热墙(011001003)项目适用于工业与民用建筑物外墙、内墙保温隔热工程；工程量计算规则为：按设计图示尺寸以面积计算。扣除门窗洞口所占面积以及面积＞0.3 m² 梁、孔洞所占面积；门窗洞口侧壁需做保温时，并入保温墙体工程量内，计量单位为 m²。

(4)保温柱、梁(011001004)项目工程量计算规则为：按设计图示尺寸以面积计算，计量单位为 m²。

1)柱按设计图示柱断面保温层中心线展开长度乘保温层高度以面积计算，扣除面积＞0.3 m² 梁所占面积。

2)梁按设计图示梁断面保温层中心线展开长度乘保温层长度以面积计算。

(5)池槽保温隔热应列入其他保温隔热(011001006)项目。

(6)项目特征中的保温隔热方式是指采用内保温、外保温或夹心保温等。

2. 防腐面层(011002001～011002007)

防腐面层包括防腐混凝土面层、防腐砂浆面层、防腐胶泥面层、玻璃钢防腐面层、聚氯乙烯板面层、块料防腐面层和池、槽块料防腐面层7个子目项。

防腐面层的工程量按设计图示尺寸以面积计算。对平面防腐应扣除凸出地面的构筑物、设备基础等以及面积＞0.3 m² 孔洞、柱、垛等所占面积，门洞、空圈、暖气包槽、壁龛的开口部分不增加面积；对立面防腐应扣除门、窗、洞口以及面积＞0.3 m² 孔洞、梁所占面积，门、窗、洞口侧壁、垛突出部分按展开面积并入墙面积内，计量单位为 m²。

3. 其他防腐(011003001～011003003)

其他防腐包括隔离层、砌筑沥青浸渍砖和防腐涂料3个子目项。

(1)隔离层(011003001)项目的工程量按设计图示尺寸以面积计算。对平面防腐应扣除凸出地面的构筑物、设备基础等以及面积>0.3 m² 孔洞、柱、垛等所占面积，门洞、空圈、暖气包槽、壁龛的开口部分不增加面积；对立面防腐应扣除门、窗、洞口以及面积>0.3 m² 孔洞、梁所占面积，门、窗、洞口侧壁、垛突出部分按展开面积并入墙面积内，计量单位为 m²。

(2)砌筑沥青浸渍砖(011003002)项目适用于浸渍标准砖；工程量是按设计图示尺寸以体积计算，计量单位为 m³。

(3)防腐涂料(011003003)项目适用于建筑物、构筑物以及钢结构的防腐。工程量按设计图示尺寸以面积计算。对平面防腐应扣除凸出地面的构筑物、设备基础等以及面积>0.3 m²孔洞、柱、垛等所占面积，门洞、空圈、暖气包槽、壁龛的开口部分不增加面积；对立面防腐应扣除门、窗、洞口以及面积>0.3 m² 孔洞、梁所占面积，门、窗、洞口侧壁、垛突出部分按展开面积并入墙面积内，计量单位为 m²。

例 4-18 试编制图 4.11.1 所示屋面工程的工程量清单。

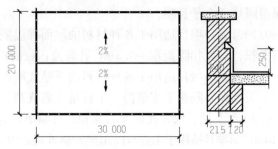

图 4.11.1 屋顶平面及节点示意图

已知屋面做法：①15 mm 厚 1:2.5 水泥砂浆找平层；②冷底子油二道，一毡二油隔气层；③干铺炉渣，最薄处厚度为 30 mm；④60 mm 厚聚苯乙烯泡沫塑料板；⑤20 mm 厚 1:3 水泥砂浆找平层；⑥SBS 改性沥青防水卷材。

解：(1)屋面卷材防水的工程量

$$S = 屋顶水平投影面积 + 女儿墙弯起部分面积$$
$$= 30 \times 20 + (30 + 20) \times 2 \times 0.25 = 625(\text{m}^2)$$

(2)保温隔热屋面的工程量：$S = 30 \times 20 = 600(\text{m}^2)$

则该屋面工程的工程量清单见表 4.11.4。

表 4.11.4 某屋面工程量清单

序号	项目编码	项目名称	项目特征	计量单位	工程数量
1	010902001001	屋面卷材防水	1. 15 mm 厚 1:2.5 水泥砂浆找平层； 2. 冷底子油二道，一毡二油隔气层； 3. 20 mm 厚 1:3 水泥砂浆找平层； 4. SBS 改性沥青防水卷材	m²	625
2	011001001001	保温隔热屋面	1. 干铺炉渣，最薄处厚度为 30 mm； 2. 60 mm 厚聚苯乙烯泡沫塑料板	m²	600

4.12 楼地面装饰工程

 4.12.1 楼地面装饰工程基本知识

🔍 1. 整体面层

整体面层是指在较大面积范围内，一次浇筑同种材料而成的楼地面面层。整体面层根据材料种类不同分为水泥砂浆楼地面、细石混凝土楼地面、菱苦土楼地面、现浇水磨石楼地面和自流坪楼地面。2008《辽宁省建筑工程计价定额》和装饰装修计价定额就是这样划分的。

🔍 2. 间壁墙

在《计算规范》中，间壁墙统一指墙厚≤120 mm 的墙。

🔍 3. 零星装饰项目适用范围

楼地面装饰工程中的零星装饰项目适用于楼梯侧边、台阶的牵边、小便池、蹲台、池槽以及面积在 0.5 m² 以内少量分散的楼地面装饰工程。

 4.12.2 楼地面装饰工程工程量计算规则及示例

在《计算规范》中，楼地面装饰工程包括整体面层及找平层、块料面层、橡塑面层、其他材料面层、踢脚线、楼梯面层、台阶装饰和零星装饰项目 8 部分内容。示例见表 4.12.1 ～表 4.12.8。

表 4.12.1 整体面层及找平层(编码:011101)

项目编码	项目名称	项目特征	计量单位	工程量计算规则	工作内容
011101001	水泥砂浆楼地面	1. 找平层厚度、砂浆配合比 2. 素水泥浆遍数 3. 面层厚度、砂浆配合比 4. 面层做法要求	m²	按设计图示尺寸以面积计算。扣除凸出地面构筑物、设备基础、室内铁道、地沟等所占面积，不扣除间壁墙及≤0.3 m² 柱、垛、附墙烟囱及孔洞所占面积。门洞、空圈、暖气包槽、壁龛的开口部分不增加面积	1. 基层清理 2. 抹找平层 3. 抹面层 4. 材料运输
011101002	现浇水磨石楼地面	1. 找平层厚度、砂浆配合比 2. 面层厚度、水泥石子浆配合比 3. 嵌条材料种类、规格 4. 石子种类、规格、颜色 5. 颜料种类、颜色 6. 图案要求 7. 磨光、酸洗、打蜡要求			1. 基层清理 2. 抹找平层 3. 面层铺设 4. 嵌缝条安装 5. 磨光、酸洗打蜡 6. 材料运输

续表

项目编码	项目名称	项目特征	计量单位	工程量计算规则	工作内容
020101003	细石混凝土楼地面	1. 找平层厚度、砂浆配合比 2. 面层厚度、混凝土强度等级	m²	按设计图示尺寸以面积计算。扣除凸出地面构筑物、设备基础、室内铁道、地沟等所占面积，不扣除间壁墙及≤0.3 m² 柱、垛、附墙烟囱及孔洞所占面积。门洞、空圈、暖气包槽、壁龛的开口部分不增加面积	1. 基层清理 2. 抹找平层 3. 面层铺设 4. 材料运输
020101004	菱苦土楼地面	1. 找平层厚度、砂浆配合比 2. 面层厚度； 3. 打蜡要求			1. 基层清理 2. 抹找平层 3. 面层铺设 4. 打蜡 5. 材料运输
011101005	自流坪楼地面	1. 找平层砂浆配合比、厚度 2. 界面剂材料种类 3. 中层漆材料种类、厚度 4. 面漆材料种类、厚度 6. 面层材料种类			1. 基层处理 2. 抹找平层 3. 涂界面剂 4. 涂刷中层漆 5. 打磨、吸尘 6. 镘自流平面漆(浆) 7. 拌和自流平浆料 8. 铺面层
011101006	平面砂浆找平层	找平层厚度、砂浆配合比		按设计图示尺寸以面积计算	1. 基层清理 2. 抹找平层 3. 材料运输

表 4.12.2　块料面层(编码：011102)

项目编码	项目名称	项目特征	计量单位	工程量计算规则	工作内容
011102001	石材楼地面	1. 找平层厚度、砂浆配合比 2. 结合层厚度、砂浆配合比 3. 面层材料品种、规格、颜色 4. 嵌缝材料种类 5. 防护层材料种类 6. 酸洗、打蜡要求	m²	按设计图示尺寸以面积计算。门洞、空圈、暖气包槽、壁龛的开口部分并入相应的工程量内	1. 基层清理 2. 抹找平层 3. 面层铺设、磨边 4. 嵌缝 5. 刷防护材料 6. 酸洗、打蜡 7. 材料运输
011102002	碎石材楼地面				
011102003	块料楼地面				

表 4.12.3　橡塑面层(编码：011103)

项目编码	项目名称	项目特征	计量单位	工程量计算规则	工作内容
011103001	橡胶板楼地面	1. 粘结层厚度、材料种类 2. 面层材料品种、规格、颜色 3. 压线条种类	m²	按设计图示尺寸以面积计算。门洞、空圈、暖气包槽、壁龛的开口部分并入相应的工程量内	1. 基层清理 2. 面层铺贴 3. 压缝条装钉 4. 材料运输
011103002	橡胶板卷材楼地面				
011103003	塑料板楼地面				
011103004	塑料卷材楼地面				

表4.12.4 其他材料面层(编码：011104)

项目编码	项目名称	项目特征	计量单位	工程量计算规则	工作内容
011104001	地毯楼地面	1. 面层材料品种、规格、颜色 2. 防护材料种类 3. 粘结材料种类 4. 压线条种类	m²	按设计图示尺寸以面积计算。门洞、空圈、暖气包槽、壁龛的开口部分并入相应的工程量内	1. 基层清理 2. 铺贴面层 3. 刷防护材料 4. 装钉压条 5. 材料运输
011104002	竹、木(复合)地板	1. 龙骨材料种类、规格、铺设间距 2. 基层材料种类、规格 3. 面层材料品种、规格、颜色 4. 防护材料种类			1. 清理基层 2. 龙骨铺设 3. 基层铺设 4. 面层铺贴 5. 刷防护材料 6. 材料运输
011104003	金属复合地板				
011104004	防静电活动地板	1. 支架高度、材料种类 2. 面层材料品种、规格、颜色 3. 防护材料种类			1. 清理基层 2. 固定支架安装 3. 活动面层安装 4. 刷防护材料 5. 材料运输

表4.12.5 踢脚线(编码：011105)

项目编码	项目名称	项目特征	计量单位	工程量计算规则	工作内容
011105001	水泥砂浆踢脚线	1. 踢脚线高度 2. 底层厚度、砂浆配合比 3. 面层厚度、砂浆配合比	1. m² 2. m	1. 以平方米计量，按设计图示长度乘高度以面积计算 2. 以米计量，按延长米计算	1. 基层清理 2. 底层和面层抹灰 3. 材料运输
011105002	石材踢脚线	1. 踢脚线高度 2. 粘贴层厚度、材料种类 3. 防面层材料品种、规格、颜色 4. 防护材料种类			1. 基层清理 2. 底层抹灰 3. 面层铺贴、磨边 4. 擦缝 5. 磨光、酸洗、打蜡 6. 刷防护材料 7. 材料运输
011105003	块料踢脚线				
011105004	塑料板踢脚线	1. 踢脚线高度 2. 粘贴层厚度、材料种类 3. 面层材料种类、规格、颜色	1. m² 2. m	1. 以平方米计量，按设计示长度乘高度以面积计算 2. 以来计量，按延长来计算	1. 基层清理 2. 基层铺贴 3. 面层铺贴 4. 材料运输
011105005	木质踢脚线	1. 踢脚线高度 2. 基层材料种类、规格 3. 面层材料品种、规格、颜色			
011105006	金属踢脚线				
011105007	防静电踢脚线				

表 4.12.6　楼梯面层(编码：011106)

项目编码	项目名称	项目特征	计量单位	工程量计算规则	工作内容
011106001	石材楼梯面层	1. 找平层厚度、砂浆配合比 2. 粘结层厚度、材料种类 3. 面层材料品种、规格、颜色 4. 防滑条材料种类、规格 5. 勾缝材料种类 6. 防护材料种类 7. 酸洗、打蜡要求	m²	按设计图示尺寸以楼梯(包括踏步、休息平台及≤500 mm的楼梯井)水平投影面积计算。楼梯与楼地面相连时，算至梯口梁内侧边沿；无梯口梁者，算至最上一层踏步边沿加300 mm	1. 基层清理 2. 抹找平层 3. 面层铺贴、磨边 4. 贴嵌防滑条 5. 勾缝 6. 刷防护材料 7. 酸洗、打蜡 8. 材料运输
011106002	块料楼梯面层				
011106003	拼碎块料面层				
011106004	水泥砂浆楼梯面层	1. 找平层厚度、砂浆配合比 2. 面层厚度、砂浆配合比 3. 防滑条材料种类、规格			1. 基层清理 2. 抹找平层 3. 抹面层 4. 抹防滑条 5. 材料运输
011106005	现浇水磨石楼梯面层	1. 找平层厚度、砂浆配合比 2. 面层厚度、水泥石子浆配合比 3. 防滑条材料种类、规格 4. 石子种类、规格、颜色 5. 颜料种类、颜色 6. 磨光、酸洗、打蜡要求			1. 基层清理 2. 抹找平层 3. 抹面层 4. 贴嵌防滑条 5. 磨光、酸洗、打蜡 6. 材料运输
011106006	地毯楼梯面层	1. 基层种类 2. 面层材料品种、规格、颜色 3. 防护材料种类 4. 粘贴材料种类 5. 固定配件材料种类、规格		按设计图示尺寸以楼梯(包括踏步、休息平台及≤500 mm的楼梯井)水平投影面积计算。楼梯与楼地面相连时，算至梯口梁内侧边沿；无梯口梁者，算至最上一层踏步边沿加300 mm	1. 基层清理 2. 铺贴面层 3. 固定配件安装 4. 刷防护材料 5. 材料运输
011106007	木板楼梯面层	1. 基层材料种类、规格 2. 面层材料品种、规格、颜色 3. 粘贴材料种类 4. 防护材料种类			1. 基层清理 2. 基层铺贴 3. 面层铺贴 4. 刷防护材料 5. 材料运输
011106008	橡胶板楼梯面层	1. 粘贴层厚度、材料种类 2. 面层材料品种、规格、颜色 3. 压线条种类			1. 基层清理 2. 面层铺贴 3. 压缝条装钉 4. 材料运输
011106009	塑料板楼梯面层				

表 4.12.7　台阶装饰(编码：011107)

项目编码	项目名称	项目特征	计量单位	工程量计算规则	工作内容
011107001	石材台阶面	1. 找平层厚度、砂浆配合比 2. 粘结层材料种类 3. 面层材料品种、规格、颜色 4. 勾缝材料种类 5. 防滑条材料种类、规格 6. 防护材料种类	m²	按设计图示尺寸以台阶(包括最上层踏步边沿加300 mm)水平投影面积计算	1. 基层清理 2. 抹找平层 3. 面层铺贴 4. 贴嵌防滑条 5. 勾缝 6. 刷防护材料 7. 材料运输
011107002	块料台阶面				
011107003	拼碎块料台阶面				
011107004	水泥砂浆台阶面	1. 找平层厚度、砂浆配合比 2. 面层厚度、砂浆配合比 3. 防滑条材料种类			1. 基层清理 2. 抹找平层 3. 抹面层 4. 抹防滑条 5. 材料运输
011107005	现浇水磨石台阶面	1. 找平层厚度、砂浆配合比 2. 面层厚度、水泥石子浆配合比 3. 防滑条材料种类、规格 4. 石子种类、规格、颜色 5. 颜料种类、颜色 6. 磨光、酸洗、打蜡要求			1. 清理基层 2. 抹找平层 3. 抹面层 4. 贴嵌防滑条 5. 打磨、酸洗、打蜡 6. 材料运输
011107006	剁假石台阶面	1. 找平层厚度、砂浆配合比 2. 面层厚度、砂浆配合比 3. 剁假石要求			1. 清理基层 2. 抹找平层 3. 抹面层 4. 剁假石 5. 材料运输

表 4.12.8　零星装饰项目(编码：011108)

项目编码	项目名称	项目特征	计量单位	工程量计算规则	工作内容
011108001	石材零星项目	1. 工程部位 2. 找平层厚度、砂浆配合比 3. 贴结合层厚度、材料种类 4. 面层材料品种、规格、颜色 5. 勾缝材料种类 6. 防护材料种类 7. 酸洗、打蜡要求	m²	按设计图示尺寸以面积计算	1. 清理基层 2. 抹找平层 3. 面层铺贴、磨边 4. 勾缝 5. 刷防护材料 6. 酸洗、打蜡 7. 材料运输
011108002	拼碎石材零星项目				
011108003	块料零星项目				
011108004	水泥砂浆零星项目	1. 工程部位 2. 找平层厚度、砂浆配合比 3. 面层厚度、砂浆厚度			1. 清理基层 2. 抹找平层 3. 抹面层 4. 材料运输

🔧 1. 整体面层及找平层(011101001~011101006)

整体面层及找平层包括水泥砂浆楼地面、现浇水磨石楼地面、细石混凝土楼地面、菱苦土楼地面、自流坪楼地面和平面砂浆找平层6个子目项。

(1)水泥砂浆楼地面(011101001)中特征的描述中的面层处理指的是拉毛或提浆压光，要求在面层做法中明确。

(2)2008《辽宁省建筑工程计价定额》和装饰装修计价定额中的整体面层包括了水泥砂浆楼地面、现浇水磨石楼地面、细石混凝土楼地面、菱苦土楼地面和自流坪楼地面。

(3)平面砂浆找平层只适用于仅做找平层的平面抹灰。

例4-19 某建筑平面图如图4.12.1所示，室内地面为普通水磨石面层，普通水磨石踢脚线。M—1(门宽4.5 m)外台阶长度为7 m，M—2的宽为1.0 m。室外散水为C10混凝土，宽800 mm，厚80 mm。内墙240 mm，外墙360 mm，轴线居中。试计算普通水磨石面层的工程量。

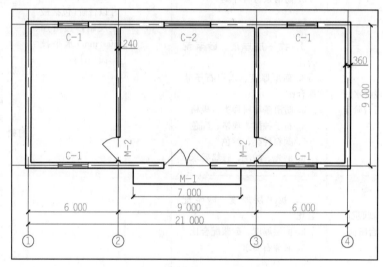

图4.12.1 某建筑平面图

解： 普通水磨石楼地面清单工程量按设计图示尺寸以面积计算，不扣除≤0.3 m² 以内的垛及孔洞所占面积，门洞开口部分不增加面积。

则 $S=(9-0.36)\times(21-0.36-0.24\times2)=174.18(\text{m}^2)$

例4-20 某化验室平面如图4.12.2所示，内外墙均为240 mm，轴线居中，2个房门为900 mm×2100 mm。地面做法为：20 mm厚1:2水泥砂浆抹面压实磨光；刷素水泥浆结合层一道；60 mm厚C20细石混凝土找平层；聚氨酯涂膜防水层1.5~1.8 mm；40 mm厚C20细石混凝土随打随抹平；150 mm厚3:7灰土垫层；素土夯实。试计算水泥砂浆楼地面清单工程量。

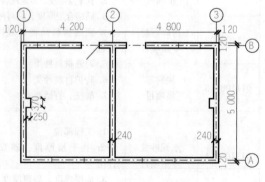

图4.12.2 某化验室平面图

解： 水泥砂浆楼地面清单工程量按设计图示尺寸以面积计算，不扣除≤0.3 m² 的垛所占面积，门洞开口部分不增加面积。

图中墙垛所占面积 $S_1 = 0.25 \times 0.37 = 0.175$ m²≤0.3 m²，故不需扣除，则 $S = (4.2 + 4.8 - 0.12 \times 2 - 0.24) \times (5 - 0.12 \times 2) = 40.56$（m²）

2. 块料面层（011102001～011102003）

块料面层包括石材楼地面、碎石材楼地面和块料楼地面 3 个子目项。

（1）石材楼地面（011102001）、碎石材楼地面（011102002）和块料楼地面（011102003）的工程量按设计图示尺寸以面积计算，门洞、空圈、暖气包槽、壁龛的开口部分并入相应的工程量内。其实质是按实铺面积计算。这里要注意，在同一铺贴面上，有不同种类材质的材料时，要分别计算。

（2）石材、块料的工作内容中的磨边是指施工现场磨边。

3. 橡塑面层、其他材料面层

橡塑面层（011103001～011103004）包括橡胶板楼地面、橡胶板卷材楼地面、塑料板楼地面和塑料卷材楼地面 4 个子目项。

其他材料面层（011104001～011104004）包括地毯楼地面，竹、木（复合）地板，金属复合地板和防静电活动地板 4 个子目项。

这两部分的工程量计算规则均为按设计图示尺寸以面积计算，门洞、空圈、暖气包槽、壁龛的开口部分并入相应的工程量内。即按实际发生的工程量计算。

4. 踢脚线（011105001～011105007）

踢脚线包括水泥砂浆踢脚线、石材踢脚线、块料踢脚线、塑料板踢脚线、塑料板踢脚线、木质踢脚线、金属踢脚线和防静电踢脚线 7 个子目项。

踢脚线也称作踢脚板，是房屋建筑中用以遮盖楼地面与墙面的接缝和保护墙面，以防撞坏或拖洗地面时把墙面弄脏的构件。

踢脚线的工程量可以按设计图示尺寸长度乘以高度以面积计算，也可按延长米计算。

例 4-21 某建筑平面图如图 4.12.1 所示（见例 4-18），室内地面为普通水磨石面层，普通水磨石踢脚线。M-1（门宽 4.5 m）外台阶长度为 7 m，M-2 的宽为 1.0 m。室外散水为 C10 混凝土，宽 800 mm，厚 80 mm。内墙 240 mm，外墙 360 mm，轴线居中。试计算普通水磨石踢脚线的工程量。

解： 普通水磨石踢脚线的清单工程量可按设计图示尺寸以长度计算，根据题意可得：

踢脚线长度 $L = (9 - 0.36) \times 6 - 1.0 \times 4 + 0.24 \times 4 + (9 - 0.24) \times 2 - 4.5$
$\qquad + 0.36 \times 2 + (6 - 0.12 - 0.18) \times 4$
$\qquad = 85.34$（m）

例 4-22 某化验室平面如图 4.12.2 所示（见例 4-19），室内为水泥砂浆地面，踢脚线做法为 1：2 水泥砂浆踢脚线，厚度为 20 mm，高度为 200 mm。其中门洞的平面尺寸为 240 mm×900 mm，试计算水泥砂浆踢脚线的清单工程量。

解 1： 水泥砂浆踢脚线清单工程量可按设计图示尺寸以长度计算。

踢脚线长度 $L = (4.2 - 0.12 \times 2 + 4.8 - 0.12 \times 2) \times 2 - 0.9 \times 2 + (5 - 0.12 \times 2)$

$$\times 4 + 0.25 \times 4 + 0.24 \times 4 = 36.24(\text{m})$$

解 2： 水泥砂浆踢脚线清单工程量可按设计图示长度乘高度以面积计算。

(1)踢脚线长度 $L = 36.24(\text{m})$

(2)踢脚线面积 $S = 36.24 \times 0.2 = 7.25(\text{m}^2)$

5. 楼梯面层（011106001～011106009）

楼梯面层包括石材楼梯面层、块料楼梯面层、拼碎块料面层、水泥砂浆楼梯面层、现浇水磨石楼梯面层、地毯楼梯面层、木板楼梯面层、橡胶板楼梯面层和塑料板楼梯面层 9 个子目项。

楼梯面层的工程量是按设计图示尺寸以楼梯（包括踏步、休息平台及 500 mm 以内的楼梯井）水平投影面积计算。楼梯与楼地面相连时，算至梯口梁内侧边沿；无梯口梁者，算至最上一层踏步边沿加 300 mm。

例 4-23 已知楼梯平面如图 4.12.3 所示，楼梯面层为大理石。试计算楼梯清单工程量。

解： 依据《计算规范》附录 L 的规定，大理石面层的楼梯应该按照块料楼梯面层项目列项。块料楼梯面层清单工程量的计算规则是按设计图示尺寸以楼梯（包括踏步、休息平台及 500 mm 以内的楼梯井）水平投影面积计算。

图 4.12.3 中，楼梯井宽＝600 mm＞500 mm，所以应扣除楼梯井面积。

则所求 $S = 4 \times 2.5 - 0.6 \times 3 = 8.2(\text{m}^2)$

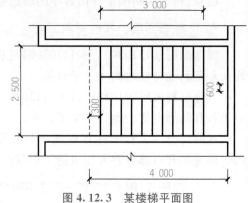

图 4.12.3 某楼梯平面图

6. 台阶装饰（011107001～011107006）

台阶装饰项目包括石材台阶面、块料台阶面、拼碎块料台阶面、水泥砂浆台阶面、现浇水磨石台阶面和剁假石台阶面 6 个子目项。

台阶装饰项目清单工程量按设计图示尺寸以台阶（包括最上层踏步边沿加 300 mm）水平投影面积计算。

当台阶面层与平台面层采用同一种材料时，要特别注意不可重复计算平台面层与台阶面层。如果计算台阶最上一层踏步加 300 mm 时，则平台面积必须扣除这 300 mm 所占面积；如果平台与台阶以平台外沿为分界线，在台阶报价时，最上一步台阶的踢面应考虑在台阶的报价中。

例 4-24 已知某大门口花岗岩台阶如图 4.12.4 所示。试计算此台阶清单工程量。

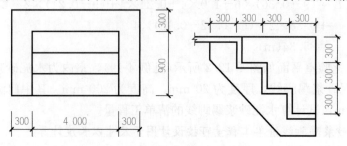

图 4.12.4 花岗岩台阶示意图

解：依据《计算规范》附录 L 的规定，花岗岩台阶应该按照石材台阶面项目列项。石材台阶面清单工程量的计算规则是按设计图示尺寸以台阶（包括最上层踏步边沿加 300 mm）水平投影面积计算。

则题中所求花岗岩台阶的工程量 $S = 4 \times (0.9 + 0.3) = 4.8 (\text{m}^2)$

🔍 7. 零星装饰项目（011108001～011108004）

零星装饰项目包括石材零星项目、碎拼石材零星项目、块料零星项目和水泥砂浆零星项目 4 个子目项。

零星装饰项目清单工程量按设计图示尺寸以面积计算。

例 4-25　如图 4.12.5 所示拖布池，池壁高 500 mm，内外面贴砖，试计算拖布池面贴砖清单工程量。

解：按照《计算规范》附录 L 的规定，拖把池面贴砖清单工程量要按设计图示尺寸以实铺面积计算。

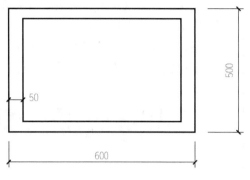

图 4.12.5　拖布池示意图

则贴砖工程量 $S = 0.6 \times 0.5 + [(0.5 + 0.6) \times 2 \times 0.5] + [(0.6 - 0.05 \times 2 + 0.5 - 0.05 \times 2) \times 2 \times 0.5] = 2.3 (\text{m}^2)$

4.13　墙、柱面装饰与隔断、幕墙工程

4.13.1　墙、柱面装饰与隔断、幕墙工程基本知识　▷▷▷

🔍 1. 抹灰分类

（1）一般抹灰：包括抹石灰砂浆、水泥砂浆、混合砂浆、聚合物水泥砂浆、麻刀石灰浆、石膏灰浆等项目。

（2）装饰抹灰：是指水刷石、斩假石、干粘石、假面砖等项目。

（3）零星抹灰项目适用于墙和柱（梁）面≤0.5 m² 的少量分散的抹灰。

🔍 2. 抹灰工程量计算原则

（1）工程量计算规则。墙、柱面抹灰工程量计算规则是按设计图示尺寸以面积计算。扣除墙裙、门窗洞口及单个>0.3 m² 的孔洞面积，不扣除踢脚线、挂镜线和墙与构件交接处的面积，门窗洞口和孔洞的侧壁及顶面的面积也不增加。附墙柱、梁、垛、烟囱的侧壁面积并入相应的墙面面积内。

(2)外墙抹灰面积的计算规则：

1)外墙抹灰面积按外墙垂直投影面积计算。

2)外墙裙抹灰面积按其长度乘以高度计算。

(3)内墙抹灰面积的计算规则：

1)内墙抹灰面积按主墙间的净长乘以高度计算。

①无墙裙的，高度按室内楼地面至天棚底面计算。

②有墙裙的，高度按墙裙顶至天棚底面计算。

③有吊顶天棚抹灰，高度算至天棚底。

2)内墙裙抹灰面按内墙净长乘以高度计算。

4.13.2 墙、柱面装饰与隔断、幕墙工程工程量计算规则及示例 >>>

在《计算规范》中，墙、柱面装饰与隔断、幕墙工程包括墙面抹灰、柱(梁)面抹灰、零星抹灰、墙面块料面层、柱(梁)面镶贴块料、镶贴零星块料、墙饰面、柱(梁)饰面、幕墙工程和隔断 10 部分内容。示例见表 4.13.1～表 4.13.10。

表 4.13.1　墙面抹灰(编码：011201)

项目编码	项目名称	项目特征	计量单位	工程量计算规则	工作内容
011201001	墙面一般抹灰	1. 墙体类型 2. 底层厚度、砂浆配合比 3. 面层厚度、砂浆配合比	m²	按设计图示尺寸以面积计算。扣除墙裙、门窗洞口及单个>0.3 m² 的孔洞面积，不扣除踢脚线、挂镜线和墙与构件交接处的面积，门窗洞口和孔洞的侧壁及顶面不增加面积。附墙柱、梁、垛、烟囱侧壁并入相应的墙面面积内	1. 基层清理 2. 砂浆制作、运输 3. 底层抹灰 4. 抹面层 5. 抹装饰面 6. 勾分格缝
011201002	墙面装饰抹灰	4. 装饰面材料种类 5. 分格缝宽度、材料种类			
011201003	墙面勾缝	1. 勾缝类型 2. 勾缝材料种类		(1)外墙抹灰面积按主墙垂直投影面积计算 (2)外墙裙抹灰面积按其长度乘以高度计算 (3)内墙抹灰面积按主墙间的净长乘以高度计算 1)无墙裙的，高度按室内楼地面至天棚底面计算 2)有墙裙的，高度按墙裙至天棚底面计算 3)有吊顶天棚抹灰，高度算至天棚底 (4)内墙裙抹灰面按内墙净长乘以高度计算	1. 基层清理 2. 砂浆制作、运输 3. 勾缝
011201004	立面砂浆找平层	1. 基础类型 2. 找平层砂浆厚度、配合比			1. 基层清理 2. 砂浆制作、运输 3. 抹灰找平

表 4.13.2 柱(梁)面抹灰(编码：011202)

项目编码	项目名称	项目特征	计量单位	工程量计算规则	工作内容
011202001	柱、梁面一般抹灰	1. 柱(梁)体类型 2. 底层厚度、砂浆配合比 3. 面层厚度、砂浆配合比 4. 装饰面材料种类 5. 分格缝宽度、材料种类	m²	1. 柱面抹灰：按设计图示柱断面周长乘高度以面积计算 2. 梁面抹灰：按设计图示梁断面周长乘长度以面积计算	1. 基层清理 2. 砂浆制作、运输 3. 底层抹灰 4. 抹面层 5. 勾分格缝
011202002	柱、梁面装饰抹灰				
011202003	柱、梁面砂浆找平	1. 柱(梁)体类型 2. 找平的砂浆厚度、配合比			1. 基层清理 2. 砂浆制作、运输 3. 抹灰找平
011202004	柱面勾缝	1. 勾缝类型 2. 勾缝材料种类		按设计图示柱断面周长乘高度以面积计算	1. 基层清理 2. 砂浆制作、运输 3. 勾缝

表 4.13.3 零星抹灰(编码：011203)

项目编码	项目名称	项目特征	计量单位	工程量计算规则	工作内容
011203001	零星项目一般抹灰	1. 墙体类型、部位 2. 底层厚度、砂浆配合比 3. 面层厚度、砂浆配合比 4. 装饰面材料种类 5. 分格缝宽度、材料种类	m²	按设计图示尺寸以面积计算	1. 基层清理 2. 砂浆制作、运输 3. 底层抹灰 4. 抹面层 5. 抹装饰面 6. 勾分格缝
011203002	零星项目装饰抹灰				
011203003	零星项目砂浆找平	1. 基层类型、部位 2. 找平的砂浆厚度、配合比			1. 基层清理 2. 砂浆制作、运输 3. 抹灰找平

表 4.13.4 墙面块料面层(编码：011204)

项目编码	项目名称	项目特征	计量单位	工程量计算规则	工作内容
011204001	石材墙面	1. 墙体类型 2. 安装方式 3. 面层材料品种、规格、颜色 4. 缝宽、嵌缝材料种类 5. 防护材料种类 6. 磨光、酸洗、打蜡要求	m²	按镶贴表面积计算	1. 基层清理 2. 砂浆制作、运输 3. 粘结层铺贴 4. 面层安装 5. 嵌缝 6. 刷防护材料 7. 磨光、酸洗、打蜡
011204002	拼碎石材墙面				
011204003	块料墙面				
011204004	干挂石材钢骨架	1. 骨架种类、规格 2. 防锈漆品种遍数	t	按设计图示以质量计算	1. 骨架制作、运输、安装 2. 刷漆

表 4.13.5 柱(梁)面镶贴块料(编码：011205)

项目编码	项目名称	项目特征	计量单位	工程量计算规则	工作内容
011205001	石材柱面	1. 柱截面类型、尺寸 2. 安装方式 3. 面层材料品种、规格、颜色 4. 缝宽、嵌缝材料种类 5. 防护材料种类 6. 磨光、酸洗、打蜡要求	m²	按镶贴表面积计算	1. 基层清理 2. 砂浆制作、运输 3. 粘结层铺贴 4. 面层安装 5. 嵌缝 6. 刷防护材料 7. 磨光、酸洗、打蜡
011205002	块料柱面				
011205003	拼碎块柱面				
011205004	石材梁面	1. 安装方式 2. 面层材料品种、规格、颜色 3. 缝宽、嵌缝材料种类 4. 防护材料种类 5. 磨光、酸洗、打蜡要求			
011205005	块料梁面				

表 4.13.6 镶贴零星块料(编码：011206)

项目编码	项目名称	项目特征	计量单位	工程量计算规则	工作内容
011206001	石材零星项目	1. 基层类型、部位 2. 安装方式 3. 面层材料品种、规格、颜色 4. 缝宽、嵌缝材料种类 5. 防护材料种类 6. 磨光、酸洗、打蜡要求	m²	按镶贴表面积计算	1. 基层清理 2. 砂浆制作、运输 3. 面层安装 4. 嵌缝 5. 刷防护材料 6. 磨光、酸洗、打蜡
011206002	块料零星项目				
011206003	拼碎块零星项目				

表 4.13.7 墙饰面(编码：011207)

项目编码	项目名称	项目特征	计量单位	工程量计算规则	工作内容
011207001	墙面装饰板	1. 龙骨材料种类、规格、中距 2. 隔离层材料种类、规格 3. 基层材料种类、规格 4. 面层材料品种、规格、颜色 5. 压条材料种类、规格	m²	按设计图示墙净长乘以净高以面积计算。扣除门窗洞口及单个>0.3 m²的孔洞所占面积	1. 基层清理 2. 龙骨制作、运输、安装 3. 钉隔离层 4. 基层铺钉 5. 面层铺贴
011207002	墙面装饰浮雕	1. 基层类型 2. 浮雕材料种类 3. 浮雕样式		按设计图示尺寸以面积计算	1. 基层清理 2. 材料制作、运输 3. 安装成型

表4.13.8　柱(梁)饰面(编码：011208)

项目编码	项目名称	项目特征	计量单位	工程量计算规则	工作内容
011208001	柱(梁)面装饰	1. 龙骨材料种类、规格、中距 2. 隔离层材料种类 3. 基层材料种类、规格 4. 面层材料品种、规格、颜色 5. 压条材料种类、规格	m²	按设计图示饰面外围尺寸以面积计算。柱帽、柱墩并入相应柱饰面工程量内	1. 清理基层 2. 龙骨制作、运输、安装 3. 钉隔离层 4. 基层铺钉 5. 面层铺贴
011208002	成品装饰柱	1. 柱截面、高度尺寸 2. 柱材质	1. 根 2. m	1. 以根计量，按设计数量计算 2. 以m计量，按设计长度计算	柱运输、固定、安装

表4.13.9　幕墙工程(编码：011209)

项目编码	项目名称	项目特征	计量单位	工程量计算规则	工作内容
011209001	带骨架幕墙	1. 骨架材料种类、规格、中距 2. 面层材料品种、规格、颜色 3. 面层固定方式 4. 隔离带、框边封闭材料品种、规格 5. 嵌缝、塞口材料种类	m²	按设计图示框外围尺寸以面积计算。与幕墙同种材质的窗所占面积不扣除	1. 骨架制作、运输、安装 2. 面层安装 3. 隔离带、框边封闭 4. 嵌缝、塞口 5. 清洗
011209002	全玻(无框玻璃)幕墙	1. 玻璃品种、规格、颜色 2. 粘结塞口材料种类 3. 固定方式		按设计图示尺寸以面积计算。带肋全玻幕墙按展开面积计算	1. 幕墙安装 2. 嵌缝、塞口 3. 清洗

表4.13.10　隔断(编码：011210)

项目编码	项目名称	项目特征	计量单位	工程量计算规则	工作内容
011210001	木隔断	1. 骨架、边框材料种类、规格 2. 隔板材料品种、规格、颜色 3. 嵌缝、塞口材料品种 4. 压条材料种类	m²	按设计图示框外围尺寸以面积计算。不扣除单个≤0.3 m²的孔洞所占面积；浴厕门的材质与隔断相同时，门的面积并入隔断面积内	1. 骨架及边框制作、运输、安装 2. 隔板制作、运输、安装 3. 嵌缝、塞口 4. 装钉压条
011210002	金属隔断	1. 骨架、边框材料种类、规格 2. 隔板材料品种、规格、颜色 3. 嵌缝、塞口材料品种			1. 骨架及边框制作、运输、安装 2. 隔板制作、运输、安装 3. 嵌缝、塞口
011210003	玻璃隔断	1. 边框材料种类、规格 2. 玻璃品种、规格、颜色 3. 嵌缝、塞口材料品种		按设计图示框外围尺寸以面积计算。扣除单个≤0.3 m²以上的孔洞所占面积	
011210004	塑料隔断	1. 边框材料种类、规格 2. 隔板材料品种、规格、颜色 3. 嵌缝、塞口材料品种			

续表

项目编码	项目名称	项目特征	计量单位	工程量计算规则	工作内容
011210005	成品隔断	1. 隔断材料品种、规格 2. 配件品种、规格	1. m² 2. 间	1. 以平方米计量，按设计图示框外围尺寸以面积计算 2. 以间计量，按设计间的数量计算	1. 隔断运输、安装 2. 嵌缝、塞口
011210006	其他隔断	1. 骨架、边框材料种类、规格 2. 隔板材料品种、规格、颜色 3. 嵌缝、塞口材料品种	m²	按设计图示框外围尺寸以面积计算。不扣除单个≤0.3 m²的孔洞所占面积	1. 骨架及边框安装 2. 隔板安装 3. 嵌缝、塞口

1. 墙面抹灰(011201001～011201004)

墙面抹灰包括墙面一般抹灰、墙面装饰抹灰、墙面勾缝和立面砂浆找平层4个子目项。

(1)墙面抹灰(011201001～011201003)清单工程量按设计图示尺寸以面积计算，扣除墙裙、门窗洞口及单个面积在0.3 m²以外的孔洞面积，不扣除踢脚线、挂镜线和墙与构件交接处的面积，门窗洞口和孔洞的侧壁及顶面不增加面积。附墙柱、梁、垛、烟囱侧壁并入相应的墙面面积内。

(2)立面砂浆找平(011201004)项目适用于仅做找平层的立面抹灰。

(3)飘窗等凸出外墙面增加的抹灰不计算工程量，在综合单价中考虑。

例4-26 如图4.13.1所示，某工程室内墙面抹1:2水泥砂浆，1:3石灰砂浆找平层，麻刀石灰浆面层为20 mm厚，门的尺寸为1 000 mm×2 700 mm，窗的尺寸为1 500 mm×1 800 mm，墙裙高900 mm。试计算墙面一般抹灰清单工程量。

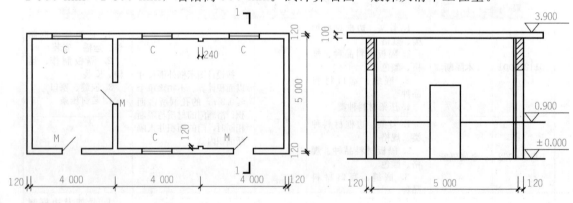

图4.13.1 某工程平面图、剖面图

解：墙面一般抹灰清单工程量按设计图示尺寸以面积计算，扣除墙裙、门窗洞口面积，门窗洞口侧壁面积不增加，附墙柱、梁、垛、烟囱侧壁并入相应的墙面面积内。

(1)内墙总长度$L_内=[(4-0.12\times2)+(5-0.12\times2)]\times2+[(4\times2-0.12\times2)+(5-0.12\times2)]\times2=42.08(m)$

内墙高度$H_内=3.9-0.1=3.8(m)$

则内墙毛面积 $S_毛 = L_内 \times H_内 = 42.08 \times 3.8 = 159.90 (m^2)$

(2)扣减墙裙面积 $S_裙 = L_内 \times H_裙 = 42.08 \times 0.9 = 37.87 (m^2)$

扣减 3 个门 4 个面积 $S_门 = 1.0 \times 2.7 \times 4 = 10.8 (m^2)$

扣减 4 个窗面积 $S_窗 = 1.5 \times 2.7 \times 4 = 10.8 (m^2)$

(3)增加 2 个墙垛面积 $S_垛 = (0.12 \times 2) \times (3.8 - 0.9) \times 2 = 1.39 (m^2)$

则内墙抹灰面积 $S = S_毛 - S_裙 - S_门 - S_窗 + S_垛$

$$= 159.90 - 37.87 - 10.8 - 10.8 + 1.39 = 101.82 (m^2)$$

2. 柱(梁)面抹灰(011202001~011202004)

柱(梁)面抹灰包括柱、梁面一般抹灰,柱、梁面装饰抹灰,柱、梁面砂浆找平和柱面勾缝 4 个子目项。

(1)柱、梁面一般抹灰(011202001)和柱、梁面装饰抹灰(011202002)的清单工程量是按设计图示柱断面周长乘以高度以面积计算。

(2)柱、梁面砂浆找平(011202003)项目适用于仅做找平层的柱(梁)面抹灰。

例 4-27 某工程有现浇钢筋混凝土矩形柱 20 根,柱的断面尺寸为 400 mm×500 mm,柱高为 3.2 m,柱面采用水泥砂浆抹光(无墙裙),具体工程做法为:乳胶漆两遍,5 mm厚 1:0.3:2.5 水泥石膏砂浆抹面压实抹光;13 mm 厚 1:1:6 水泥石膏砂浆打底扫毛;刷素水泥浆一道;混凝土基层。试计算柱面一般抹灰清单工程量。

解:柱面一般抹灰清单工程量是计算规则是按设计图示断面周长乘以高度以面积计算,则

$$S = (0.4 + 0.5) \times 2 \times 3.2 \times 20 = 115.2 (m^2)$$

3. 墙面块料面层(011204001~011204004)

墙面镶贴块料项目包括石材墙面、碎拼石材墙面、块料墙面和干挂石材钢骨架 4 个子目项。

(1)石材墙面(011204001)、碎拼石材墙面(011204002)和块料墙面(011204003)清单工程量均是按设计图示尺寸以镶贴表面积计算。

(2)在石材墙面、碎拼石材墙面和块料墙面的项目特征中,要详细描述采用的安装方式是砂浆或粘接剂粘贴、挂贴或是干挂等,以方便综合单价的组价。

(3)干挂石材钢骨架(011204004)按设计图示尺寸以质量计算。

例 4-28 某变电室外墙面尺寸如图 4.13.2 所示,M 为 1 500 mm×2 000 mm;C1为 1 500 mm×1 500 mm;C2 为 1 200 mm×800 mm;门窗侧面宽度为 100 mm。外墙厚 240 mm,高 4.5 m,水泥砂浆粘贴 200 mm×300 mm 瓷质外墙砖。试计算外墙砖的清单工程量。

解:块料墙面清单工程量的计算规则是按设计图示尺寸以实铺面积计算。

(1)外墙毛面积 $S_毛 = (7.24 + 0.24 + 3.8 + 0.24) \times 2 \times 4.5 = 103.68 (m^2)$

(2)扣减 1 个门面积 $S_门 = 1.5 \times 2.0 = 3.0 (m^2)$

扣减 5 个窗面积 $S_窗 = 1.5 \times 1.5 + 0.8 \times 1.2 \times 4 = 6.09 (m^2)$

(3)增加门窗侧壁面积

$$S_侧 = [1.5 + 2 \times 2 + 1.5 \times 3 + (1.2 + 0.8 \times 2) \times 4] \times 0.1 = 2.12 (m^2)$$

则外墙砖面积 $S=S_毛-S_门-S_窗+S_侧=103.68-3.0-6.09+2.12=96.71(\text{m}^2)$

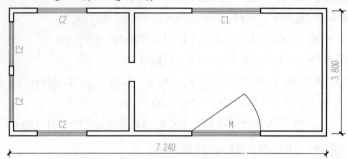

图 4.13.2　某秋电室平面示意图

4. 镶贴块料、饰面

(1)柱(梁)面镶贴块料(011205001~011205005)项目包括石材柱面、碎拼石材柱面、块料柱面、石材梁面和块料梁面5个子目项，其工程量按实际镶贴表面积计算。

(2)镶贴零星块料(011206001~011206003)项目包括石材零星项目、块料零星项目和拼碎块零星项目3个子目项，其工程量按实际镶贴展开面积计算。

(3)墙面装饰板(011207001)的工程量按设计图示墙净长乘净高以面积计算。扣除门窗洞口及单个>0.3 m² 的孔洞所占面积。

(4)柱(梁)面装饰(011208001)的工程量按设计图示饰面外围尺寸以面积计算。柱帽、柱墩并入相应柱饰面工程量内。

例4-29　某工程有独立柱8根，柱高为6 m，柱结构断面为500 mm×500 mm，饰面厚度为51 mm，具体工程做法为：30 mm×30 mm单向龙骨，间距为400 mm；18 mm厚细木工板基层；3 mm厚红胡桃木面板；醇酸清漆五遍成活。计算柱饰面清单工程量。

解： 柱饰面清单工程量按设计图示饰面外观尺寸以面积计算。

$$S=(0.5+0.051\times2)\times6\times4\times8=115.58(\text{m}^2)$$

5. 幕墙工程(011209001、011209002)

幕墙工程包括带骨架幕墙和全玻(无框玻璃)幕墙2个子目项，其工程量按设计图示框外围尺寸以面积计算。与幕墙同种材质的窗所占面积不扣除。

例4-30　如图4.13.3所示为半隐框玻璃幕墙工程，试计算半隐框玻璃幕墙清单工程量。

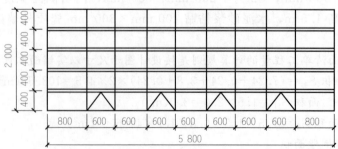

图 4.13.3　半隐框玻璃幕墙示意图

解： 半隐框玻璃幕墙为带骨架幕墙，其清单工程量按设计图示框外围尺寸以面积计算，与幕墙同种材质的窗所占面积不扣除。

则所求 $S = 5.8 \times 2.0 = 11.6 (m^2)$

4.14 天棚工程

4.14.1 天棚工程基本知识

1. 吊顶天棚的分类

(1)平面天棚：是指在吊顶工作完成以后，整个天棚在同一标高的，或者虽然不在同一标高，但高差不足 200 mm 的天棚。

(2)跌级天棚：是指吊顶工作完成以后，天棚不在同一标高，且高差在 200 mm 以上的天棚。

(3)零星抹灰项目适用于墙和柱(梁)面≤0.5 m² 的少量分散的抹灰。

2. 吊顶天棚的施工程序

一般而言，天棚吊顶按以下顺序施工：钢筋混凝土楼板基层清理→固定安装吊杆→安装龙骨→铺贴基层板→铺贴面层→面层装饰。

(1)安装龙骨。龙骨是在吊顶中起连接作用的构件，它与吊杆连接，为吊杆饰面层提供安装节点。常见的不上人吊顶一般用木龙骨、轻钢龙骨和铝合金龙骨；上人吊顶的龙骨需承受较大荷载，要用型钢轻钢承载龙骨或大断面木龙骨。

(2)铺贴基层板。基层板是面层背后的加强材料。

(3)铺贴面层。天棚面层按材质分有木质装饰板材、塑料装饰板材、金属装饰板材、矿棉装饰吸声板、石膏板、玻璃饰面等。面层的铺贴可以将板材直接搁置在龙骨架上，或是用自攻螺钉或射钉将板材固定在龙骨架上。

(4)面层装饰：包括嵌缝和刷防护材料。嵌缝是用嵌缝胶注入板材间缝隙，以避免板材发生位移变形；刷防护材料是防火和美化面层的需要。

4.14.2 天棚工程工程量计算规则及示例

在《计算规范》中，天棚工程包括天棚抹灰、天棚吊顶、采光天棚工程和天棚其他装饰4部分内容。示例见表 4.14.1～表 4.14.4。

表 4.14.1 天棚抹灰(编码：011301)

项目编码	项目名称	项目特征	计量单位	工程量计算规则	工作内容
011301001	天棚抹灰	1. 基层类型 2. 抹灰厚度、材料种类 3. 砂浆配合比	m²	按设计图示尺寸以水平投影面积计算。不扣除间壁墙、垛、柱、附墙烟囱、检查口和管道所占的面积，带梁天棚的梁两侧抹灰面积并入天棚面积内，板式楼梯底面抹灰按斜面积计算，锯齿形楼梯底板抹灰按展开面积计算	1. 基层清理 2. 底层抹灰 3. 抹面层

表 4.14.2 天棚吊顶(编码：011302)

项目编码	项目名称	项目特征	计量单位	工程量计算规则	工作内容
011302001	吊顶天棚	1. 吊顶形式、吊杆规格、高度 2. 龙骨材料种类、规格、中距 3. 基层材料种类、规格 4. 面层材料品种、规格 5. 压条材料种类、规格 6. 嵌缝材料种类 7. 防护材料种类	m²	按设计图示尺寸以水平投影面积计算。天棚面中的灯槽及跌级、锯齿形、吊挂式、藻井式天棚面积不展开计算。不扣除间壁墙、检查口、附墙烟囱、柱垛和管道所占面积，扣除单个＞0.3 m² 的孔洞、独立柱及与天棚相连的窗帘盒所占的面积	1. 基层清理、吊杆安装 2. 龙骨安装 3. 基层板铺贴 4. 面层铺贴 5. 嵌缝 6. 刷防护材料
011302002	格栅吊顶	1. 龙骨材料种类、规格、中距 2. 基层材料种类、规格 3. 面层材料品种、规格 4. 防护材料种类		按设计图示尺寸以水平投影面积计算	1. 基层清理 2. 安装龙骨 3. 基层板铺贴 4. 面层铺贴 5. 刷防护材料
011302003	吊筒吊顶	1. 吊筒形状、规格 2. 吊筒材料种类 3. 防护材料种类			1. 基层清理 2. 吊筒制作安装 3. 刷防护材料
011302004	藤条造型悬挂吊顶	1. 骨架材料种类、规格 2. 面层材料品种、规格			1. 基层清理 2. 龙骨安装 3. 辅贴面层
011302005	织物软雕吊顶				
011302006	装饰网架吊顶	网架材料品种、规格			1. 基层清理 2. 网架制作安装

表 4.14.3 采光天棚工程(编码：011303)

项目编码	项目名称	项目特征	计量单位	工程量计算规则	工作内容
011303001	采光天棚	1. 骨架类型 2. 固定类型、固定材料品种、规格 3. 面层材料品种、规格 4. 嵌缝、塞口材料种类	m²	按框外围展开面积计算	1. 清理基层 2. 面层制安 3. 嵌缝、塞口 4. 清洗

表 4.14.4　天棚其他装饰(编码：011304)

项目编码	项目名称	项目特征	计量单位	工程量计算规则	工作内容
011304001	灯带(槽)	1. 灯带型式、尺寸 2. 格栅片材料品种、规格 3. 安装固定方式	m²	按设计图示尺寸以框外围面积计算	安装、固定
011304002	送风口、回风口	1. 风口材料品种、规格、 2. 安装固定方式 3. 防护材料种类	个	按设计图示数量计算	1. 安装、固定 2. 刷防护材料

🖉 1. 天棚抹灰(011301001)

天棚抹灰适用于在各种基层(混凝土现浇板、预制板、木板条)上的抹灰工程。

天棚抹灰清单工程量按设计图示尺寸以水平投影面积计算。不扣除间壁墙、垛、柱、附墙烟囱、检查口和管道所占的面积，带梁天棚的梁两侧抹灰面积并入天棚面积内，板式楼梯底面抹灰按斜面积计算，锯齿形楼梯底板抹灰按展开面积计算。

例 4-31　某井字梁天棚如图 4.14.1 所示，楼板为现浇钢筋混凝土楼板，板厚为 100 mm，L1、L2 梁顶与板顶同一标高。天棚抹灰的工程做法为：喷乳胶漆；6 mm 厚 1∶2.5 水泥砂浆抹面；8 mm 厚 1∶3 水泥砂浆打底；刷素水泥浆一道；现浇混凝土板。试计算天棚抹灰清单工程量。

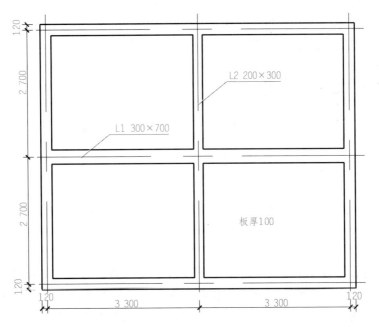

图 4.14.1　某井字梁天棚平面示意图

解：天棚抹灰清单工程量按设计图示尺寸以水平投影面积计算，带梁天棚梁两侧抹灰面积并入天棚面积内。

(1)主墙间水平投影面积 $S_1 = (6.6 - 0.24) \times (5.4 - 0.24) = 32.82(\text{m}^2)$

(2)主梁侧面展开面积 $S_2=(6.6-0.24-0.2)\times(0.7-0.1)\times2=7.39(\text{m}^2)$

次梁侧面展开面积 $S_3=(5.4-0.24-0.3)\times(0.3-0.1)\times2=1.94(\text{m}^2)$

则所求天棚抹灰清单工程量 $S=S_1+S_2+S_3=32.82+7.39+1.94=42.15(\text{m}^2)$

2. 天棚吊顶(011302001~011302006)

天棚吊顶项目包括吊顶天棚、格栅吊顶、吊筒吊顶、藤条造型悬挂吊顶、织物软雕吊顶和装饰网架吊顶6个子目项。

(1)吊顶天棚(011302001)清单工程量按设计图示尺寸以水平投影面积计算。天棚面中的灯槽及跌级、锯齿形、吊挂式、藻井式天棚面积不展开计算。不扣除间壁墙、检查口、附墙烟囱、柱垛和管道所占面积,扣除单个面积>0.3 m² 的孔洞、独立柱及与天棚相连的窗帘盒所占的面积。

例4-32 某井字梁天棚如图 4.14.1 所示(见例 4-31),设计采用纸面石膏板吊顶天棚,具体工程做法为:刮腻子喷乳胶漆两遍;纸面石膏板规格为 600 mm×600 mm×6 mm;U 形轻钢龙骨;钢筋吊杆;钢筋混凝土楼板。试计算纸面石膏板天棚工程清单工程量。

解: 吊顶天棚清单工程量是按设计图示尺寸以水平投影面积计算。

吊顶天棚工程量 $S=$ 主墙间水平投影面积

$=(6.6-0.24)\times(5.4-0.24)=32.82(\text{m}^2)$

例4-33 某二级天棚如图 4.14.2 所示,龙骨为不上人装配式 T 形轻钢龙骨,间距 500 mm×500 mm,面层为矿棉板搁在龙骨上,天棚跌落部分为 1 150 mm×5 500 mm,天棚上设 1 200 mm×600 mm 格栅灯孔 6 个,计算天棚吊顶工程量。

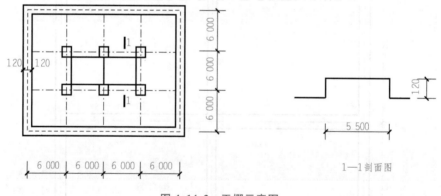

图 4.14.2 天棚示意图

解: 吊顶天棚工程量是按设计图示尺寸以水平投影面积计算。天棚面中的灯槽及跌级、锯齿形、吊挂式、藻井式天棚面积不展开计算。不扣除间壁墙、检查口、附墙烟囱、柱垛和管道所占面积,扣除单个>0.3 m² 的孔洞、独立柱及与天棚相连的窗帘盒所占的面积。

1)单个格栅灯孔面积=1.2×0.6=0.72 m²>0.3 m²,要扣除。

2)主墙间水平投影面积=(6×4-0.24)×(6×3-0.24)

$=421.98(\text{m}^2)$

则天棚吊顶工程量=421.98-0.72×6=417.66(m²)

(2)格栅吊顶(011302002)、吊筒吊顶(011302003)、藤条造型悬挂吊顶(011302004)、织物软雕吊顶(011302005)和装饰网架吊顶(011302006)工程量按设计图示尺寸以水平投影面积计算。

3. 采光天棚(011303001)

采光天棚工程按框外围展开面积计算。这里要特别注意采光天棚的骨架不包括在其中，发生时要按《计算规范》附录 F 金属结构中的相关项目单独列项。

4. 天棚其他装饰(011304001、011304002)

天棚其他装饰项目包括灯带(槽)和送风口、回风口 2 个子目项。

(1)灯带(011304001)的工程量按设计图示尺寸以框外围面积计算。

(2)送风口、回风口(011304002)的工程量按设计图示数量以个为单位计算。

4.15 油漆、涂料、裱糊工程

4.15.1 油漆、涂料、裱糊工程基本知识

1. 门油漆的分类

门油漆包括木门油漆和金属门油漆。

(1)木门油漆：分为木大门、单层木门、双层(一玻一纱)木门、双层(单裁口)木门、全玻自由门、半玻自由门、装饰门及有框门或无框门等。

(2)金属门油漆：分为平开门、推拉门、钢制防火门等。

2. 窗油漆的分类

窗油漆包括木窗油漆和金属窗油漆。

(1)木窗油漆：分为单层木门、双层(一玻一纱)木窗、双层框扇(单裁口)木窗、双层框三层(二玻一纱)木窗、单层组合窗、双层组合窗、木百叶窗、木推拉窗等。

(2)金属窗油漆：分为平开窗、推拉窗、固定窗、组合窗、金属隔栅窗等。

4.15.2 油漆、涂料、裱糊工程工程量计算规则及示例

在《计算规范》中，油漆、涂料、裱糊工程包括门油漆，窗油漆，木扶手及其他板条、线条油漆，木材面油漆，金属面油漆，抹灰面油漆，喷刷涂料和裱糊 8 部分内容。示例见表 4.15.1～表 4.15.8。

表 4.15.1 门油漆(编码:011401)

项目编码	项目名称	项目特征	计量单位	工程量计算规则	工作内容
011401001	木门油漆	1. 门类型 2. 门代号及洞口尺寸 3. 腻子种类 4. 刮腻子遍数 5. 防护材料种类 6. 油漆品种、刷漆遍数	1. 樘 2. m²	1. 以樘计量,按设计图示数量计算 2. 以平方米计量,按设计图示洞口尺寸以面积计算	1. 基层清理 2. 刮腻子 3. 刷防护材料、油漆
011401002	金属门油漆				1. 除锈、基层清理 2. 刮腻子 3. 刷防护材料、油漆

表 4.15.2 窗油漆(编码:011402)

项目编码	项目名称	项目特征	计量单位	工程量计算规则	工作内容
011402001	木窗油漆	1. 窗类型 2. 窗代号及洞口尺寸 3. 腻子种类 4. 刮腻子遍数 5. 防护材料种类 6. 油漆品种、刷漆遍数	1. 樘 2. m²	1. 以樘计量,按设计图示数量计算 2. 以平方米计量,按设计图示洞口尺寸以面积计算	1. 基层清理 2. 刮腻子 3. 刷防护材料、油漆
011402002	金属窗油漆				1. 除锈、基层清理 2. 刮腻子 3. 刷防护材料、油漆

表 4.15.3 木扶手及其他板条、线条油漆(编码:011403)

项目编码	项目名称	项目特征	计量单位	工程量计算规则	工作内容
011403001	木扶手油漆	1. 断面尺寸 2. 腻子种类 3. 刮腻子遍数 4. 防护材料种类 5. 油漆品种、刷漆遍数	m	按设计图示尺寸以长度计算	1. 基层清理 2. 刮腻子 3. 刷防护材料、油漆
011403002	窗帘盒油漆				
011403003	封檐板、顺水板油漆				
011403004	挂衣板、黑板框油漆				
011403005	挂镜线、窗帘棍、单独木线油漆				

表 4.15.4 木材面油漆(编码:011404)

项目编码	项目名称	项目特征	计量单位	工程量计算规则	工作内容
011404001	木护墙、木墙裙油漆	1. 腻子种类 2. 刮腻子遍数 3. 防护材料种类 4. 油漆品种、刷漆遍数	m²	按设计图示尺寸以面积计算	1. 基层清理 2. 刮腻子 3. 刷防护材料、油漆
011404002	窗台板、筒子板、盖板、门窗套、踢脚线油漆				
011404003	清水板条天棚、檐口油漆				
011404004	木方格吊顶天棚油漆				
011404005	吸声板墙面、天棚面油漆				
011404006	暖气罩油漆				
011404007	其他木材面				

项目编码	项目名称	项目特征	计量单位	工程量计算规则	工作内容
011404008	木间壁、木隔断油漆	1. 腻子种类 2. 刮腻子要求 3. 防护材料种类 4. 油漆品种、刷漆遍数	m²	按设计图示尺寸以单面外围面积计算	1. 基层处理 2. 刮腻子 3. 刷防护材料、油漆
011404009	玻璃间壁露明墙筋油漆				
011404010	木栅栏、木栏杆(带扶手)油漆				
011404011	衣柜、壁柜油漆			按设计图示尺寸以油漆部分展开面积计算	
011404012	梁柱饰面油漆				
011404013	零星木装修油漆				
011404014	木地板油漆			按设计图示尺寸以面积计算。空洞、空圈、暖气包槽、壁龛的开口部分并入相应的工程量内	
011404015	木地板烫硬蜡面	1. 硬蜡品种 2. 面层处理要求			1. 基层清理 2. 烫蜡

表 4.15.5 金属面油漆(编码：011405)

项目编码	项目名称	项目特征	计量单位	工程量计算规则	工作内容
011405001	金属面油漆	1. 构件名称 2. 腻子种类 3. 刮腻子要求 4. 防护材料种类 5. 油漆品种、刷漆遍数	1. t 2. m²	1. 以吨计量，按设计图示尺寸以质量计算 2. 以平方米计量，按设计展开面积计算	1. 基层清理 2. 刮腻子 3. 刷防护材料、油漆

表 4.15.6 抹灰面油漆(编码：011406)

项目编码	项目名称	项目特征	计量单位	工程量计算规则	工作内容
011406001	抹灰面油漆	1. 基层类型 2. 腻子种类 3. 刮腻子遍数 4. 防护材料种类 5. 油漆品种、刷漆遍数 6. 部位	m²	按设计图示尺寸以面积计算	1. 基层清理 2. 刮腻子 3. 刷防护材料、油漆
011406002	抹灰线条油漆	1. 线条宽度、道数 2. 腻子种类 3. 刮腻子遍数 4. 防护材料种类 5. 油漆品种、刷漆遍数	m	按设计图示尺寸以长度计算	

续表

项目编码	项目名称	项目特征	计量单位	工程量计算规则	工作内容
011406003	满刮腻子	1. 基层类型 2. 腻子种类 3. 刮腻子遍数	m²	按设计图示尺寸以面积计算	1. 基层清理 2. 刮腻子

表 4.15.7 喷刷涂料(编码: 011407)

项目编码	项目名称	项目特征	计量单位	工程量计算规则	工作内容
011407001	墙面喷刷涂料	1. 基层类型 2. 喷刷涂料部位 3. 腻子种类 4. 刮腻子要求 5. 涂料品种、刷漆遍数	m²	按设计图示尺寸以面积计算	1. 基层清理 2. 刮腻子 3. 刷、喷涂料
011407002	天棚喷刷涂料				
011407003	空花格、栏杆刷涂料	1. 腻子种类 2. 刮腻子遍数 3. 涂料品种、刷喷遍数		按设计图示尺寸以单面外围面积计算	
011407004	线条刷涂料	1. 基层清理 2. 线条宽度 3. 刮腻子遍数 4. 刷防护材料、油漆	m	按设计图示尺寸以长度计算	
011407005	金属构件刷防火涂料	1. 喷刷防火涂料构件名称 2. 防火等级要求 3. 涂料品种、喷刷遍数	1. m² 2. t	1. 以吨计量,按设计图示尺寸以质量计算 2. 以平方米计量,按设计展开面积计算	1. 基层清理 2. 刷防护材料、油漆
011407006	木材构件喷刷防火涂料		m²	以平方米计量,按设计图示尺寸以面积计算	1. 基层清理 2. 刷防火材料

表 4.15.8 裱糊(编码: 011408)

项目编码	项目名称	项目特征	计量单位	工程量计算规则	工作内容
011408001	墙纸裱糊	1. 基层类型 2. 裱糊部位 3. 腻子种类 4. 刮腻子遍数 5. 粘结材料种类 6. 防护材料种类 7. 面层材料品种、规格、颜色	m²	按设计图示尺寸以面积计算	1. 基层清理 2. 刮腻子 3. 面层铺粘 4. 刷防护材料
011408002	织锦缎裱糊				

1. 门油漆、窗油漆(011401001、011401002)

门油漆包括木门油漆和金属门油漆2个子目项。

窗油漆包括木窗油漆和金属窗油漆2个子目项。

其计量单位均有两个,一是以樘计量,按设计图示数量计量;二是以平方米计量,按设计图示洞口尺寸以面积计算。

2. 木扶手及其他板条、线条油漆(011403001～011403005)

木扶手及其他板条、线条油漆项目包括木扶手油漆,窗帘盒油漆,封檐板、顺水板油漆,挂衣板、黑板框油漆,挂镜线、窗帘棍、单独木线油漆5个子目项。

(1)木扶手及其他板条、线条油漆工程量按设计图示尺寸以长度计算。

(2)木扶手有带托板和不带托板两种,计量时要分别编码列项。

(3)如果是木栏杆带扶手,则不能把木扶手单独列项,应包含在木栏杆的油漆项目中。

例4-34　某大厅装饰柱面为30 mm×15 mm木线条,共计6块,其设计图示长度为1 200 mm,试计算木线条油漆清单工程量。

解: 木线条油漆清单工程量按设计图示尺寸以长度计算,则

$$L=1.2\times6=7.2(m)$$

3. 木材面油漆(011404001～011404015)

木材面油漆项目包括木护墙、木墙裙油漆,窗台板、筒子板、盖板、门窗套、踢脚线油漆,清水板条天棚、檐口油漆,木方格吊顶天棚油漆,吸声板墙面、天棚面油漆,暖气罩油漆,其他木材面,木间壁、木隔断油漆,玻璃间壁露明墙筋油漆,木栅栏、木栏杆(带扶手)油漆,衣柜、壁柜油漆,梁柱饰面油漆,零星木装修油漆,木地板油漆,木地板烫硬蜡面15个子目项。其工程量计算规则为:

(1)木护墙、木墙裙油漆,窗台板、筒子板、盖板、门窗套、踢脚线油漆,清水板条天棚、檐口油漆,木方格吊顶天棚油漆,吸声板墙面、天棚面油漆,暖气罩油漆,其他木材面清单工程量按设计图示尺寸以面积计算。

(2)木间壁、木隔断油漆,玻璃间壁露明墙筋油漆,木栅栏、木栏杆(带扶手)油漆清单工程量按设计图示尺寸以单面外围面积计算。

(3)衣柜、壁柜油漆,梁柱饰面油漆,零星木装修油漆清单工程量按设计图示尺寸以油漆部分展开面积计算。

(4)木地板油漆、木地板烫硬蜡面清单工程量按设计图示尺寸以面积计算。空洞、空圈、暖气包槽、壁龛的开口部分并入相应的工程量内。

例4-35　如图4.13.1所示(见例4-26),若内墙面为木质内墙裙,墙裙高900 mm,窗台与墙裙同高,门的尺寸为1 000 mm×2 700 mm,窗的尺寸为1 500 mm×1 800 mm,门窗洞侧壁宽均为100 mm。试计算内墙裙油漆清单工程量。

解: 木墙裙油漆工程量按设计图示尺寸以实际面积计算。

(1)内墙总长度$L_内=[(4-0.12\times2)+(5-0.12\times2)]\times2+[(4\times2-0.12\times2)+(5-0.12\times2)]\times2=42.08(m)$

(2)扣减 3 个门 4 个长度 $L_门 = 1.0 \times 4 = 4.0$(m)

(3)增加 2 个墙垛长度 $L_垛 = (0.12 \times 2) \times 2 = 0.48$(m)

增加 3 个门 4 个侧壁长度 $L_侧 = 0.1 \times 2 \times 4 = 0.8$(m)

则内墙裙油漆面积 $S = (L_内 - L_门 + L_垛 + L_侧) \times 0.9$

$$= (42.08 + 4.0 + 0.48 + 0.8) \times 0.9 = 42.62(m^2)$$

🔧 4. 金属面油漆(011405001)

金属面油漆的工程量计算可以 t 计量,按设计图示尺寸以质量计算,也可以 m^2 计量,按设计展开以面积计算。

🔧 5. 抹灰面油漆(011406001~011406003)

抹灰面油漆包括抹灰面油漆、抹灰线条油漆和满刮腻子 3 个子目项。其中抹灰面油漆和满刮腻子的工程量是按设计图示尺寸以面积计算;抹灰线条油漆的工程量是按设计图示尺寸以长度计算。

🔧 6. 喷刷涂料(011407001~011407006)

喷刷涂料包括墙面喷刷涂料,天棚喷刷涂料,空花格、栏杆刷涂料,线条刷涂料,金属构件刷防火涂料和木材构件喷刷防火涂料 6 个子目项。其中:

(1)墙面喷刷涂料(011407001)、天棚喷刷涂料(011407002)的工程量是按设计图示尺寸以面积计算,要特别注意喷刷墙面涂料要注明部位是内墙还是外墙;空花格、栏杆刷涂料(011407003)的工程量是按设计图示尺寸以单面外围面积计算;

(2)线条刷涂料(011407004)的工程量是按设计图示尺寸以长度计算;

(3)金属构件刷防火涂料(011407005)的工程量可按设计图示尺寸以展开面积计算或是以质量计算;

(4)木材构件喷刷防火涂料(011407006)的工程量可按设计图示尺寸以面积计算计算。

例 4-36 如图 4.15.1 所示,某单层建筑物,室内墙、柱面刷乳胶漆。试计算墙、柱面乳胶漆工程量。考虑吊顶,乳胶漆涂刷高度按 3.3 m 计算。

解: 内墙面喷刷涂料的工程量是按设计图示尺寸以面积计算

(1)乳胶漆墙面工程量 $S_墙$:

轴线ⓒ~ⓓ、①~⑤室内乳胶漆墙面工程量 $S_{墙1}$:

室内墙面周长 $L_内 = (12.48 - 0.36 \times 2 + 5.7 - 0.12 \times 2) \times 2 + 0.25 \times 8 = 36.44$(m)

扣除面积 $S_{扣1} = S_{M-2} + S_{M-3} + 2S_{C-1} + 4S_{C-2}$

$$= 1.2 \times 2.7 + 1.5 \times 2.4 + 2 \times 1.5 \times 1.8 + 4 \times 1.2 \times 1.8 = 20.88(m^2)$$

$$S_{墙1} = 36.44 \times 3.3 - 20.88 = 99.37(m^2)$$

轴线ⓐ~ⓒ、①~⑤室内乳胶漆墙面工程量 $S_{墙2}$:

室内墙面周长 $L_内 = (12.48 - 0.36 \times 2 + 5.7 + 2 - 0.12 \times 2) \times 2 + 0.25 \times 10 = 40.94$(m)

扣除面积 $S_{扣2} = S_{M-1} + S_{M-3} + 4S_{C-1} + 3S_{C-2}$

$$= 2.1 \times 2.4 + 1.5 \times 2.4 + 4 \times 1.5 \times 1.8 + 3 \times 1.2 \times 1.8 = 25.92(m^2)$$

$$S_{墙2} = 40.94 \times 3.3 - 25.92 = 109.18(m^2)$$

则乳胶漆墙面工程量 $S_{墙}=S_{墙1}+S_{墙2}=99.37+109.18=208.55(m^2)$

(2)乳胶漆柱面工程量 $S_{柱}=0.49\times4\times3.3\times3=19.40(m^2)$

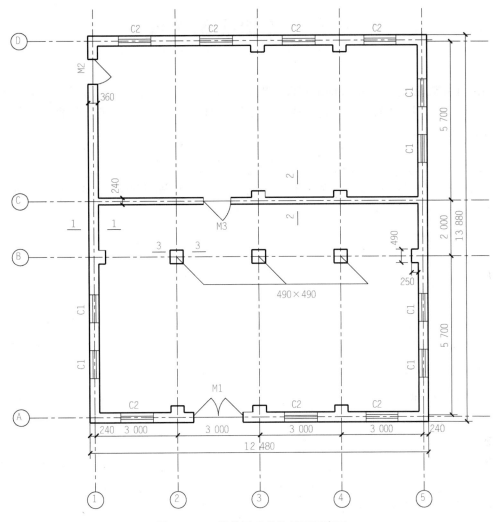

图 4.15.1 某单层建筑物平面示意图

🔧 7. 裱糊(011408001、011408002)

裱糊包括墙纸裱糊和织锦缎裱糊 2 个子目项,其工程量按设计图示尺寸以面积计算。

例 4-37 某住宅工程,装饰室内墙壁时选择织锦缎裱糊墙面,其长度为 4.5 m,设计高度为 1.65 m,试计算织锦缎裱糊墙面清单工程量。

解: 织锦缎裱糊墙面清单工程量按设计图示尺寸以面积计算,则

$$S=4.5\times1.65=7.43(m^2)$$

4.16 其他装饰工程

在《计算规范》中，其他装饰工程包括柜类、货架，压条、装饰线，扶手、栏杆、栏板装饰，暖气罩，浴厕配件，雨篷、旗杆，招牌、灯箱和美术字 8 部分内容。示例见表 4.16.1～表 4.16.8。

表 4.16.1 柜类、货架(编码：011501)

项目编码	项目名称	项目特征	计量单位	工程量计算规则	工作内容
011501001	柜台				
011501002	酒柜				
011501003	衣柜				
011501004	存包柜				
011501005	鞋柜				
011501006	书柜				
011501007	厨房壁柜				
011501008	木壁柜				
011501009	厨房低柜	1. 台柜规格 2. 材料种类、规格 3. 五金种类、规格 4. 防护材料种类 5. 油漆品种、刷漆遍数	1. 个 2. m 3. m³	1. 以个计量，按设计图示数量计量 2. 以米计量，按设计图示尺寸以延长米计算 3. 以立方米计量，按设计图示尺寸以体积计算	1. 台柜制作、运输、安装(安放) 2. 刷防护材料、油漆 3. 五金件安装
011501010	厨房吊柜				
011501011	矮柜				
011501012	吧台背柜				
011501013	酒吧吊柜				
011501014	酒吧台				
011501015	展台				
011501016	收银台				
011501017	试衣间				
011501018	货架				
011501019	书架				
011501020	服务台				

表 4.16.2 压条、装饰线(编码：011502)

项目编码	项目名称	项目特征	计量单位	工程量计算规则	工作内容
011502001	金属装饰线	1. 基层类型 2. 线条材料品种、规格、颜色 3. 防护材料种类	m	按设计图示尺寸以长度计算	1. 线条制作、安装 2. 刷防护材料
011502002	木质装饰线				
011502003	石材装饰线				
011502004	石膏装饰线				
011502005	镜面玻璃线	1. 基层类型 2. 线条材料品种、规格、颜色 3. 防护材料种类			
011502006	铝塑装饰线				
011502007	塑料装饰线				
011502008	GRC装饰线条	1. 基层类型 2. 线条规格 3. 线条安装部位 4. 填充材料种类			线条制作、安装

表 4.16.3 扶手、栏杆、栏板装饰(编码：011503)

项目编码	项目名称	项目特征	计量单位	工程量计算规则	工作内容
011503001	金属扶手、栏杆、栏板	1. 扶手材料种类、规格 2. 栏杆材料种类、规格 3. 栏板材料种类、规格、颜色 4. 固定配件种类 5. 防护材料种类	m	按设计图示尺寸以扶手中心线长度(包括弯头长度)计算	1. 制作 2. 运输 3. 安装 4. 刷防护材料
011503002	硬木扶手、栏杆、栏板				
011503003	塑料扶手、栏杆、栏板				
011503004	GRC栏杆、扶手	1. 栏杆的规格 2. 安装间距 3. 扶手类型规格 4. 填充材料种类			
011503005	金属靠墙扶手	1. 扶手材料种类、规格 2. 固定配件种类 3. 防护材料种类			
011503006	硬木靠墙扶手				
011503007	塑料靠墙扶手				
011503008	玻璃栏板	1. 栏杆玻璃的种类、规格、颜色 2. 固定方式 3. 固定配件种类			

表 4.16.4 暖气罩(编码：011504)

项目编码	项目名称	项目特征	计量单位	工程量计算规则	工作内容
011504001	饰面板暖气罩	1. 暖气罩材质 2. 防护材料种类	m²	按设计图示尺寸以垂直投影面积(不展开)计算	1. 暖气罩制作、运输、安装 2. 刷防护材料
011504002	塑料板暖气罩				
011504003	金属暖气罩				

表 4.16.5　浴厕配件(编码：011505)

项目编码	项目名称	项目特征	计量单位	工程量计算规则	工作内容
011505001	洗漱台	1. 材料品种、规格、颜色 2. 支架、配件品种、规格	1. m² 2. 个	1. 按设计图示尺寸以台面外接矩形面积计算。不扣除孔洞、挖弯、削角所占面积，挡板、吊沿板面积并入台面面积内 2. 按设计图示数量计算	1. 台面及支架运输、安装 2. 杆、环、盒、配件安装 3. 刷油漆
011505002	晒衣架	1. 材料品种、规格、颜色 2. 支架、配件品种、规格	个	按设计图示数量计算	1. 台面及支架运输、安装 2. 杆、环、盒、配件安装 3. 刷油漆
011505003	帘子杆				
011505004	浴缸拉手				
011505005	卫生间扶手				
011505006	毛巾杆(架)		套		1. 台面及支架制作、运输、安装 2. 杆、环、盒、配件安装 3. 刷油漆
011505007	毛巾环		副		
011505008	卫生纸盒		个		
011505009	肥皂盒				
011505010	镜面玻璃	1. 镜面玻璃品种、规格 2. 框材质、断面尺寸 3. 基层材料种类 4. 防护材料种类	m²	按设计图示尺寸以边框外围面积计算	1. 基层安装 2. 玻璃及框制作、运输、安装
011505011	镜箱	1. 箱体材质、规格 2. 玻璃品种、规格 3. 基层材料种类 4. 防护材料种类 5. 油漆品种、刷漆遍数	个	按设计图示数量计算	1. 基层安装 2. 箱体制作、运输、安装 3. 玻璃安装 4. 刷防护材料、油漆

表 4.16.6　雨篷、旗杆(编码：011506)

项目编码	项目名称	项目特征	计量单位	工程量计算规则	工作内容
011506001	雨篷吊挂饰面	1. 基层类型 2. 龙骨材料种类、规格、中距 3. 面层材料品种、规格 4. 吊顶(天棚)材料品种、规格 5. 嵌缝材料种类 6. 防护材料种类	m²	按设计图示尺寸以水平投影面积计算	1. 底层抹灰 2. 龙骨基层安装 3. 面层安装 4. 刷防护材料、油漆
011506002	金属旗杆	1. 旗杆材料、种类、规格 2. 旗杆高度 3. 基础材料种类 4. 基座材料种类 5. 基座面层材料、种类、规格	根	按设计图示数量计算	1. 土石挖、填、运 2. 基础混凝土浇筑 3. 旗杆制作、安装 4. 旗杆台座制作、饰面

续表

项目编码	项目名称	项目特征	计量单位	工程量计算规则	工作内容
011506003	玻璃雨篷	1. 玻璃雨篷固定方式 2. 龙骨材料种类、规格、中距 3. 玻璃材料品种、规格 4. 嵌缝材料种类 5. 防护材料种类	m²	按设计图示尺寸以水平投影面积计算	1. 龙骨基层安装 2. 面层安装 3. 刷防护材料、油漆

表 4.16.7 招牌、灯箱(编码：011507)

项目编码	项目名称	项目特征	计量单位	工程量计算规则	工作内容
011507001	平面、箱式招牌	1. 箱体规格 2. 基层材料种类 3. 面层材料种类 4. 防护材料种类	m²	按设计图示尺寸以正立面边框外围面积计算。复杂形的凸凹造型部分不增加面积	1. 基层安装 2. 箱体及支架制作、运输、安装 3. 面层制作、安装 4. 刷防护材料、油漆
011507002	竖式标箱				
011507003	灯箱				
011507004	信报箱	1. 箱体规格 2. 基层材料种类 3. 面层材料种类 4. 保护材料种类 5. 户数	个	按设计图示数量计算	

表 4.16.8 美术字(编号：011508)

项目编码	项目名称	项目特征	计量单位	工程量计算规则	工作内容
011508001	泡沫塑料字	1. 基层类型 2. 镂字材料品种、颜色 3. 字体规格 4. 固定方式 5. 油漆品种、刷漆遍数	个	按设计图示数量计算	1. 字制作、运输、安装 2. 刷油漆
011508002	有机玻璃字				
011508003	木质字				
011508004	金属字				
011508005	吸塑字				

1. 柜类、货架(011501001～011501020)

柜类、货架项目包括柜台、酒柜、衣柜、存包柜、鞋柜、书柜、厨房壁柜、木壁柜、厨房低柜、厨房吊柜、矮柜、吧台背柜、酒吧吊柜、酒吧台、展台、收银台、试衣间、货架、书架和服务台 20 个子目项。

柜类、货架的工程量可以按设计图示数量以个计量，也可以按设计图示尺寸以延长米计算，也可以按设计图示尺寸以体积计算。

2. 压条、装饰线(011502001～011502008)

压条、装饰线包括金属装饰线、木质装饰线、石材装饰线、石膏装饰线、镜面玻璃线、铝塑装饰线、塑料装饰线和 GRC 装饰线条 8 个子目项，其工程量按设计图示尺寸以长度计算。

3. 扶手、栏杆、栏板装饰（011503001～011503008）

扶手、栏杆、栏板装饰包括金属扶手、栏杆、栏板，硬木扶手、栏杆、栏板，塑料扶手、栏杆、栏板，GRC 栏杆、扶手，金属靠墙扶手，硬木靠墙扶手，塑料靠墙扶手，玻璃栏板 8 个子目项，其工程量按设计图示以扶手中心线长度（包括弯头长度）计算。

4. 暖气罩（011504001～011504003）

暖气罩项目包括饰面板暖气罩、塑料板暖气罩和金属暖气罩 3 个子目项，其工程量按设计图示尺寸以垂直投影面积（不展开）计算。

例 4-38 某金属暖气罩尺寸为 850 mm×750 mm，试计算其工程量。

解： 暖气罩清单工程量是按设计图示尺寸以垂直投影面积（不展开）计算，则

$$S=0.85\times0.75=0.64(m^2)$$

5. 浴厕配件（011505001～011505011）

浴厕配件项目包括洗漱台、晒衣架、帘子杆、浴缸拉手、卫生间扶手、毛巾杆（架）、毛巾环、卫生纸盒、肥皂盒、镜面玻璃和镜箱 11 个子目项。

（1）洗漱台（011505001）清单工程量按设计图示尺寸以台面外接矩形面积计算。不扣除孔洞、挖弯、削角所占面积，挡板、吊沿板面积并入台面面积内；也可按设计图示数量以个计算。

（2）晒衣架、帘子杆、浴缸拉手、卫生间扶手、毛巾杆（架）、毛巾环、卫生纸盒、肥皂盒（011505001～011505009）清单工程量按设计图示数量计算。

（3）镜面玻璃（011505010）的工程量按设计图示尺寸以边框外围面积计算。

（4）镜箱（011505011）清单工程量按设计图示数量以个计算。

6. 雨篷、旗杆（011506001～011506003）

雨篷、旗杆项目包括雨篷吊挂饰面、金属旗杆和玻璃雨篷 3 个子目项，其中雨篷吊挂饰面和玻璃雨篷的工程量是按设计图示尺寸以水平投影面积计算，金属旗杆的工程量按设计图示数量计算。

7. 招牌、灯箱（011507001～011507004）

招牌、灯箱项目包括平面、箱式招牌，竖式标箱、灯箱和信报箱 4 个子目项。

平面、箱式招牌的工程量按设计图示尺寸以正立面边框外围面积计算，复杂形的凸凹造型部分不增加面积。竖式标箱、灯箱和信报箱清单工程量按设计图示数量计算。

例 4-39 某工程檐口上方设招牌，长 28 m，高 1.5 m，钢结构龙骨，九夹板基层，塑铝板面层，试计算招牌清单工程量。

解： 招标清单工程量按设计图示尺寸以正立面边框外围面积计算，复杂形的凸凹造型部分不增加面积。则

$$S=28\times1.5=42(m^2)$$

4.17 拆除工程

4.17.1 拆除工程基本知识

1. 拆除木构件的种类

拆除木构件的种类包括木梁、木柱、木楼梯、木屋架、承重木楼板等，要在构件名称中明确。

2. 拆除构件描述的原则

在项目特征的描述中，以方便综合单价的组价为原则。因此，在拆除工程量的计算中，当以 m 作为计量单位时，要描述构件的规格尺寸；当以 m^2 作为计量单位时，要描述构件的厚度；以立方米作为计量单位时，可不描述构件的规格尺寸。

 项目特征描述中的"构件表面的附着物种类"指的是抹灰层、块料层、龙骨及装饰面层等。

4.17.2 拆除工程的工程量计算规则及示例

在《计算规范》中，拆除工程包括砖砌体拆除，混凝土及钢筋混凝土构件拆除，木构件拆除，抹灰层拆除，块料面层拆除，龙骨及饰面拆除，屋面拆除，铲除油漆涂料裱糊面，栏杆栏板、轻质隔断隔墙拆除，门窗拆除，金属构件拆除，管道及卫生洁具拆除，灯具、玻璃拆除，其他构件拆除和开孔(打洞)15 部分内容。示例见表 4.17.1～表 4.17.15。

表 4.17.1 砖砌体拆除(编码：011601)

项目编码	项目名称	项目特征	计量单位	工程量计算规则	工作内容
011601001	砖砌体拆除	1. 砌体名称 2. 砌体材质 3. 拆除高度 4. 拆除砌体的截面尺寸 5. 砌体表面的附着物种类	1. m^3 2. m	1. 以 m^3 计量，按拆除的体积计算 2. 以 m 计量，按拆除的延长米计算	1. 拆除 2. 控制扬尘 3. 清理 4. 建渣场内、外运输

表 4.17.2 混凝土及钢筋混凝土构件拆除(编码:011602)

项目编码	项目名称	项目特征	计量单位	工程量计算规则	工作内容
011602001	混凝土构件拆除	1. 构件名称 2. 拆除构件的厚度或规格尺寸 3. 构件表面的附着物种类	1. m³ 2. m² 3. m	1. 以 m³ 计量,按拆除构件的混凝土体积计算 2. 以 m² 计量,按拆除部位的面积计算 3. 以 m 计量,按拆除部位的延长米计算	1. 拆除 2. 控制扬尘 3. 清理 4. 建渣场内、外运输
011602002	钢筋混凝土构件拆除				

表 4.17.3 木构件拆除(编码:011603)

项目编码	项目名称	项目特征	计量单位	工程量计算规则	工作内容
011603001	木构件拆除	1. 构件名称 2. 拆除构件的厚度或规格尺寸 3. 构件表面的附着物种类	1. m³ 2. m² 3. m	1. 以 m³ 计量,按拆除构件的混凝土体积计算 2. 以 m² 计量,按拆除面积计算 3. 以 m 计量,按拆除延长米计算	1. 拆除 2. 控制扬尘 3. 清理 4. 建渣场内、外运输

表 4.17.4 抹灰层拆除(编码:011604)

项目编码	项目名称	项目特征	计量单位	工程量计算规则	工作内容
011604001	平面抹灰层拆除	1. 拆除部位 2. 抹灰层种类	m²	按拆除部位的面积计算	1. 拆除 2. 控制扬尘 3. 清理 4. 建渣场内、外运输
011604002	立面抹灰层拆除				
011604003	天棚抹灰面拆除				

表 4.17.5 块料面层拆除(编码:011605)

项目编码	项目名称	项目特征	计量单位	工程量计算规则	工作内容
011605001	平面块料拆除	1. 拆除的基层类型 2. 饰面材料种类	m²	按拆除面积计算	1. 拆除 2. 控制扬尘 3. 清理 4. 建渣场内、外运输
011605002	立面块料拆除				

表 4.17.6 龙骨及饰面拆除(编码:011606)

项目编码	项目名称	项目特征	计量单位	工程量计算规则	工作内容
011606001	楼地面龙骨及饰面拆除	1. 拆除的基层类型 2. 龙骨及饰面种类	m²	按拆除面积计算	1. 拆除 2. 控制扬尘 3. 清理 4. 建渣场内、外运输
011606002	墙柱面龙骨及饰面拆除				
011606003	天棚面龙骨及饰面拆除				

表 4.17.7 屋面拆除(编码：011607)

项目编码	项目名称	项目特征	计量单位	工程量计算规则	工作内容
011607001	刚性层拆除	刚性层厚度	m²	按铲除部位的面积计算	1. 铲除 2. 控制扬尘 3. 清理 4. 建渣场内、外运输
011607002	防水层拆除	防水层种类			

表 4.17.8 铲除油漆涂料裱糊面(编码：011608)

项目编码	项目名称	项目特征	计量单位	工程量计算规则	工作内容
011608001	铲除油漆面	1. 铲除部位名称 2. 铲除部位的截面尺寸	1. m² 2. m	1. 以平方米计量，按铲除部位的面积计算 2. 以米计量，按铲除部位的延长米计算	1. 铲除 2. 控制扬尘 3. 清理 4. 建渣场内、外运输
011608002	铲除涂料面				
011608003	铲除裱糊面				

表 4.17.9 栏杆栏板、轻质隔断隔墙拆除(编码：011609)

项目编码	项目名称	项目特征	计量单位	工程量计算规则	工作内容
011609001	栏杆、栏板拆除	1. 栏杆(板)的高度 2. 栏杆、栏板种类	1. m² 2. m	1. 以平方米计量，按拆除部位的面积计算 2. 以米计量，按拆除的延长米计算	1. 拆除 2. 控制扬尘 3. 清理 4. 建渣场内、外运输
011609002	隔断隔墙拆除	1. 拆除隔墙的骨架种类 2. 拆除隔墙的饰面种类	m²	按拆除部位的面积计算	

表 4.17.10 门窗拆除(编码：011610)

项目编码	项目名称	项目特征	计量单位	工程量计算规则	工作内容
011610001	木门窗拆除	1. 室内高度 2. 门窗洞口尺寸	1. m² 2. 樘	1. 以 m² 计量，按拆除面积计算 2. 以樘计量，按拆除樘数计算	1. 拆除 2. 控制扬尘 3. 清理 4. 建渣场内、外运输
011610002	金属门窗拆除				

表 4.17.11 金属构件拆除(编码：011611)

项目编码	项目名称	项目特征	计量单位	工程量计算规则	工作内容
011611001	钢梁拆除	1. 构件名称 2. 拆除构件的规格尺寸	1. t 2. m	1. 以吨计量，按拆除构件的质量计算 2. 以米计量，按拆除延长米计算	1. 拆除 2. 控制扬尘 3. 清理 4. 建渣场内、外运输
011611002	钢柱拆除				
011611003	钢网架拆除		t	1. 按拆除构件的质量计算	
011611004	钢支撑、钢墙架拆除		1. t 2. m	1. 以吨计量，按拆除构件的质量计算 2. 以米计量，按拆除延长米计算	
011611005	其他金属构件拆除				

表 4.17.12　管道及卫生洁具拆除（编码：011612）

项目编码	项目名称	项目特征	计量单位	工程量计算规则	工作内容
011612001	管道拆除	1. 管道种类、材质 2. 管道上的附着物种类	m	按拆除管道的延长米计算	1. 拆除 2. 控制扬尘 3. 清理 4. 建渣场内、外运输
011612002	卫生洁具拆除	卫生洁具种类	1. 套 2. 个	按拆除的数量计算	

表 4.17.13　灯具、玻璃拆除（编码：011613）

项目编码	项目名称	项目特征	计量单位	工程量计算规则	工作内容
011613001	灯具拆除	1. 拆除灯具高度 2. 灯具种类	套	按拆除的数量计算	1. 拆除 2. 控制扬尘 3. 清理 4. 建渣场内、外运输
011613002	玻璃拆除	1. 玻璃厚度 2. 拆除部位	m²	按拆除的面积计算	

表 4.17.14　其他构件拆除（编码：011614）

项目编码	项目名称	项目特征	计量单位	工程量计算规则	工作内容
011614001	暖气罩拆除	暖气罩材质	1. 个 2. m	1. 以个为单位计量，按拆除个数计算 2. 以米为单位计量，按拆除延长米计算	1. 拆除 2. 控制扬尘 3. 清理 4. 建渣场内、外运输
011614002	柜体拆除	1. 柜体材质 2. 柜体尺寸：长、宽、高			
011614003	窗台板拆除	窗台板平面尺寸	1. 块 2. m	1. 以块计量，按拆除数量计算 2. 以米计量，按拆除的延长米计算	
011614004	筒子板拆除	筒子板的平面尺寸			
011614005	窗帘盒拆除	窗帘盒的平面尺寸	m	按拆除的延长米计算	
011614006	窗帘轨拆除	窗帘轨的材质			

表 4.17.15　开孔（打洞）（编码：011615）

项目编码	项目名称	项目特征	计量单位	工程量计算规则	工作内容
011615001	开孔（打洞）	1. 部位 2. 打洞部位材质 3. 洞尺寸	个	按数量计算	1. 拆除 2. 控制扬尘 3. 清理 4. 建渣场内、外运输

🔧 1. 砖砌体拆除（011601001）

（1）砖砌体拆除的工程量计算可以按拆除的体积以 m³ 计量；当以 m 为单位计算工程量时，如砖地沟、砖明沟等，要明确给出拆除部位的截面尺寸，以方便综合单价的计算。

（2）项目特征描述中的砌体名称指的是拆除的构件种类，比如是墙、柱或水池等。

🔧 2. 抹灰面拆除（011604001～011604003）

抹灰面拆除包括平面抹灰层拆除、立面抹灰层拆除和天棚抹灰面拆除 3 个子目项。抹灰层种类可描述为一般抹灰或装饰抹灰。

3. 块料面层拆除(011605001、011605002)

块料面层拆除包括平面块料拆除和立面块料拆除 2 个子目项。拆除的基层类型的描述是指砂浆层、防水层、干挂或挂贴所采用的钢骨架层等。

4. 龙骨及饰面拆除(011606001~011606003)

龙骨及饰面拆除包括楼地面龙骨及饰面拆除、墙柱面龙骨及饰面拆除和天棚面龙骨及饰面拆除 3 个子目项。基层类型的描述指砂浆层、防水层等。

5. 铲除油漆涂料裱糊面(011608001~011608003)

铲除油漆涂料裱糊面包括铲除油漆面、铲除涂料面和铲除裱糊面 3 个子目项。铲除部位名称的描述是指墙面、柱面、天棚、门窗等。

6. 栏杆栏板、轻质隔断隔墙拆除(011609001、011609002)

栏杆栏板、轻质隔断隔墙拆除包括栏杆、栏板拆除和隔断隔墙拆除 2 个子目项。以米计量时,需描述栏杆(板)的高度。

7. 门窗拆除(011610001、011610002)

门窗拆除包括木门窗拆除和金属门窗拆除 2 个子目项。当门窗拆除以樘计量时,要描述门窗的洞口尺寸。

8. 开孔(打洞)(011615001)

开孔(打洞)的工程量按数量计算,开孔部位指的是墙面或楼板,打洞部位材质指的是页岩砖或空心砖或钢筋混凝土等。

课后练习

一、简答题

1. 桩基础工程工程量清单项目包括哪些主要内容?
2. 混凝土柱的高度如何确定?
3. 钢筋工程的计量单位是如何规定的?
4. 简述混凝土工程的工程量计算规则。
5. 整体面层如何计量?
6. 简述零星装饰项目的适用范围。
7. 简述天棚吊顶的基本构造。

二、选择题

1. 工程量清单中伸入墙内的拖梁按(　　)列项。

    A. 圈梁　　　　　B. 单梁　　　　　C. 并入墙面　　　　D. 单独列项

2. 以下选项中不属于常用工程量计算法方法的是(　　)。

    A. 施工顺序列项计算　　　　　　B. 定额的编排顺序列项计算

    C. 设计顺序列项计算   D. 顺时针方向列项计算

3. 不属于混凝土灌注桩的是(　　)。

    A. 沉管灌注桩   B. 钻(冲)孔灌注桩

    C. 人工挖孔桩   D. 混凝土预制桩

4. 不属于砖砌体的是(　　)。

    A. 实心砖墙   B. 空斗墙   C. 填充墙   D. 混凝土墙

三、计算题

1. 某工程基础如题图 4.1 所示,基础断面均相同,墙体为标准砖一砖墙,M10 水泥砂浆砌筑;设计室内地面标高为±0.000,室外地坪标高为一0.300 m,土壤为一类土,采用人工挖土方,余土人力车外运(200 m),垫层采用 C15 现浇碎石混凝土,假定混凝土垫层原槽浇灌,不需要工作面。试计算:

(1)平整场地工程量,人工挖土方工程量 $V_{挖}$。

(2)混凝土垫层工程量 $V_{垫层}$,砖基础工程量 $V_{砖基}$,基槽回填土工程量 $V_{1回填}$,室内回填土工程量 $V_{2回填}$。

(3)编制该工程的基础工程量清单。

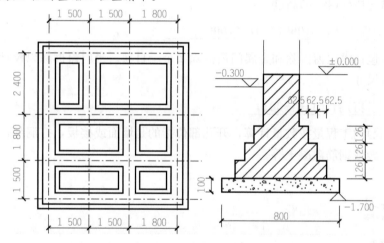

题图 4.1 某工程基础平面图及断面图

2. 如题图 4.2 所示,求现浇钢筋混凝土杯形基础工程量。

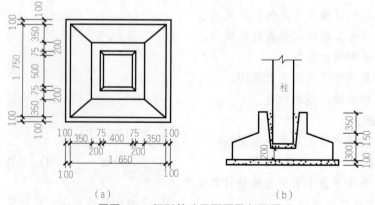

(a)   (b)

题图 4.2 杯形基础平面图及剖面图

3. 某工程有框架柱 KZ1、KZ2，详见题表 4.1，试编制该工程中柱的工程量清单。

题表 4.1 某工程框架柱表

柱名称	柱高/m	柱断面(mm×mm)	备注
KZ1	−1.5～8.07	500×500	一层层高 4.5 m
	8.07～15.27	450×400	二～五层层高 3.6 m
	15.27～24.87	300×300	六、七层层高 3 m
KZ2	−1.5～4.47	直径×500	各层平面图外围尺寸相同
	4.47～8.07	500×500	檐高 25 m
	8.07～15.27	450×400	KZ1 共 24 根，KZ2 共 10 根
	15.27～24.87	300×300	混凝土强度等级均为 C40

4. 题图 4.3 为某工程平面图，层高为 3 m；KZ1 截面尺寸为 300 mm×300 mm；KL1 截面尺寸为 300 mm×600 mm；KL2 截面尺寸为 300 mm×450 mm；板厚为 120 mm。该工程为框架柱独立浇筑，框架梁和楼板整体浇筑，轴线居中。求 KZ1、KL1、KL2 和板的混凝土工程量。

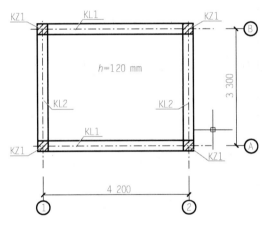

题图 4.3 某工程平面图

其他项目费、规费、税金清单编制

1. 掌握其他项目费、规费、税金的概念；
2. 掌握其他项目费、规费、税金的计算方法。

能够熟练进行其他项目费、规费、税金清单的编制。

5.1 其他项目清单

5.1.1 其他项目清单组成内容与计价

根据《建设工程工程量清单计价规范》(GB 50500—2013)，其他项目清单宜根据拟建工程的具体情况，按下列内容列项。

1. 暂列金额

招标人在工程量清单中暂定并包括在合同价款中的一笔款项。用于工程合同签订时尚未确定或者不可预见的所需材料、工程设备、服务的采购，施工中可能发生的工程变更、合同约定调整因素出现时的合同价款调整以及发生的索赔、现场签证确认等的费用。

暂列金额应根据工程特点，按有关计价规定估算。

2. 暂估价

招标人在工程量清单中提供的，用于支付必然发生但暂时不能确定价格的材料、工程设备的单价以及专业工程的金额。

在编制招标控制价时，暂估价中的材料、工程设备单价应按招标工程量清单中列出的单价计入综合单价；暂估价中的专业工程金额应按招标工程量清单中列出的金额填写。

3. 计日工

在施工过程中，承包人完成发包人提出的工程合同范围以外的零星项目或工作，按合同中约定的单价计价的一种方式。

在编制招标控制价时，计日工应按招标工程量清单中列出的项目根据工程特点和有关计价依据确定综合单价计算。

4. 总承包服务费

总承包人为配合协调发包人进行的专业工程发包，对发包人自行采购的材料、工程设备等进行保管以及施工现场管理、竣工资料汇总整理等服务所需的费用。

在编制招标控制价时，总承包服务费应根据招标工程量清单列出的内容和要求估算。

5.1.2 其他项目计价表格及使用

1. 其他项目计价表

其他项目计价表格包括其他项目清单与计价汇总表(表 5.1.1)、暂列金额明细表(表 5.1.2)、材料(工程设备)暂估单价及调整表(表 5.1.3)、专业工程暂估价及结算价表(表 5.1.4)、计日工表(表 5.1.5)和总承包服务费计价表(表 5.1.6)。

2. 填表注意事项

(1)其他项目清单与计价汇总表中的项目名称、计量单位、暂定金额应按招标人编制的其他项目清单与计价汇总表中的相应内容填写。

表 5.1.1　其他项目清单与计价汇总表

工程名称：　　　　　　　　　　　　　标段：

序号	项目名称	金额/元	结算金额/元	备注
1	暂列金额			明细详见表 5.1.2
2	暂估价			
2.1	材料(工程设备)暂估价/结算价	—		明细详见表 5.1.3
2.2	专业工程暂估价/结算价			明细详见表 5.1.4
3	计日工			明细详见表 5.1.5
4	总承包服务费			明细详见表 5.1.6
5	索赔与现场签证	—		
合计				

表 5.1.2 暂列金额明细表

工程名称： 标段：

序号	项目名称	计量单位	暂定金额/元	备注
1				
2				
3				
4				
5				
合计				

表 5.1.3 材料(工程设备)暂估单价及调整表

工程名称： 标段：

序号	材料(工程设备)名称、规格、型号	计量单位	数量		暂估/元		确认/元		差额±/元		备注
			暂估	确认	单价	合价	单价	合价	单价	合价	

表 5.1.4 专业工程暂估价及结算价表

工程名称： 标段：

序号	工程名称	工程内容	暂估金额/元	结算金额/元	差额±/元	备注
1						
2						
3						
合计						

表 5.1.5　计日工表

工程名称：　　　　　　　　　　　　　　标段：

编号	项目名称	单位	暂定数量	实际数量	综合单价/元	合价/元	
						暂定	实际
一	人　工						
1							
2							
3							
人工小计							
二	材料						
1							
2							
3							
材料小计							
三	施工机械						
1							
2							
3							
施工机械小计							
四、企业管理费和利润							
总计							

表 5.1.6　总承包服务费计价表

工程名称：　　　　　　　　　　　　　　标段：

序号	项目名称	项目价值/元	服务内容	计算基础	费率/%	金额/元
1	发包人发包专业工程					
2	发包人提供材料					
合计						

本表不得增加或减少、不得修改。材料（工程设备）暂估单价进入清单项目综合单价，此表中不汇总。

（2）暂列金额明细表由招标人填写，如不能详列，也可只列暂定金额总额，投标人应将上述暂列金额计入投标总价中。

（3）材料暂估单价表和专业工程暂估价表均由招标人填写。投标人应将材料暂估单价计入工程量清单综合单价报价中，将专业工程暂估价计入投标总价中。结算时按合同约定结算金额填写。

（4）计日工表的项目名称、暂定数量由招标人填写，编制招标控制价时，单价由招标人按有关计价规定确定；投标时，单价由投标人自主报价，按暂定数量计算合价计入投标总价中。结算时，按发承包双方确认的实际数量计算合价。

(5)总承包服务费计价表中的项目名称、服务内容由招标人填写，编制招标控制价时，费率及金额由招标人按有关计价规定确定；投标时，费率及金额由招标人自主报价，计入投标总价中。

3. 示例

表 5.1.7 为某工程其他项目清单与计价汇总表，其计算过程见 6.2.3 中案例 1 问题 6 的解答。

表 5.1.7 其他项目清单与计价汇总表

工程名称： 标段：

序号	项目名称	金额/元	结算金额/元	备注
1	暂列金额	30 000		
2	暂估价	50 000		
2.1	材料暂估价			
2.2	专业工程暂估价	50 000		
3	计日工	2 100		35×60＝2 100
4	总承包服务费按 4%	2 000		50 000×4%＝2 000
	合计	84 100		

5.2 规费及税金项目清单

5.2.1 规费及税金项目组成内容与计价

1. 规费的组成内容

规费是根据省级政府或省级有关权力部门规定必须缴纳的，应计入建筑安装工程造价的费用。根据住房和城乡建设部、财政部《关于印发〈建筑安装工程费用项目组成〉的通知》（建标〔2013〕44 号）的规定，规费主要包括：

(1)社会保险费：企业为职工缴纳的养老保险、医疗保险、失业保险、工伤保险和生育保险等社会保障方面的费用(包括个人缴纳部分)。为确保施工企业各类从业人员社会保障权益落到实处，省、市有关部门可根据实际情况制定管理办法。

(2)住房公积金：企业为职工缴纳的住房公积金。

(3)工程排污费：包括废气、污水、固体、扬尘及危险废物和噪声排污费等内容。

规费作为政府和有关权力部门规定必须缴纳的费用，政府和有关权力部门可根据形势发展的需要，对规费项目进行调整，因此，清单编制人对《建筑安装工程费用项目组成》中未包括的规费项目，在编制规费项目清单时应根据省级政府或省级有关权力部门的规定列项。

2. 税金

税金是指国家税法规定的应计入建筑工程造价内的营业税、城市维护建设税、教育费附加和地方教育附加。如国家税法发生变化，税务部门依据职权增加了税种，应对税金项目清单进行补充。

税金项目清单应按下列内容列项：

(1)营业税。

(2)城市维护建设税。

(3)教育费附加。

(4)地方教育附加。

5.2.2 规费及税金项目计价表格

(1)规费和税金计价表表式，见表5.2.1。

表5.2.1 规费、税金项目计价表

工程名称：　　　　　　　　　　　　　　标段：

序号	项目名称	计算基础	计算基数	计算费率/%	金额/元
1	规费	定额人工费			
1.1	社会保险费	定额人工费			
(1)	养老保险费	定额人工费			
(2)	失业保险费	定额人工费			
(3)	医疗保险费	定额人工费			
(4)	工伤保险费	定额人工费			
(5)	生育保险费	定额人工费			
1.2	住房公积金	定额人工费			
1.3	工程排污费	按工程所在地环境保护部门收取标准，按实计入			
2	税金	分部分项工程费＋措施项目费＋其他项目费＋规费－按规定不计税的工程设备金额			
合计					

编制人(造价人员)：　　　　　　　　　　　　　　复核人(造价工程师)：

（2）规费和税金计费系数表。以辽宁省现行税金和规费的计费标准为例，列表5.2.2和表5.2.3。

表5.2.2 现行税率表

序号	项目名称	计算基数	税率		
			市区	城（镇）	其他
1	税金	税前工程造价	3.477	3.413	3.284

表5.2.3 辽宁省现行规费费率计价表

工程名称：三类取费

序号	汇总内容		计算基础	费率/%
5.1	工程排污费			
5.2	社会保障费		养老保险＋失业保险＋医疗保险＋生育保险＋工伤保险	2.4 元/m²
5.2.1		养老保险		
5.2.2		失业保险	（分部分项工程费＋措施项目费）中人工费＋机械费	3.4
5.2.3		医疗保险		
5.2.4		生育保险	（分部分项工程费＋措施项目费）中人工费＋机械费	0.08
5.2.5		工伤保险	（分部分项工程费＋措施项目费）中人工费＋机械费	0.09
5.3		住房公积金	（分部分项工程费＋措施项目费）中人工费＋机械费	0.29
合计				

例 5-1 某工程采用工程量清单招标，确定某承包商中标。甲乙双方签订了承包合同，包括分部分项工程量清单和投标综合单价。工程合同工期 12 个月，分部分项工程费为 2 500 万元，措施费 84 万元，其他项目费 100 万元，规费费率为分部分项工程费、措施费、其他项目费之和的 4%，税率为 3.413%。试计算规费及税金费用分别是多少？

解：（1）计算规费：

由题意知规费费率为分部分项工程费 2 500 万元、措施费 84 万元、其他项目费 100 万元之和的 4%。

则 规费＝(2 500＋84＋100)×4%＝107.36(万元)

（2）计算税金：

税金＝(分部分项工程费＋措施项目费＋其他项目费＋规费)×税率
＝(2 500＋84＋100＋107.36)×3.413%＝95.27(万元)

✎ 课后练习

一、简答题

1. 规费由哪些内容组成？

2. 什么是措施项目清单？其主要内容有哪些？

二、填空题

1. 雨棚挑出超过（   ）或柱式雨棚的模板，按相应的有梁板和柱计算。

2. 基坑排水的两个条件是（   ）和（   ）。

3. 檐口高度在（   ）m 以内的单层建筑物和围墙不计算垂直运输。

4. 建筑物超高降效适用于建筑物高度超过（   ）以上的工程。

5. 凡砌筑高度超过（   ）的砌体，均需计算脚手架。

6. 砌筑高度在（   ）以内者，按里脚手架计算。

7. 社会保险费包括：（   ）、（   ）、（   ）、（   ）和（   ）。

8. 现浇钢筋混凝土满堂基础及深度超过 2 m 的混凝土独立基础、设备基础，均按搭设的（   ）计算。

9. 井点降水（   ）为一套，累计根数不足一套者按一套计算。

10. 二次搬运时，单（双）轮车最大运距为（   ）米，超过时，应另行处理。

三、计算题

1. 某工程项目，箱形基础，在地下常水位以下，基础面积 200 m×180 m，基础埋深 5 m，地下常水位在地面以下 1.5 m，采用井点降水，试计算降水费用。

2. 某公共建筑，框架结构，18 层，每层建筑面积 2 500 m²。钢筋混凝土箱形基础，地下三层，现场配置一台 60 kN·m 的塔式起重机，带塔卷扬机各一台，试计算该工程垂直运输费。

项目 6

工程量清单计价

知识目标

1. 掌握工程量清单计价表格的组成；
2. 熟悉工程量清单计价表格的一般规定；
3. 掌握综合单价的组成及其确定方法；
4. 掌握投标报价的程序及其计算方法。

技能目标

1. 能够正确编制分部分项工程量的综合单价分析表；
2. 能根据招标人提供的工程量清单编制投标报价。

工程量清单计价是在招标人提供的工程量清单基础上分别计算出分部分项工程费、措施项目费、其他项目费、规费和税金，把这五部分汇总成单位工程投标报价。然后汇总成单项工程投标报价，工程项目投标报价。

6.1 工程量清单计价表格

6.1.1 计价表格组成

1. 工程计价文件封面

（1）建设单位招标时编制"工程量清单"和"招标控制价"使用的两个封面：表 6.1.1 所示封—1 和表 6.1.2 所示封—2。

表 6.1.1　建设单位招标使用的封一1 表式

_____工程

招标工程量清单

招　标　人：_____

（单位盖章）

造价咨询人：_____

（单位盖章）

年　　月　　日

表 6.1.2　建设单位招标使用的封一2表式

_____工程

招标控制价

招　标　人：_____
（单位盖章）

造价咨询人：_____
（单位盖章）

年　　月　　日

(2)施工单位投标时编制"投标报价"使用的封面,见表 6.1.3。

表 6.1.3 施工单位投标使用的封—3 表式

_____工程

投 标 总 价

投 标 人:_____
(单位盖章)

年　　月　　日

(3)工程项目竣工验收后，施工单位编制"竣工结算"时使用的封面，见表 6.1.4。

表 6.1.4 编制竣工结算时使用的封—4 表式

_____工程

竣工结算书

发 包 人：_____
（单位盖章）

承 包 人：_____
（单位盖章）

造价咨询人：_____
（单位盖章）

年 月 日

2. 工程计价文件扉页

(1)建设单位招标时编制"工程量清单"和"招标控制价"使用的两个封面：表6.1.5所示扉-1和表6.1.6所示扉-2。

表6.1.5 建设单位招标使用的扉-1表式

_____工程

招标工程量清单

招 标 人：_____　　　　造价咨询人：_____
　　　　　（单位盖章）　　　　　　　　　　　　　　（单位资质专用章）

法定代表人　　　　　　　　　　　　　法定代表人
或其授权人：_____　　　或其授权人：_____
　　　　　（签字或盖章）　　　　　　　　　　　　（签字或盖章）

编 制 人：_____　　　　复 核 人：_____
　　　　（造价人员签字盖专用章）　　　　　　（造价工程师签字盖专用章）

编制时间：　年　月　日　　　　　　　复核时间：　年　月　日

表 6.1.6　建设单位招标使用的扉—2 表式

_____工程

招标控制价

招标控制价(小写)：_____
　　　　　(大写)：_____

招　标　人：_____　　　　造价咨询人：_____
　　　　　　(单位盖章)　　　　　　　　　　　　(单位资质专用章)

法定代表人　　　　　　　　　　　　　法定代表人
或其授权人：_____　　　　或其授权人：_____
　　　　　　(签字或盖章)　　　　　　　　　　　(签字或盖章)

编　制　人：_____　　　　复　核　人：_____
　　　　(造价人员签字盖专用章)　　　　　　　(造价工程师签字盖专用章)

编制时间：　年　月　日　　　　复核时间：　年　月　日

(2)施工单位投标时编制"投标报价"使用的扉页，见表 6.1.7。

表 6.1.7 施工单位投标使用的扉—3 表式

投 标 总 价

招　标　人：＿＿＿＿＿＿＿＿＿＿＿＿＿＿＿＿＿＿

工 程 名 称：＿＿＿＿＿＿＿＿＿＿＿＿＿＿＿＿＿＿

投标总价(小写)：＿＿＿＿＿＿＿＿＿＿＿＿＿＿＿＿

　　　 (大写)：＿＿＿＿＿＿＿＿＿＿＿＿＿＿＿＿

投　标　人：＿＿＿＿＿＿＿＿＿＿＿＿＿＿＿＿＿＿
　　　　　　　　　　　(单位盖章)

法定代表人
或其授权人：＿＿＿＿＿＿＿＿＿＿＿＿＿＿＿＿＿＿
　　　　　　　　　　　(签字或盖章)

编　制　人：＿＿＿＿＿＿＿＿＿＿＿＿＿＿＿＿＿＿
　　　　　　　　　(造价人员签字盖专用章)

时　　　间：　　年　　月　　日

（3）工程项目竣工验收后，施工单位编制"竣工结算"时使用的扉页，见表 6.1.8。

表 6.1.8　编制竣工结算时使用的扉—4 表式

_____工程

竣工结算总价

签约合同价(小写)：_____　　　(大写)：_____

竣工结算价(小写)：_____　　　(大写)：_____

发 包 人：_____　　承 包 人：_____　　造价咨询人：_____
　　　　（单位盖章）　　　　　　　（单位盖章）　　　　　　（单位资质专用章）

法定代表人　　　　　　　法定代表人　　　　　　　法定代表人
或其授权人：_____　或其授权人：_____　或其授权人：_____
　　　　（签字或盖章）　　　　　（签字或盖章）　　　　　（签字或盖章）

编 制 人：_____　　　核 对 人：_____
　　　（造价人员签字盖专用章）　　　　　　　（造价工程师签字盖专用章）

编 制 时 间：　　年　月　日　　　核 对 时 间：　　年　月　日

3. 工程计价总说明

(1)表式：见表 6.1.9。

表 6.1.9　总说明表式

工程名称：

(2)建设单位招标文件中总说明编写要求。

首先说明报价人注意事项；其次说明除清单项目以外、影响工程投标报价的因素和招标人自身的某些要求。

总说明具体应包括下列内容。

1)报价人须知：

①应按工程量清单报价格式规定的内容进行编制、填写、签字、盖章。

②工程量清单及其报价格式中的任何内容，不得随意删除或修改。

③工程量清单报价格式中所有需要填报的单价和合价，投标人均应填报，未填报的单价和合价，视为此项费用已包含在工程量清单的其他单价或合价中。

④使用的货币种类。

2)地质、水文、气象、交通、周边环境、工期等。

3)工程招标和分包范围。

4)工程量清单编制依据。

5)工程质量、材料、施工等的特殊要求。

6)招标人自行采购材料的名称、规格型号、数量及要求承包人提供的服务。

7)投标报价文件提供的数量。

8)其他需要说明的问题。

(3)施工单位投标时编制总说明的要求。

总说明主要应包括两方面的内容：一是对招标人提出的包括清单在内有关问题的说明；二是有利于自身中标等问题的说明。总说明应包括下列具体内容。

1)工程量清单报价文件包括的内容。

2)工程量清单报价编制依据。

3)工程质量、工期。

4)优惠条件的说明。

5)优越于招标文件中技术标准的备选方案的说明。

6)对招标文件中的某些问题有异议时的说明。

7)其他需要说明的问题。

(4)示例：表 6.1.10 以某别墅住宅工程为例，说明总说明如何编写。

表 6.1.10 某别墅工程总说明编写示例

总 说 明

工程名称：某别墅工程

---

1. 工程概况：本工程建筑物主体三层，局部四层。结构类型为钢筋混凝土框架结构。

2. 投标报价编制依据：

(1)招标文件及其工程量清单等有关报价的文件，答疑纪要；

(2)施工图纸及投标文件中的施工组织设计；

(3)相关技术标准、规范、图集；

(4)省建设主管部门颁发的计价文件；

(5)材料价格参考本工程所在地本月造价信息及当地市场价计算；

(6)人工费调整暂按当地人工费调整信息调整(即按 32％调整)。结算时按实调整。

3. 工程质量：合格。

4. 工期：280 日历天。

5. 其他：

(1)本工程暂未考虑房心回填、过梁、室外台阶等。钢筋以基层和二层为例计算，未考虑钢筋竖向连接。

(2)余土外运按运距 1 kM 计算。

(3)压顶暂按 C20 混凝土计算。

(4)内外墙体均按小型空心砌块墙计算。

---

4. 工程计价汇总表

(1)建设项目招标控制价/投标报价汇总表。

1)表式：见表 6.1.11。

表 6.1.11 建设项目招标控制价/投标报价汇总表表式

工程名称：

序号	单项工程名称	金额/元	其中：元		
			暂估价	安全文明施工费	规费
合计					

2)填表注意事项：

①本表适用于建设项目招标控制价或投标报价的汇总；

②表中单项工程名称，应按单项工程投标报价汇总表的工程名称填写。

③表中金额应按单项工程投标报价汇总表的合计金额填写。

(2)单项工程招标控制价/投标报价汇总表。

1)表式：见表 6.1.12。

表 6.1.12 单项工程招标控制价/投标报价汇总表表式

工程名称：

序号	单项工程名称	金额/元	其中：元		
			暂估价	安全文明施工费	规费
合计					

2)填表注意事项：

①本表适用于单项工程招标控制价或投标报价的汇总。暂估价包括分部分项工程中的暂估价和专业工程暂估价。

②表中单位工程名称，应按单位工程技标报价汇总表的工程名称填写。

③表中金额应按单位工程投标报价汇总表的合计金额填写。

(3)单位工程招标控制价/投标报价汇总表。

1)表式：见表 6.1.13。

表 6.1.13 单位工程招标控制价/投标报价汇总表表式

工程名称： 标段： 第 页共 页

序号	汇总内容	金额/元	其中：暂估价/元
1	分部分项工程费	按计价规定计算	
1.1			
1.2			
1.3			
1.4			
1.5			
2	措施项目		—
2.1	其中：安全文明施工费		—
3	其他项目		—
3.1	其中：暂列金额		—
3.2	其中：专业工程暂估价		—
3.3	其中：计日工		—
3.4	其中：总承包服务费		—
4	规费		—
5	税金		—
招标控制价合计＝1＋2＋3＋4＋5			

2)填表注意事项：本表适用于单位工程招标控制价或投标报价的汇总，如无单位工程划分，单项工程也使用本表汇总。

3)示例：表6.1.14为按照辽宁省现行规定编制的某别墅住宅工程的单位工程招标控制价/投标报价汇总表。

表6.1.14　某别墅住宅工程的单位工程招标控制价/投标报价汇总表

工程名称：某别墅工程　　　　　　　　　　　　　　　标段：

序号	汇总内容	金额/元	其中：暂估价/元
1	分部分项工程费	287 472.63	
1.1	其中：人工费	65 728.72	
1.2	其中：机械费	13 051.15	
2	措施项目费	13 313.80	
2.1	其中：安全文明施工费	12 526	
3	其他项目费		
4	税费前工程造价合计	300 786.43	
5	规费	178 184.30	
5.1	工程排污费		
5.2	社会保障费	171 740.11	
5.2.1	养老保险	12 888.39	
5.2.2	失业保险	78 779.87	
5.2.3	医疗保险	78 779.87	
5.2.4	生育保险	645.99	
5.2.5	工伤保险	645.99	
5.3	住房公积金	6 444.19	
6	人工费动态调整	22 368.25	
7	税金	17 431.56	
	投标报价合计	518 770.54	0

5. 分部分项工程和单价措施项目清单与计价表

（1）表式：见表6.1.15。

表 6.1.15 分部分项工程和单价措施项目清单与计价表表式

工程名称：　　　　　　　　　　　　　　　　　　标段：

序号	项目编码	项目名称	项目特征描述	计量单位	工程量	金额/元			
						综合单价	合价	其中	
								暂估价	
本页小计									
合计									

（2）填表注意事项：为计取规费等的使用，可在表中增设其中："定额人工费"。

（3）编制分部分项工程和单价措施项目计价表的注意事项。

招标人编制招标控制价和投标人编制投标报价时都需要编制分部分项工程和单价措施项目计价表，编制时应注意以下两点：

1）分部分项工程和单价措施项目计价表的项目编码、项目名称、项目特征、计量单位、工程量必须按要求填写，不得增加、减少或修改；

2）分部分项工程和单价措施项目计价表的核心是综合单价的确定，如投标人不填写综合单价及合价，被认为此项工程量的内容已含在其他清单项目中。

表中合价＝综合单价×相应清单项目工程量

（4）示例：表 6.1.16 为某别墅住宅工程分部分项工程和单价措施项目清单与计价表中的一部分内容。

表 6.1.16 某别墅住宅工程分部分项工程和单价措施项目清单与计价表

工程名称：某别墅工程

序号	项目编码	项目名称	计量单位	工程量	综合单价	合价
1	011202001002	建筑物 20 m 内垂直运输现浇框架结构	100 m²	4.311 5	1 321.98	5 699.72
2	011204001001	综合脚手架钢管脚手架(高度 15 m 以内)	100 m²	4.311 5	1 634.61	7 047.62
3	011203001001	特、大型机械每安装、拆卸一次费用塔式起重机(起重量)600 kN·m	台次	1	11 473.65	11 473.65
4	010101001001	人工平整场地	100 m²	1.976 4	168.31	332.65
5	010101002001	人工挖土方一、二类土深度 1.5 m 以内	100 m³	1.787 57	964.43	1 723.99
6	010106001002	回填土夯填	100 m³	1.401 55	1 797.31	2 519.02
7	010104008001	自卸汽车运土方(载重 4.5 t)运距1 km 以内	1 000 m³	0.038 602	6 988.39	269.77
8	010901001019	楼地面商品混凝土垫层不分格 C10	10 m³	0.702	2 283.59	1 603.08
9	010401002003	独立基础商混凝土 C20	10 m³	2.591 7	3 230.16	8 371.61
10	010403001001	现浇混凝土基础梁商混凝土 C25	10 m³	0.461 8	3 256.18	1 503.70
本页小计			—	—		215 649.73

6. 工程量清单综合单价分析表

投标人在计算分部分项工程费、措施项目费、其他项目费时，还要按照招标人要求填写工程量清单综合单价分析表。

(1)表式：见表 6.1.17。

表 6.1.17 综合单价分析表表式

工程名称：　　　　　　　　　　标段：

项目编码		项目名称		计量单位		工程量	
清单综合单价组成明细							
定额编号	定额项目名称	定额单位	数量	单价/元				合价/元			
				人工费	材料费	机械费	管理费和利润	人工费	材料费	机械费	管理费和利润
人工单价			小　计								
元/工日			未计价材料费								
清单项目综合单价											
材料费明细	主要材料名称、规格、型号			单位	数量	单价/元	合价/元	暂估单价/元	暂估合价/元		
	其他材料费/元					—		—			
	材料费小计/元					—		—			

（2）填表注意事项。

1）如不使用省级或行业建设主管部门发布的计价依据，可不填定额编号、名称等。

2）招标文件提供了暂估单价的材料，按暂估的单价填入表内"暂估单价"栏及"暂估合价"栏。

3）示例：表6.1.18为某工程基础垫层的综合单价分析表，其计算过程见6.2.3中案例1问题3的解答。

表 6.1.18 某工程基础垫层综合单价分析表

工程名称：

项目编码	010401006001		项目名称		基础垫层		计量单位	m³	工程量	18.4
清单综合单价组成明细										
定额编号	定额名称	定额单位	数量	单价/元				合价/元			
				人工费	材料费	机械费	管理费和利润	人工费	材料费	机械费	管理费和利润
8—16	基础垫层	m³	18.4	42.88	174.1	10.8	9.15	788.99	3 203.44	198.72	168.36
人工单价			小 计					788.99	3 203.44	198.72	168.36
35.0元/工日			未计价材料费								
清单项目综合单价/(元·m⁻³)								4 359.51÷18.4＝236.93			

材料费明细	主要材料名称、规格、型号	单位	数量	单价/元	合价/元	暂估单价/元	暂估合价/元
	32.5级水泥	kg	4 627.42	0.32	1 480.77	0.32	1 480.77
	其他材料费/元			—	1 722.47	—	—
	材料费小计/元				3 203.44		

7. 工程量清单综合单价调整表

综合单价调整表适用于各种合同约定调整因素出现时调整综合单价，各种调整依据应附于表后。

（1）表式：见表6.1.19。

表 6.1.19　综合单价调整表表式

工程名称：　　　　　　　　　　　　标段：

序号	项目编码	项目名称	已标价清单综合单价/元					调整后综合单价/元				
			综合单价	其中				综合单价	其中			
				人工费	材料费	机械费	管理费和利润		人工费	材料费	机械费	管理费和利润

造价工程师(签章)：　　　　发包人代表(签章)：　　　　造价人员(签章)：　　　　承包人代表(签章)：

日期：　　　　　　　　　　　　　　　　　　　　　日期：

(2)填表注意事项。

1)综合单价调整应附调整依据。

2)项目编码和项目名称必须与已标价工程量清单保持一致，不得发生错漏，以免发生争议。

8. 总价措施项目清单与计价表

(1)表式：见表 6.1.20。

表 6.1.20　总价措施项目清单与计价表表式

工程名称：　　　　　　　　　标段：　　　　　　　　第　页共　页

序号	项目编码	项目名称	计算基础	费率/%	金额/元	调整费率/%	调整后金额/元	备注
		安全文明施工费						
		夜间施工增加费						
		二次搬运费						
		冬雨期施工增加费						
		已完工程及设备保护费						
合计								

(2)填表注意事项。

1)"计算基础"中安全文明施工费可为"定额基价""定额人工费"或"定额人工费＋定额机械费",其他项目可为"定额人工费"或"定额人工费＋定额机械费"。

2)按施工方案计算的措施费,若无"计算基础"和"费率"的数值,也可只填"金额"数值,但应在备注栏说明施工方案出处或计算方法。

(3)示例:表6.1.21为某工程总价措施项目清单与计价表,其计算过程见6.2.3中案例1问题4的解答。

表 6.1.21　总价措施项目清单与计价表

序号	项目编码	项目名称	计算基础	费率/%	金额/元	备注
1	011707001001	安全文明施工费	分部分项工程量合价	3	8 501.55	
2	011707002001	夜间施工增加费	分部分项工程量合价	5	14 169.26	
3	011707005001	冬雨季施工增加费				
4	011707004001	二次搬运费				
5	01B001	工人自备生产工具使用费				
6	01B002	工程点交费				
7	01B003	场内清理费				
8	011707007001	已完工程和设备保护费				
合计					22 670.81	

6.1.2　计价表格使用规定

1. 编制工程量清单时应符合的规定

(1)使用的表格。包括"招标工程量清单"封面、扉页、总说明、分部分项工程和单价措施项目清单与计价表、总价措施项目清单与计价表、其他项目清单与计价汇总表和规费、税金项目计价表。

(2)封面应按规定的内容填写、签字、盖章,造价员编制的工程量清单应有负责审核的造价工程师签字、盖章。

(3)总说明应按下列内容填写。

1)工程概况：建设规模、工程特征、计划工期、施工现场实际情况、自然地理条件、环境保护要求等。

2)工程招标和分包范围。

3)工程量清单编制依据。

4)工程质量、材料、施工等的特殊要求。

5)其他需要说明的问题。

2. 招标控制价、投标报价的编制应符合的规定

(1)使用的表格。包括"招标控制价"封面或"投标总价"封面、扉页、总说明、建设项目招标控制价/投标报价汇总表、单项工程招标控制价/投标报价汇总表、单位工程招标控制价/投标报价汇总表、分部分项工程和单价措施项目清单与计价表、综合单价分析表、总价措施项目清单与计价表、其他项目清单与计价汇总表和规费、税金项目计价表。

(2)封面应按规定的内容填写、签字、盖章，除承包人自行编制的投标报价外，受委托编制的招标控制价、投标报价若为造价员编制的，应有负责审核的造价工程师签字、盖章以及工程造价咨询人(单位)盖章。

(3)总说明应按下列内容填写。

1)工程概况：建设规模、工程特征、计划工期、合同工期、实际工期、施工现场及变化情况、施工组织设计的特点、自然地理条件、环境保护要求等。

2)编制依据等。

3)其他需要说明的问题。

6.2 工程量清单计价

6.2.1 一般规定

1. 工程量清单计价的编制依据

(1)《建设工程工程量清单计价规范》(GB 50500—2013)。

(2)招标文件、施工图纸及其说明。

(3)建设工程消耗量定额或企业定额。

(4)工料机市场价格。

2. 一般规定

(1)采用工程量清单计价，建设工程造价由分部分项工程费、措施项目费、其他项目费、规费和税金组成。

(2)分部分项工程量清单应采用综合单价计价，投标人应按照招标文件的要求，附工程量清单综合单价分析表。

(3)招标文件中的工程量清单标明的工程量是投标人投标报价的共同基础,竣工结算时工程量按发、承包双方在合同中约定应予计量且实际完成的工程量确定。

(4)工程量清单与计价表中列明的所有需要填写的单价和合价,投标人均应填写,未填写单价和合价,视为此项费用已包含在工程量清单的其他单价和合价中。

(5)措施项目清单计价应以经审定的拟建工程施工组织设计为根据,对可计算工程量的措施项目,按分部分项工程量清单的方式采用综合单价计价;其余的措施项目要按以"项"为单位的方式计价,包括除规费、税金外的全部费用。

(6)措施项目清单中的安全文明施工费,在编制招标控制价、投标报价时,应按照国家或省级、行业建设主管部门的规定计价,不得作为竞争性费用。工程竣工验收合格后,承包人凭《安全文明施工措施评价及费率测定表》测定的费率办理竣工结算。未经现场评价或承包人不能出具《安全文明施工措施评价及费率测定表》的,承包人不得收取安全文明施工措施费。

(7)其他项目清单应根据工程特点以及相关规定计价。

(8)招标人在工程量清单中提供了暂估价的材料和专业工程属于依法必须招标的,由承包人和招标人共同通过招标确定材料单价与专业工程分包价。

若材料不属于依法必须招标的,经发、承包双方协商确认单价后计价。若专业工程不属于依法必须招标的,由发包人、总承包人与分包人按有关计价依据进行计价。

(9)规费和税金应按国家或省级、行业建设主管部门的规定计算,不得作为竞争性费用。

(10)采用工程量清单计价的工程,应在招标文件或合同中明确风险内容及其范围(幅度),不得采用无限风险。

6.2.2 综合单价的确定

1. 综合单价的概念

综合单价是指完成一个规定清单项目所需的人工费、材料和工程设备费、施工机械使用费和企业管理费与利润,以及一定范围内的风险费用。

2. 综合单价的确定原则

由于"13 计价规范"不规定具体的人工、材料、机械费的价格,所以投标企业要依据当时当地的市场价格信息,或根据各省相关造价信息,同时必须考虑工程本身的内容、范围、技术特点要求、招标文件的有关规定、工程现场情况,以及其他方面的因素,灵活机动地进行调整,组成各分项工程的综合单价作为报价。该报价应尽可能地与企业内部成本数据相吻合,而且在投标中具有一定的竞争能力。

综合单价按招标文件中分部分项工程量清单项目的特征描述确定计算。当施工图纸或设计变更与工程量清单的项目特征描述不一致时,按实际施工的项目特征,重新确定综合单价。招标文件中提供了暂估单价的材料,按材料暂估单价进入综合单价。

措施项目费报价的编制应考虑多种因素,除工程本身的因素外,还应考虑水文、地质、气象、环境、安全等因素和施工企业的实际情况。如果有《计算规范》附录中未列的措施项目，编制人可进行补充。其综合单价的确定可参见企业定额，或建设行政主管部门发布的系数计算。

在综合单价确定后，投标单位便可以根据掌握的竞争对手的情况和制定的投标策略，填写工程量清单报价格式中所列明的所有需要填报的单价和合价，以及汇总表。如果有未填报的单价和合价，视为此项费用已包含在工程量清单的其他单价和合价中，结算时不得追加。

分部分项工程和单价措施项目清单与计价表中每个项目的综合单价的计算结果都需要填"综合单价分析表"。

3. 综合单价计算顺序

综合单价的计算一般应按下列顺序进行：

(1)确定工程内容、项目名称和清单编码。根据工程量清单项目和拟建工程的实际，或参照按《计算规范》附录中的"工作内容"来确定该清单项目的主体及其相关工程内容，确定清单项目名称和编码，并选用相应定额。

(2)计算工程内容对应的定额工程量：按各地区现行的建筑工程计价定额的规定，分别计算分部分项工程量清单项目所包含的每项工程内容的工程量。

(3)计算消耗量：根据确定的工程内容及选定的定额，计算人工、材料、机械台班消耗量。

$$人工(材料、机械台班)消耗量＝定额人工(材料、机械台班)$$
$$消耗量×工程内容定额工程量$$

(4)确定单价：根据定额、市场价格信息或参照工程造价管理机构发布的人工、材料、机械台班信息价格，确定相应单价。

(5)"工程内容"的人、材、机价款：计算分部分项工程量清单项目每计量单位所含某项工程内容的人工、材料、机械台班价款。

$$工程内容的人、材、机价款 ＝ \sum(定额人、材、机消耗量×人、材、机单价)×$$
$$工程内容定额工程；$$

(6)工程量清单项目人、材、机价款。计算工程量清单项目每计量单位人工、材料、机械台班价款。

$$工程量清单项目人、材、机价款 ＝ \sum(工程内容的人、材、机价款)$$

(7)计算管理费、利润：参照工程造价主管部门发布的管理费率、利润率，结合本企业和市场的情况，确定管理费率、利润率。

辽宁省实行的计算方法是：

$$管理费＝(人工费＋机械费)×管理费费率$$
$$利润＝(人工费＋机械费)×利润率$$

(8)计算综合单价。

以(人工费＋机械费)为计算基础的综合单价＝(人工费＋机械费＋管理费＋利润)/
$$项目清单工程量$$

例 6-1 已知企业的管理费率为 10％(以工料机为基数计算)，利润率和风险系数为

5%(以工料机和管理费为基数计算)。依据《辽宁省建筑工程计价定额》2008,计算例 4-3 中挖土方的综合单价。

解：在例 4-3 中,我们已经按照《计算规范》计算出清单土方量为 111.38 m^3;按照《辽宁省建筑工程计价定额》(2008)的规定,计算出人工挖沟槽土方合计工程量为 193.07 m^3,挖土深度为 1.3 m,土质类别为二类。

(1)确定项目名称：人工挖沟槽土方。

确定清单项目编码：010101003001。

(2)计算工程量：清单工程量＝111.38 m^3(见例 4-3)。

定额工程量 $V_{挖}$＝193.07 m^3(见例 4-3)。

(3)选套定额项目确定单价(表 6.2.1)：定额编码 1-14(2008《辽宁省建筑工程计价定额》示例)。

表 6.2.1 人工挖沟槽基坑(编码 010101003)

工作内容：人工挖沟槽、基坑土方,沟槽、基坑底平整　　　　　　　　　　　单位 100 m^3

项目编码		001	002	003	004
		1-14	1-7	1-16	1-17
项目		挖沟槽			
		一、二类土			三类土
		深度 2 m 以内	深度 4 m 以内	深度 6 m 以内	深度 2 m 以内
基价/元		1 187.64	1 531.92	1 974.00	1 891.28
其中	人工费/元	1 187.64	1 531.92	1 974.00	1 891.28
	材料费/元	—	—	—	—
	机械费/元	—	—	—	—
名 称	单 位	消 耗 量			
人工　普工	工日	29.691	38.298	49.305	47.282

则　定额单价为 1 187.64 元/100 m^3＝11.88(元/m^3)

(4)确定工程内容的人、材、机费用：

$$11.88 \times 193.07 = 2\ 293.67(元)$$

其中：人工费＋机械费＝2 293.67 元

(5)计算管理费、利润：

管理费＝(人工费＋机械费)×管理费费率＝2 293.67×10%＝229.37(元)

利润＝(人工费＋机械费)×利润率

＝2 293.67×5%＝114.68(元)

(6)计算综合单价。

综合单价＝(人工费＋机械费＋管理费＋利润)/项目清单工程量

＝(2 293.67＋229.37＋114.68)/111.38＝23.68(元/m^3)

计算结果见表 6.2.2。

表 6.2.2　人工挖沟槽综合单价分析表

工程名称：

项目编码	010101003001		项目名称		人工挖沟槽		计量单位		m³	工程量	111.38
清单综合单价组成明细											
定额编号	定额项目名称	定额单位	数量	单价/元				合价/元			
				人工费	材料费	机械费	管理费和利润	人工费	材料费	机械费	管理费和利润
1-14	人工挖沟槽一、二类土深度 1.5 m 以内	100 m³	0.017 33	1 187.64			178.14	20.58			3.09
人工单价		小　　计						20.58			3.09
40.00 元/工日		未计价材料费									
清单项目综合单价(元/m³)								23.67			
材料费明细	主要材料名称、规格、型号					单位	数量	单价/元	合价/元	暂估单价/元	暂估合价/元
	其他材料费/元										
	材料费小计/元										

6.2.3　投标报价的确定

1. 投标报价的概念

投标报价是指投标人在工程招投标活动中，由投标人按照招标文件的要求，根据工程特点，并结合自身的施工技术、机械设备和管理水平，依据有关计价规定自主确定的工程造价。投标报价是投标人对投标工程的期望价格，它不能高于招标人给定的招标控制价。

2. 投标报价的编制依据

(1)"13 计价规范"；

(2)国家或省级、行业建设主管部门颁发的计价办法；

(3)企业定额，国家或省级、行业建设主管部门颁发的计价定额和计价办法；

(4)招标文件、招标工程量清单及其补充通知、答疑纪要；

(5)建设工程设计文件及相关资料；

(6)施工现场情况、工程特点及投标时拟定的施工组织设计或施工方案；

(7)与建设项目相关的标准、规范等技术资料；

(8)市场价格信息或工程造价管理机构发布的工程造价信息；

(9)其他相关资料。

3. 投标报价的计算程序

投标报价的编制，应首先根据招标人提供的工程量清单编制分部分项工程量清单计价表，措施项目清单计价表，其他项目清单计价表，规费、税金项目清单计价表，计算完毕之后，汇总而得到单位工程投标报价汇总表，再层层汇总，分别得出单项工程投标报价汇总表和工程项目投标报价汇总表。在编制过程中，投标人应按照招标人提供的工程量清单填报价格。填写的项目编码、项目名称、项目特征、计量单位、工程量必须与招标人提供的一致。

单位工程投标报价的计算程序：

①分部分项工程费＝分部分项工程量×分部分项工程综合单价

②单价项目措施费＝可计量措施项目工程量×措施项目综合单价

③总价项目措施费＝计费基数×费率

④其他项目费＝按相关文件及投标人的实际情况进行计算汇总

⑤规费＝（分部分项工程费＋措施项目费＋其他项目费）×规费费率（％）

⑥税金＝（分部分项工程费＋措施项目费＋其他项目费＋规费）×综合税率（％）

单位工程报价总价＝分部分项工程费＋措施项目费＋其他项目费＋规费＋税金

案例1： 一般土建工程投标报价的编制实例

某工程外墙基础均采用同一断面的带形基础，无内墙，基础总长度为40 m，基础上部为370 mm实心砖墙，室内外高差0.6 m，土壤类别为三类土。带形基础结构尺寸如图6.2.1所示。混凝土现场制作，基础垫层C10，带形基础及其他构件均为C20。项目编码及其他现浇有梁板及直形楼梯等分项工程的工程量已给出，见表6.2.3。

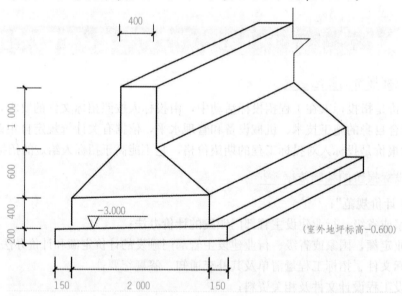

图 6.2.1 带形基础示意图

招标文件要求：①弃土采用翻斗车运输，运距1 200 m，基坑夯实回填，挖、填土方均按天然密实土计算；②土建工程投标总报价，在清单计价的基础上让利3％确定。

某承包商拟投标此工程，并根据本企业的管理水平确定管理费率为12％，利润率为4.5％（以工料机和管理费为基数计算）。

问题1：根据图示内容和《建设工程工程量清单计价规范》(GB 50500—2013)规定，计算该工程带形基础及土方工程量。计算过程填入表6.2.3中。

问题2：施工方案确定：基础土方为人工放坡开挖，工作面每边300 mm；自垫层上表面开始放坡，坡度系数为0.33；余土全部外运。计算基础土方工程量。

问题3：根据企业定额消耗量表6.2.4、市场资源价格表6.2.5和《全国统一建筑工程基础定额》混凝土配合比表6.2.6，编制混凝土工程分部分项工程量清单综合单价分析表。

表6.2.3 分部分项工程量计算表

序号	项目编码	项目名称	项目特征	计量单位	工程量	计算过程
1	010101003001	挖基础土方	三类土，挖土深度4 m以内，弃土运距200 m	m³		
2	010103001001	基础回填土	夯填	m³		
3	010501002001	带形基础	C25、现场拌制	m³		
4	010501001001	带形基础垫层	C15、现场拌制、厚200	m³		
5	010505001001	有梁板	C25、厚120、底标高3.6 m，7.1 m×10.4	m³	472.5	
6	010506001001	直形楼梯	C25	m²	79.0	
7		其他分项工程		元	125 000	

表6.2.4 企业定额消耗量(节选) 单位：m³

企业定额编号			8-16	5-394	5-417	5-421	1-9	1-48	1-54
项目		单位	混凝土垫层C10	混凝土带形基础C20	混凝土有梁板C20	混凝土楼梯(m²)C20	人工挖三类土	回填土夯实	翻斗车运土
人工	综合工日	工日	1.225	0.956	1.307	0.575	0.661	0.294	0.100
材料	混凝土	m³	1.010	1.015	1.015	0.260			
	草袋	m²	0.000	0.252	1.099	0.218			
	水	m³	0.500	0.919	1.204	0.290			
机械	混凝土搅拌机400L	台班	0.101	0.039	0.063	0.026			
	插入式振捣器		0.000	0.017	0.063	0.052			
	平板式振捣器		0.079	0.000	0.063	0.000			
	机动翻斗车		0.000	0.078	0.000	0.000			
	电动打夯机		0.000	0.000	0.000	0.000			

表6.2.5 市场资源价格表

序号	资源名称	单位	价格/元	序号	资源名称	单位	价格/元
1	综合工日	工日	35.00	7	草袋	m²	2.20
2	32.5级水泥	t	320.00	8	混凝土搅拌机400L	台班	96.85
3	粗砂	m³	90.00	9	插入式振捣器	台班	10.74

续表

序号	资源名称	单位	价格/元	序号	资源名称	单位	价格/元
4	砾石40	m³	52.00	10	平板式振捣器	台班	12.89
5	砾石20	m³	52.00	11	机动翻斗车	台班	83.31
6	水	m³	3.90	12	电动打夯机	台班	25.61

表 6.2.6 混凝土配合比表　　　　　　单位：m³

	项　目	单位	C10	C20 带形基础	C20 有梁板及楼梯
材料	32.5级水泥	kg	249.00	312.00	359.00
	粗砂	m³	0.510	0.430	0.460
	砾石40	m³	0.850	0.890	0.000
	砾石20	m³	0.000	0.000	0.830
	水	m³	0.170	0.170	0.190

问题 4： 投标人根据施工方案预计可能发生以下费用：

(1) 租赁混凝土及钢筋混凝土模板所需费用 1 800 元，支、拆模板人工费约为 1 030 元；

(2) 租赁钢管脚手架所需费用 2 000 元，脚手架搭、拆人工费约为 1 200 元；

(3) 租赁垂直运输机械所需费用 3 000 元，操作机械的人工费约 6 000 元；

依据上述条件和《建设工程工程量清单计价规范》(GB 50500—2013)规定，计算并编制该工程的分部分项工程和单价措施项目清单与计价表。

问题 5： 措施费中环境保护、文明施工、安全生产和临时设施按分部分项工程量清单计价 3% 计取；二次搬运、冬雨期施工、夜间施工、工人自备生产工具使用、放线复测、工程点交以及场内清理等可能发生的措施费用总额，按分部分项工程量清单计价 5% 费率计取。

依据上述条件和《建设工程工程量清单计价规范》(GB 50500—2013)规定，计算并编制该工程的总价措施项目清单与计价表。

问题 6： 其他项目清单与计价汇总表中明确：暂列金额 30 000 元，专业工程暂估价 50 000 元(总承包服务费可按 4% 计取)，计日工按 60 工日计，编制其他措施项目清单与计价汇总表；若现行规费与税金分别按 5%、3.41% 计取，编制单位工程投标报价汇总表。确定该土建单位工程的投标总价。

解答问题 1： 见表 6.2.7。

分部分项工程工程量计算表见表 6.2.7。

表 6.2.7 分部分项工程量计算表

序号	项目编码	项目名称	项目特征	计量单位	工程量	计算过程
1	010101003001	挖基础土方	三类土，挖土深度 4 m 以内，弃土运距 200 m	m³	239.2	2.3×40×(3+0.2-0.6) =239.2
2	010103001001	基础回填土	夯填	m³	138.08	239.2-76.8-18.4-0.37× 40×(3-2-0.6)=138.08

序号	项目编码	项目名称	项目特征	计量单位	工程量	计算过程
3	010501002001	带形基础	C25、现场拌制	m³	76.8	[2×0.4+(0.4+2)×0.6/2+1×0.4]×40=76.8
4	010501001001	带形基础垫层	C15、现场拌制、厚200	m³	18.4	2.3×0.2×40=18.4
5	010505001001	有梁板	C25、厚120、底标高3.600 m，7.1 m×10.4	m³	472.5	已知
6	010506001001	直形楼梯	C25	m²	79.0	已知
7		其他分项工程		元	125 000	已知

解答问题2：

根据施工方案，基础土方为人工开挖，工作面每边300 mm；自垫层上表面开始放坡，坡度系数为0.33；余土全部外运。

(1)人工挖土方工程量计算：

基槽放坡挖深 $H=3-0.6=2.4$(m)

挖基槽截面 $S_{挖}=(2.3+2×0.3)×0.2+(2.3+2×0.3+0.33×2.4)×2.4$

$\qquad =0.58+8.861=9.441$(m²)

挖土方工程量 $V_{挖}=9.441×40=377.64$(m³)

(2)外运土工程量计算：$V_{运}=V_{垫}-V_{基}-V_{砖基}$(见表6.2.7计算)

$\qquad =76.8+18.4+0.37×40×(3-2-0.6)$

$\qquad =76.8+18.4+5.92=101.12$(m³)

(3)基础回填土工程量计算：$V_{填}=V_{挖}-V_{运}$

$\qquad =377.64-101.12=276.52$(m³)

解答问题3：

(1)编制混凝土基础工程分部分项工程量清单综合单价分析表。

①计算基础垫层的综合单价，并编制其综合单价分析表。

查企业定额计算1 m³混凝土垫层的人工、材料和机械费：

人工费=1.225(综合工日)×35(工日单价)=42.88元

机械费=0.101(混凝土搅拌机消耗量)×96.85(搅拌机单价)+

$\qquad$ 0.079(平板振捣器消耗量)×12.89(振捣器单价)

$\qquad =9.78+1.018=10.80$(元)

材料费=0.5(水消耗量)×3.9(水单价)

$\qquad +1.01$(混凝土消耗量)×249(水泥量)×0.32(水泥单价)

$\qquad +1.01×0.51$(粗砂量)×90(粗砂单价)

$\qquad +1.01×0.85$(砾石量)×52(砾石单价)

$\qquad +1.01×0.17$(混凝土中水的量)×3.9(水单价)

$\qquad =1.95+1.01×(79.68+45.9+44.2+0.66)=174.10$(元)

管理费＝取费基数(人工费＋机械费)×管理费费率12%

　　　＝(42.88＋10.8)×12%＝6.44(元)

利润＝取费基数(人工费＋机械费)×利润率4.5%

　　＝(42.88＋10.8)×4.5%＝2.42(元)

混凝土垫层的管理费和利润＝6.44＋2.42＝8.86(元)

依据以上计算，编制基础垫层综合单价分析表6.2.8。

表 6.2.8　基础垫层综合单价分析表

工程名称：

项目编码	010501002001		项目名称	基础垫层	计量单位	m³		工程量		18.4
清单综合单价组成明细										
定额编号	定额项目名称	定额单位	数量	单价/元				合价/元		
				人工费	材料费	机械费	管理费和利润	人工费	材料费	机械费	管理费和利润
8-16	基础垫层	m³	1.0	42.88	174.1	10.8	8.86	42.88	174.10	10.80	8.86
人工单价		小　　计						42.88	174.10	10.80	8.86
35.0元/工日		未计价材料费									
清单项目综合单价								236.64			
材料费明细	主要材料名称、规格、型号				单位	数量	单价/元	合价/元	暂估单价/元	暂估合价/元
	32.5级水泥				kg	251.49	0.32	80.48	0.32	80.48
	水				m³	0.671 7	3.9	2.62		
	砾石 40				m³	0.858 5	52.0	44.64		
	粗砂				m³	0.515 1	90	46.36		
	其他材料费/元									
	材料费小计/元							174.10		

表中合价数＝单价×相应的工程数量

则18.4 m³基础垫层的人工费＝42.88×18.4＝788.99(元)

机械费＝10.8×18.4＝198.72(元)

材料费＝174.10×18.4＝3203.44(元)

管理费和利润＝8.86×18.4＝163.02(元)

基础垫层的综合单价

　　＝(人工费＋机械费＋材料费＋管理费和利润)/工程量

　　＝(788.99＋198.72＋3203.44＋163.02)/18.4＝236.64(元/m³)

其中：32.5级水泥费用＝1.01×249×0.32×18.4＝1480.77(元)

②编制混凝土带形基础综合单价分析表，见表6.2.9。

表 6.2.9 带形基础综合单价分析表

工程名称：

项目编码	010501001001	项目名称	带形基础	计量单位	m³	工程量	76.8

清单综合单价组成明细

定额编号	定额名称	定额单位	数量	单价/元				合价/元			
				人工费	材料费	机械费	管理费和利润	人工费	材料费	机械费	管理费和利润
5-394	带形基础	m³	1.0	33.46	192.40	11.10	7.60	33.46	192.40	11.10	7.60
人工单价			小　计					33.46	192.40	11.10	7.60
35.0元/工日			未计价材料费								
清单项目综合单价								244.56			

材料费明细	主要材料名称、规格、型号			单位	数量	单价/元	合价/元	暂估单价/元	暂估合价/元
	32.5级水泥			kg	315.12	0.32	100.84		
	水			m³	0.671 7	3.90	2.62		
	砾石40			m³	0.898 9	52.00	46.74		
	粗砂			m³	0.434 3	90.00	39.09		
	其他材料费/元						3.11		
	材料费小计/元						192.40		

（2）编制混凝土基础工程综合单价分析表，见表6.2.10。

表 6.2.10 混凝土基础工程综合单价分析表

工程名称：

序号	项目编码	项目名称	项目特征描述	综合单价组成				综合单价
				人工费	材料费	机械费	管理费和利润	
1	010501002001	带形基础	C25、现场拌制	33.46	192.40	11.10	7.60	244.56
2	010501001001	基础垫层	C15、现场拌制、厚200	42.88	174.10	10.80	9.15	236.93
3	010505001001	有梁板	C25、厚120、底标高3.600 m、7.1 m×10.4	45.75	210.29	7.59	9.09	272.72
4	010506001001	直形楼梯	C25	20.13	53.66	3.06	3.95	80.80
5		其他分项工程						

解答问题4：

措施项目中的单价项目，在本例中包括脚手架、模板和垂直运输三项内容。

（1）脚手架的综合单价＝人工费＋机械租赁费＋管理费＋利润

　　租赁费＝2 000　人工费＝1 200　则（租赁费＋人工费）＝3 200(元)

　　管理费＝（租赁费＋人工费）×12%＝3 200×12%＝384.0(元)

$$利润=(租赁费+人工费)\times 4.5\%=3\ 200\times 4.5\%=144.0(元)$$
$$则脚手架综合单价=3\ 200+384+144=3\ 728.0(元)$$

（2）同理，可计算混凝土构件模板和垂直运输的综合单价。

依据以上计算，编制分部分项工程和单价措施项目清单与计价表 6.2.11。

表 6.2.11　基础工程分部分项工程量清单计价表

工程名称：

序号	项目编码	项目名称	项目特征描述	计量单位	工程量	金额/元		
						综合单价	合价	其中 暂估价
1	010501002001	带形基础	C20、现场拌制	m³	76.8	244.56	18 782.21	8 051.10
2	010501001001	基础垫层	C10、现场拌制、厚200	m³	18.4	236.93	4 359.51	1 480.77
3	010505001001	有梁板	C20、厚120、底标高3.600m，7.1m×10.4	m³	472.5	272.72	128 860.2	
4	010506001001	直形楼梯	C20	㎡	79.0	80.80	6 383.2	
5		其他分项工程			125 000.0			
	E	模板工程						
6	011702001001	混凝土构件模板	租赁费1 800元、人工费1 030元、管理费率12%、利润率4.5%	套	1	3 296.95	3 296.95	
7	011701001001	脚手架	租赁费2 000元、人工费1 200元、管理费率12%、利润率4.5%	套	1	3 728.0	3 728.0	
8	011703001001	垂直运输机械	租赁费3 000元、人工费6 000元、管理费率12%、利润率4.5%	台	1	10 485.0	10 485.0	
9		合价					300 895.07	

解答问题 5：编制该工程措施项目清单与计价表。

（1）总价措施项目的计算。措施项目中的总价项目参照《建设工程工程量清单计价规范》（GB 50500—2013）的规定进行列项选择，还可以根据工程实际情况补充，其计算过程见表 6.2.12。

表 6.2.12 总价措施项目清单与计价表

工程名称：

序号	项目编码	项目名称	计算基础	费率/%	金额/元	备注
1	011707001001	安全文明施工费	分部分项工程量合价	3	283 385.12×3%＝8 501.55	
2	011707002001	夜间施工增加费	分部分项工程量合价	5	283 385.12×5%＝14 169.26	
3	011707005001	冬雨期施工增加费				
4	011707004001	二次搬运费				
5	01B001	工人自备生产工具使用费				
6	01B002	工程点交费				
7	01B003	场内清理费				
8	011707007001	已完工程和设备保护费				
		合计			22 670.81	

解答问题 6：

(1)编制该工程其他项目清单与计价表汇总表，见表 6.2.13。

表 6.2.13 其他项目清单与计价汇总表

工程名称：

序号	项目名称	金额/元	结算金额/元	备注
1	暂列金额	30 000		
2	暂估价	50 000		
2.1	材料暂估价			
2.2	专业工程暂估价	50 000		
3	计日工工	2 100		35×60＝2 100
4	总承包服务费按4%	2 000		50 000×4%＝2 000
	合计	84 100		

(2)编制单位工程投标报价汇总表，见表 6.2.14(规费按 5%、税金按 3.41%计取)。

表 6.2.14 单位工程招标控制价(投标报价)汇总表

工程名称：

序号	汇总内容	金额/元	其中：暂估价/元
1	分部分项工程	283 385.12	
2	措施项目	40 180.76	
2.1	其中：安全文明施工费	8 501.55	
3	其他项目	84 100	
3.1	其中：暂列金额	30 000	
3.2	其中：专业工程暂估价	50 000	
3.3	其中：计日工	2 100	
3.4	其中：总承包服务费	2 000	
4	规费（1＋2＋3）×5％＝407 665.88×5％＝20 383.29	20 383.29	
5	税金（1＋2＋3＋4）×3.41％＝428 049.17×3.41％＝14 596.48	14 596.48	
	招标控制价合计＝1＋2＋3＋4＋5	442 645.65	

(3)确定该土建工程总投标报价，让利 3％。

单位工程总投标报价为：442 645.65×(1－3％)＝429 366.28(元)

案例 2：一般土建工程工程量清单投标报价的编制

某多层砖混住宅工程，底层建筑面积为 702 m²，土壤类别为三类土，基础为带形基础（工程量为 32.14 m³），垫层为 C10 细石混凝土，厚 100 mm，宽度为 920 mm，挖土深度为 1.8 m，弃土运距为 4 km，基础总长为 1 590.6 m。

某投标人根据地质资料并经招标人同意后，拟定土方开挖的施工方案为：采用人工开挖，工作面宽度各边 0.3 m，放坡系数为 0.33，所挖土方除沟边堆土外，余土采用土方外运，装载机装自卸汽车运输，土方量 2 170.5 m³。

根据投标人的施工定额：人工挖土方单价 8.4 元/m³，基地打夯单价为 0.015 元/m³。装载机装自卸汽车运土所需费用为：人工费 363.0 元，材料费 26.0 元，机械费 23 824.0 元，大型机械进出场费为 1 390 元。安全文明施工费率为 5％，其他措施费不计。

问题 1：完成下列分部分项工程量清单有关内容的填写，见表 6.2.15。

表 6.2.15 分部分项工程量计算表

序号	项目编码	项目名称	项目特征	计量单位	工程量	计算过程
1		平整场地	三类土、挖填找平	m²		
2		挖基础土方	三类土、带形砖基础、C10 细石混凝土垫层宽 920 mm，挖土深度 1.8 m，弃土运距 4 km	m³		
3		砖基础	标准砖砌筑、细石混凝土垫层、厚 100 mm	m³		

问题 2：假如人工挖土方分部分项工程量清单的费率为：管理费费率 12%，利润率为 8%，规费为 4.21%，税率为 3.41%，风险系数为 1%，试计算投标人人工挖土方分部分项工程量清单的综合单价。

问题 3：计算人工挖土方分部分项工程量清单的报价(规费为 5%，税率为 3.41%)。

解答问题 1：计算清单工程量并填表。

平整场地：按底层建筑面积计算为 702 m²。

挖基础土方工程量：$0.92 \times 1.8 \times 1590.6 = 2\ 634\ (m^3)$

370 砖基础工程量：32.14 m³

分部分项工程量清单表填写见表 6.2.16。

表 6.2.16 分部分项工程量清单计算表

序号	项目编码	项目名称	项目特征	计量单位	工程量	计算过程
1	010101001001	平整场地	三类土、挖填找平	m²	702	
2	010101003001	挖基础土方	三类土、带形砖基础、C10 细石混凝土垫层宽 920 mm，挖土深度 1.8 m，弃土运距 4 km	m³	2 634	$0.92 \times 1.8 \times 1\ 590.6 = 2\ 634$
3	010401001001	砖基础	标准砖砌筑、细石混凝土垫层、厚 100 mm	m³	32.14	

解答问题 2：

【计算方法 1】：

(1)根据施工方案，土方开挖的工程量计算为：

$$V_{挖} = (0.92 + 2 \times 0.3 + 1.8 \times 0.33) \times 1.8 \times 1\ 590.6 = 6\ 052.55\ (m^3)$$

基础打夯工程量：$(0.92 + 2 \times 0.3) \times 1\ 590.6 = 2\ 417.71\ m^2$

(2)土方工程分部分项工程费计算如下：

①人工挖土人工费：$6\ 052.55 \times 8.4 = 50\ 841.42$ 元

基地打夯机械费(打夯机)：$2\ 417.71 \times 0.015 = 36.27$ 元

材料费：0 元

小计：挖土人工 + 机械 $= 50\ 841.42 + 36.27 = 50\ 877.69\ (元)$

②装载机装自卸汽车运土(运距 4 km)

人工费：363.0 元，材料费 26.0 元，机械费 23 824.0 元

小计：$363.0 + 26.0 + 23\ 824.0 = 24\ 213.0\ (元)$

则人工挖基础土方工程分部分项工程费合计：

$$50\ 877.69 + 24\ 213.0 = 75\ 090.69\ (元)$$

(3)其他费用计算如下：

①管理费：$75\ 090.69 \times 12\% = 9\ 010.88\ (元)$

②利润：$(75\ 090.69 + 9010.88) \times 8\% = 6\ 728.13\ (元)$

③风险费：$(75\ 090.69 + 9\ 010.88 + 6\ 728.13) \times 1\% = 908.3\ (元)$

则人工挖基础土方总费用为：

$$75\ 090.69 + 9\ 010.88 + 6\ 728.13 + 908.3 = 91\ 738.0\ (元)$$

④人工挖基础土方综合单价：91 738.0÷2 634＝34.83(元/m³)

【计算方法2】：

上面计算中人工挖三类土的人工费：50 841.42÷2 634＝19.30(元/m³)

机械费：36.27÷2634＝0.014(元/m²)

管理费：(19.30＋0.014)×12％＝2.32(元)

利润：(19.30＋0.014＋2.32)×8％＝1.73(元)

风险费：(19.30＋0.014＋2.32＋1.73)×1％＝0.23(元)

人工挖三类土综合单价：19.30＋0.014＋2.32＋1.73＋0.23＝23.59(元/m³)

装载机装自卸汽车运土(运距4km)：人工费：363.0÷2 634＝0.14(元)

机械费：23 824.0÷2 634＝9.04(元)

材料费：26.0÷2 634＝0.01(元)

管理费：(0.14＋9.04＋0.01)×12％＝1.10(元)

利润：(0.14＋9.04＋0.01＋1.10)×8％＝0.82(元)

风险费：(0.14＋9.04＋0.01＋1.10＋0.82)×1％＝0.11(元)

汽车运土综合单价：

$$0.14＋9.04＋0.01＋1.10＋0.82＋0.11＝11.22(元/m³)$$

因此，人工挖基础土方的综合单价为：

$$23.59＋11.22＝34.81(元/m³)$$

根据以上计算结果编制人工挖基础土方综合单价分析表，见表6.2.17。

表 6.2.17　工程量清单综合单价分析表

工程名称：

项目编码	010101003001		项目名称	人工挖基础土方	计量单位	m³	工程量	2 634.0
清单综合单价组成明细								

定额编号	定额项目名称	定额单位	数量	合价/元					
				人工费	材料费	机械费	管理费	利润	风险
施-1	人工挖土深度1.8 m	m³	6 052.55	50 841.42					7
施-2	原土打夯	m²	2 417.7			36.27			
施-3	汽车运土	m³	2 170.5	363.0	26.0	23 824.0			
人工单价		小计		51 204.42	26.0	23 860.27	9 010.88	6 728.13	908.3
40.00 元/工日		未计价材料费							
清单项目综合单价				4 354.17÷18.4＝236.64					

	主要材料名称、规格、型号	单位	数量	单价/元	合价/元	暂估单价/元	暂估合价/元
材料费明细							
	其他材料费/元						
	材料费小计/元						

解答问题3：

总报价＝分部分项工程费＋措施项目费＋规费＋税金

①人工挖土方工程的分部分项工程费＝综合单价×工程量

$$=34.83×2\ 634=91\ 738.0(元)$$

②人工挖土方工程的措施项目费＝安全文明施工费＋大型机械进出场费

安全文明施工费＝分部分项工程费中的(人工费＋机械费)×5%

$$=(50\ 877.69+363+23\ 824.0)×5\%=3\ 753.23(元)$$ 大型机械进出场

费为1 390元。

$$措施项目费＝3\ 753.23+1\ 390=5\ 143.23(元)$$

$$规费＝(分部分项工程费＋措施项目费)×费率$$

$$=(91\ 738.0+5143.23)×5\%=4\ 844.06(元)$$

③税金＝(分部分项工程费＋措施项目费＋规费)×税率

$$=(91\ 738.0+5\ 143.23+4\ 844.06)×3.41\%=3\ 468.83(元)$$

则人工挖土方分部分项工程量清单的报价

$$=分部分项工程费＋措施项目费＋规费＋税金$$

$$=91\ 738.0+5\ 143.23+4\ 844.06+3\ 468.83=105\ 194.12(元)$$

6.3　工程价款结算和竣工决算

6.3.1　工程价款结算

工程价款结算是指对建设工程的发承包合同价款进行约定和依据合同约定进行工程预付款、工程进度款、工程竣工价款结算的活动。

1. 工程价款结算方式

工程价款的结算方式主要有按月结算、分段结算、竣工结算和专业分包结算等。

(1)按月结算与支付。即实行按月支付进度款，竣工后清算的办法。合同工期在两个年度以上的工程，在年终要办理年度结算。

(2)分段结算与支付。即当年开工、当年不能竣工的工程按照工程形象进度，划分不同阶段支付工程进度款。具体划分在合同中明确。

(3)竣工结算。建设项目完工并经验收合格后，对所完成的建设项目进行的全面的工程结算。

(4)专业分包结算。在签订的施工承发包合同或由发包人直接签订的分包工程合同中，按不同的专业分类实施分包和结算。在分包合同工作内容完成后，并经总包人、发包人或有关机构对专业内容验收合格，按合同的约定，由分包人编制并提交总包人、发包人审核签认的工程价格，它是该专业分包工程造价和工程价款结算依据的工程分包结算文件。

2. 工程合同价款的约定

（1）工程合同价款约定的要求。

1）实行招标的工程合同价款应在中标通知书发出之日起 30 天内，由发承包双方依据招标文件和中标人的投标文件在书面合同中约定。

合同约定不得违背招标、投标文件中关于工期、造价、质量等方面的实质性内容。招标文件与中标人的投标文件有不一致的地方，应以投标文件为准。

2）不实行招标的工程合同价款，应在发承包双方认可的工程价款基础上，由发承包双方在合同中约定。

3）实行工程量清单计价的工程，应采用单价合同；建设规模较小，技术难度较低，工期较短，且施工图设计已审查批准的建设工程可采用总价合同；紧急抢险、救灾以及施工技术特别复杂的建设工程可采用成本加酬金合同。

（2）工程合同价款约定的内容。

发承包双方应在合同条款中对下列事项进行约定：

1）预付工程款的数额、支付时间及抵扣方式。

2）安全文明施工措施的支付计划、使用要求等。

3）工程计量与支付工程进度款的方式、数额及时间。

4）工程价款的调整因素、方法、程序、支付及时间。

5）施工索赔与现场签证的程序、金额确认与支付时间。

6）承担计价风险的内容、范围以及超出约定内容、范围的调整办法。

7）工程竣工价款结算编制与核对、支付及时间。

8）工程质量保证金的数额、预留方式及时间。

9）违约责任以及发生合同价款争议的解决方法及时间。

10）与履行合同、支付价款有关的其他事项等。

合同中没有按照上述的要求约定或约定不明的，若发承包双方在合同履行中发生争议由双方协商确定；当协商不能达成一致时，应按"13 计价规范"的规定执行。

3. 工程预付款的支付

预付款是发包人为解决承包人在施工准备阶段资金周转问题提供的协助。

（1）承包人应将预付款专用于合同工程。

（2）包工包料工程的预付款的支付比例不得低于签约合同价（扣除暂列金额）的 10%，不宜高于签约合同价（扣除暂列金额）的 30%。

（3）承包人应在签订合同或向发包人提供与预付款等额的预付款保函后向发包人提交预付款支付申请。

（4）发包人应在收到支付申请的 7 天内进行核实，向承包人发出预付款支付证书，并在签发支付证书后的 7 天内向承包人支付预付款。

(5)发包人没有按合同约定按时支付预付款的,承包人可催告发包人支付;发包人在预付款期满后的 7 天内仍未支付的,承包人可在付款期满后的第 8 天起暂停施工。发包人应承担由此增加的费用和延误的工期,并应向承包人支付合理利润。

(6)预付款应从每一个支付期应支付给承包人的工程进度款中扣回,直到扣回的金额达到合同约定的预付款金额为止。

(7)承包人的预付款保函的担保金额根据预付款扣回的数额相应递减,但在预付款全部扣回之前一直保持有效。发包人应在预付款扣完后的 14 天内将预付款保函退还给承包人。

🔑 4. 工程进度款的支付(中间结算)

施工企业在施工过程中,每月按形象进度计算各项费用,向发包人办理工程进度款的支付活动(即中间结算)。

(1)发、承包双方应按照合同约定的时间、程序和方法,根据工程计量结果,办理期中价款结算,支付进度款。

(2)发包人支付工程进度款,其支付周期应与合同约定的工程计量周期一致。

(3)已标价工程量清单中的单价项目,承包人应按工程计量确认的工程量与综合单价计算;综合单价发生调整的,以发承包双方确认调整的综合单价计算进度款。

(4)已标价工程量清单中的总价项目和按"13 计价规范"的规定形成的总价合同,承包人应按合同中约定的进度款支付分解,分别列入进度款支付申请中的安全文明施工费和本周期应支付的总价项目的金额中。

(5)发包人提供的甲供材料金额,应按照发包人签约提供的单价和数量从进度款支付中扣除,列入本周期应扣减的金额中。

(6)承包人现场签证和得到发包人确认的索赔金额应列入本周期应增加的金额中。

(7)进度款的支付比例按照合同约定,按期中结算价款总额计,不低于 60%,不高于 90%。

(8)承包人应在每个计量周期到期后的 7 天内向发包人提交已完工程进度款支付申请一式四份,详细说明此周期认为有权得到的款额,包括分包人已完工程的价款。支付申请应包括下列内容:

1)累计已完成的合同价款;

2)累计已实际支付的合同价款;

3)本周期合计完成的合同价款:

①本周期已完成单价项目的金额;

②周期应支付的总价项目的金额;

③周期已完成的计日工价款;

④本周期应支付的安全文明施工费;

⑤本周期应增加的金额;

4)本周期合计应扣减的金额:

①本周期应扣回的预付款；

②本周期应扣减的金额；

5)本周期实际应支付的合同价款。

(9)发包人应在收到承包人进度款支付申请后的 14 天内，根据计量结果和合同约定对申请内容予以核实，确认后向承包人出具进度款支付证书。若发承包双方对部分清单项目的计量结果出现争议，发包人应对无争议部分的工程计量结果向承包人出具进度款支付证书。

(10)发包人应在签发进度款支付证书后的 14 天内，按照支付证书列明的金额向承包人支付进度款。

(11)若发包人逾期未签发进度款支付证书，则视为承包人提交的进度款支付申请已被发包人认可，承包人可向发包人发出催告付款的通知。发包人应在收到通知后的 14 天内，按照承包人支付申请的金额向承包人支付进度款。

(12)发包人未按照规定支付进度款的，承包人可催告发包人支付，并有权获得延迟支付的利息；发包人在付款期满后的 7 天内仍未支付的，承包人可在付款期满后的第 8 天起暂停施工。发包人应承担由此增加的费用和延误的工期，向承包人支付合理利润，并应承担违约责任。

(13)发现已签发的任何支付证书有错、漏或重复的数额，发包人有权予以修正，承包人也有权提出修正申请。经发承包双方复核同意修正的，应在本次到期的进度款中支付或扣除。

5. 工程合同价款调整

(1)下列事项(但不限于)发生，发承包双方应当按照合同约定调整合同价款：

①法律法规变化；

②工程变更；

③项目特征不符；

④工程量清单缺项；

⑤工程量偏差；

⑥计日工；

⑦物价变化；

⑧暂估价；

⑨不可抗力；

⑩提前竣工(赶工补偿)；

⑪误期赔偿；

⑫索赔；

⑬现场签证；

⑭暂列金额；

⑮发、承包双方约定的其他调整事项。

（2）出现合同价款调增事项（不含工程量偏差、计日工、现场签证、索赔）后的14天内，承包人应向发包人提交合同价款调增报告并附上相关资料；承包人在14天内未提交合同价款调增报告的，应视为承包人对该事项不存在调整价款请求。

（3）出现合同价款调减事项（不含工程量偏差、索赔）后的14天内，发包人应向承包人提交合同价款调减报告并附相关资料；发包人在14天内未提交合同价款调减报告的，应视为发包人对该事项不存在调整价款请求。

（4）发（承）包人应在收到承（发）包人合同价款调增（减）报告及相关资料之日起14天内对其核实，予以确认的应书面通知承（发）包人。当有疑问时，应向承（发）包人提出协商意见。发（承）包人在收到合同价款调增（减）报告之日起14天内未确认也未提出协商意见的，应视为承（发）包人提交的合同价款调增（减）报告已被发（承）包人认可。发（承）包人提出协商意见的，承（发）包人应在收到协商意见后的14天内对其核实，予以确认的应书面通知发（承）包人。承（发）包人在收到发（承）包人的协商意见后14天内既不确认也未提出不同意见的，应视为发（承）包人提出的意见已被承（发）包人认可。

（5）发包人与承包人对合同价款调整的不同意见不能达成一致的，只要对发承包双方履约不产生实质影响，双方应继续履行合同义务，直到其按照合同约定的争议解决方式得到处理。

（6）经发、承包双方确认调整的合同价款，作为追加（减）合同价款，应与工程进度款或结算款同期支付。

6. 工程竣工结算的编制及审查

工程竣工结算是指承包人按照合同规定的内容全部完成所承包的工程，经验收质量合格并符合合同要求之后，向发包人进行的最终工程价款结算。

工程竣工结算分为单位工程竣工结算、单项工程竣工结算和建设项目竣工总结算，其中单位工程竣工结算和单项工程竣工结算也可看作是分阶段结算。

单位工程竣工结算由承包人编制，发包人审查；实行总承包的工程，由具体承包人编制，在总包人审查的基础上，发包人审查。

单项工程竣工结算或建设项目竣工总结算由总〈承〉包人编制，发包人可直接进行审查，也可以委托具有相应资质的工程造价咨询机构进行审查。单项工程竣工结算或建设项目竣工总结算经发、承包人签字盖章后有效。

政府投资项目，由同级财政部门审查。

（1）工程竣工结算编制的主要依据。

①"13计价规范"。

②工程合同。

③发、承包双方实施过程中已确认的工程量及其结算的合同价款。

④发、承包双方实施过程中已确认调整后追加（减）的合同价款。

⑤建设工程设计文件及相关资料。

⑥投标文件。

⑦其他依据。

（2）工程竣工结算的编制内容。在采用工程量清单计价时，工程竣工结算的编制内容应包括工程量清单计价表所包含的全部内容。

①分部分项工程和措施项目中的单价项目应依据发、承包双方确认的工程量与已标价工程量清单的综合单价计算；发生调整的，应以发承包双方确认调整的综合单价计算。

②措施项目中的总价项目应依据已标价工程量清单的项目和金额计算；发生调整的，应以发、承包双方确认调整的金额计算，其中安全文明施工费应按照"13计价规范"的规定计算。

③其他项目费应按以下要求进行计价：

a. 计日工应按发包人实际签证确认的事项计算。

b. 当暂估价中的材料、工程设备是招标采购的，其单价按中标价在综合单价中调整。当暂估价中的材料、设备为非招标采购的，其单价按发、承包双方最终确认的单价在综合单价中调整。当暂估价中的专业工程是招标发包的，其专业工程费按中标价计算。当暂估价中的专业工程为非招标发包的，其专业工程费按发、承包双方与分包人最终确认的金额计算。

c. 总承包服务费应依据已标价工程量清单金额计算，发、承包双方依据合同约定对总承包服务进行了调整，应按调整后的金额计算。

d. 索赔费用应依据发、承包双方确认的索赔事项和金额计算。

e. 现场签证费用应依据发、承包双方签证资料确认的金额计算。

f. 暂列金额应减去合同价款调整（包括索赔、现场签证）金额计算，如有余额归发包人。

④规费和税金应按国家或省级、行业建设主管部门对规费和税金的计取标准计算。规费中的工程排污费应按工程所在地环境保护部门规定的标准缴纳后按实列入。

（3）工程结算价款组成。工程结算价款一般应包括下列内容。

①分部分项工程量清单报价款。

②措施项目清单报价款。

③其他项目清单价款＝该清单原报价款额－"招标人部分"的金额（预留金、材料购置费）－"投标人部分"的零星工作项目费＋实际完成的零星工作项目。

④工程量的变更而调整的价款。

a. 分部分项工程量清单漏项或设计变更增加新的工程量清单项目，应调增的价款。

$$调增价款 = \sum（漏项、新增项目工程量 \times 相应新编综合单价）$$

b. 分部分项工程量清单多余项目，或设计变更减少了原有分部分项工程量清单项，应调减的价款。

$$调减价款 = \sum（多余项目原有价款 + 设计变更减少的项目原有价款）$$

c. 分部分项工程量清单有误而调增的工程量，或设计变更引起分部分项工程量清单工程量增加，应调增的价款。

调增价款 $= \sum[$ 某工程量清单项目调增工程量(10％以内部分)×相应原综合单价]$+$

$\sum[$ 某工程量清单项目调增工程量(10％以外部分)相应新编综合单价]

(4)工程竣工结算支付流程。

①承包人应根据办理的竣工结算文件向发包人提交竣工结算款支付申请。

②发包人应在收到承包人提交竣工结算款支付申请后 7 天内予以核实,向承包人签发竣工结算支付证书。

③发包人签发竣工结算支付证书后的 14 天内,应按照竣工结算支付证书列明的金额向承包人支付结算款。

6.3.2 竣工决算

1. 建设项目竣工决算的概念

竣工决算是综合反映竣工项目从筹建开始到项目竣工交付使用为止的全部建设费用、投资效果和财务情况的总结性文件,是竣工验收报告的重要组成部分。

竣工决算是核定新增固定资产价值,分析投资效果,建立健全经济责任制的依据,是反映建设项目实际造价和投资效果的文件。

通过竣工决算,既能够正确反映建设工程的实际造价和投资结果,又可以通过竣工决算与概算、预算的三算对比,考核投资控制的工作成效,为工程建设提供重要的技术经济方面的基础资料,提高未来工程建设的投资效益。

2. 竣工决算的内容和编制

(1)竣工决算的内容。建设项目竣工决算应包括从筹集到竣工投产全过程的全部实际费用,包括建筑工程费、安装工程费、设备工器具购置费用及预备费等费用。

竣工决算是由竣工财务决算说明书、竣工财务决算报表、工程竣工图和工程竣工造价对比分析四部分组成。其中,竣工财务决算说明书和竣工财务决算报表两部分又称建设项目竣工财务决算,是竣工决算的核心内容。

(2)竣工决算的编制。

1)竣工决算的编制依据。

①经批准的可行性研究报告、投资估算书,初步设计或扩大初步设计,修正总概算及其批复文件。

②经批准的施工图设计及其施工图预算书。

③设计交底或图纸会审会议纪要、设计变更记录、施工记录或施工签证单及其他施工发生的费用记录。

④招标控制价,承包合同、工程结算等有关资料。

⑤历年基建计划、历年财务决算及批复文件。

⑥设备、材料调价文件和调价记录。

⑦有关财务核算制度、办法和其他有关资料。

2)竣工决算的编制步骤。

①收集、整理和分析有关依据资料。

②清理各项财务、债务和结余物资、核实工程变动情况。

③编制建设工程竣工决算说明。

④填写竣工决算报表：按照建设工程决算表格中的内容，根据编制依据中的有关资料进行统计或计算各个项目和数量，并将其结果填到相应表格的栏目内，完成所有报表的填写。

⑤做好工程造价对比分析。

⑥清理、装订好竣工图。

⑦上报主管部门审查。

将上述编写的文字说明和填写的表格经核对无误，装订成册，即为建设工程竣工决算文件，由建设单位负责组织人员编写。

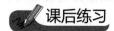 课后练习

一、简答题

1. 综合单价由哪些内容构成？

2. 工程量清单计价由哪些表格组成？

3. 如何进行单位工程投标报价？

4. 投标报价的编制依据有哪些？

5. 工程量清单计价的程序如何？

二、选择题

1. 在人工单价的组成内容中，生产工人探亲、休假期间的工资属于(   )。

    A. 基本工资　　　　B. 工资性津贴　　　　C. 辅助工资　　　　D. 职工福利费

2. 某施工机械预计使用 9 年，试用期内有 3 个大修理周期，大修间隔台班为 800 台班，一次大修理费为 4 500 元，则其台班大修理费为(   )元。

    A. 1. 88　　　　B. 3. 75　　　　C. 5. 63　　　　D. 16. 88

附录　某别墅工程计量计价实例

某别墅工程量计算示例表(定额模式)

序号	工程项目	单位	工程量计算式	工程量	备注
1	基数				
1.1	首层面积	m²	$S_底=8.2\times12.2$	100.04	
1.2	外边线	m	$L_外=(8.2+12.2)\times2$	40.8	
1.3	中心线	m	$L_中=L_外-0.2\times4$	40	
2	建筑面积	m²	$S_总=S_1+S_2\times2+S_4-1/2\times(S_{阳_1}\times2+S_{阳_2})$	431.15	
2.1	一层面积		$S_底=8.2\times12.2$	100.04	
2.2	二层面积		$S_2=11.2\times12.2$	136.64	
2.3	三层面积		同 S_2	136.64	
2.4	四层面积	m²	$S_4=6.4\times12.2$	78.08	
2.5	二层阳台		$S_{阳2}=2.0\times1.5\times2+2.2\times1.5+3\times1.5+2.8\times1.5$	18	
2.6	三层阳台		同 $S_{阳2}$	18	
2.7	四层阳台		$S_{阳4}=3\times1.5$	4.5	
3	土方工程				
3.1	平整场地	m²	$S_底+2\times L_外+16=100.04+2\times40.8+16$	197.64	
3.2	人工开挖土方（大开挖）	m³	基坑挖方体积 $V=(a+2c+kh)(b+2c+kh)h+1/3k_2h_3$ 其中挖土深度 $h=1.8-0.45+0.1=1.45$ m 放坡系数 $k=0.33$ $a=12.2$ m　$b=8.2$ m　工作面 $c=0.3$ m $V=(12.2+0.3\times2+0.33\times1.45)(8.2+0.3\times2+0.33\times1.45)\times1.45+1/3\times0.332\times1.453$	178.757	
3.3	室外地坪标高 −0.45 m 以下构件	m³	$V=\sum(3.3.1\sim3.3.4)$	38.602	
3.3.1	素混凝土垫层（独立基础下）	m³	6JC−1：$V=(1.9+0.1\times2)^2\times0.1\times6=2.646$ 6JC−2：$V=(2.5+0.1\times2)^2\times0.1\times6=4.374$	7.02	
3.3.2	C30 独立基础	m³	6JC−1：$V=(1.92\times0.3+1.12\times0.3)\times6=8.676$ 6JC−2：$V=(2.52\times0.35+1.42\times0.35)\times6=17.241$	25.917	

序号	工程项目	单位	工程量计算式	工程量	备注
3.3.3	基础梁	m^3	2JL-1：$V=0.2\times0.4\times(8-0.3\times2-0.4)\times2=1.12$ JL-2：$V=0.2\times0.4\times(8-0.3-0.4-0.1)=0.576$ JL-3：$V=0.2\times0.4\times(8-0.3-0.4-0.1)=0.584$ JL-4：$V=0.2\times0.5\times(12-0.3\times4)=1.08$ JL-5：$V=0.2\times0.4\times(2.4-0.2-0.1)=0.168$ JL-6：$V=0.2\times0.5\times(12-0.3\times3-0.2)=1.09$	4.618	
3.3.4	框架柱	m^3	2KZ-1(JC-2)：$V=0.3\times0.5\times(1.1-0.45)\times2$ $=0.0975\times2=0.195$ 3KZ-2(JC-1)：$V=0.3\times0.4\times(1.2-0.45)\times3$ $=0.09\times3=0.270$ 4KZ-2(JC-2)：$V=0.3\times0.4\times(1.1-0.45)\times4$ $=0.078\times4=0.312$ 3KZ-3(JC-1)：$V=(0.4^2-0.2^2)\times(1.2-0.45)\times3$ $=0.09\times3=0.270$	1.047	
3.4	余土外运	m^3	$V=V_{\text{室外地坪以下构件的体积}}$	38.602	
3.5	基础回填土	m^3	$V_{\text{基回}}=V_{\text{挖}}-V_{\text{运土}}=178.757-38.602$	140.155	
4	混凝土工程				
4.1	基础垫层	m^3	见 3.3.1	7.02	
4.2	独立基础	m^3	见 3.3.2	25.917	
4.3	基础梁	m^3	见 3.3.3	4.618	
4.4	框架柱	m^3	$V=\sum(4.4.1\sim4.4.6)$	19.948	
4.4.1	KZ-1(2个)	m^3	$V=0.3\times0.5\times(13.2+1.1)\times2$	4.29	
4.4.2	KZ-2(JC-1、3个)	m^3	$V=0.3\times0.4\times(13.2+1.2)\times3$	5.184	
4.4.3	KZ-2(JC-2、2个)	m^3	$V=0.3\times0.4\times(13.2+1.1)\times2$	3.432	
4.4.4	KZ-2a(2个)	m^3	$V=0.3\times0.4\times(9.97+1.1)\times2$	2.657	
4.4.5	KZ-3(1个)	m^3	$V=(0.4^2-0.2^2)\times(13.2+1.2)$	1.728	
4.4.6	KZ-3a(2个)	m^3	$V=(0.4^2-0.2^2)\times(9.97+1.1)\times2$	2.657	
4.5	构造柱	m^3	$V=\sum(4.5.1\sim4.5.3)$	4.396	
4.5.1	LZ(1个)	m^3	$V=0.2\times0.4\times(13.2+0.05)$	1.06	
4.5.2	GZ-1(7个)	m^3	$V=0.2\times0.2\times[(3.2-0.5)\times10\times2+(3.23-0.4)\times7]$	2.952	2~4层之和
4.5.3	女儿墙中 GZ	m^3	$V=0.2\times0.2\times0.6\times17=0.408$ 根数：$[12+(3.3+1.5)\times2+(12+3.3+2.9)\times2]/3.5$ $=16.57$ 取整 17 根	0.408	
4.6	混凝土梁	m^3	$V=\sum(4.6.1\sim4.6.4)$	39.139	
4.6.1	二层(3.570m)	m^3	$V=\sum(4.6.1.1\sim4.6.1.12)$	10.907	

序号	工程项目	单位	工程量计算式	工程量	备注
4.6.1.1	KL-1(2个)	m³	$V=0.2\times0.5\times(8+1.5\times2-0.4\times3-0.1\times2)\times2$	1.92	
4.6.1.2	KL-2	m³	$V=0.2\times0.5\times(3.3+1.5-0.3-0.4-0.1)$	0.4	
4.6.1.3	KL-3	m³	$V=0.2\times0.5\times(4.7+1.5-0.4-0.1-0.1)$	0.56	
4.6.1.4	KL-4	m³	$V=0.2\times0.5\times(3.3+1.5-0.15-0.5-0.1)$	0.405	
4.6.1.5	KL-5	m³	$V=0.2\times0.5\times(4.7+1.5-0.1\times2-0.4)$	0.56	
4.6.1.6	KL-6	m³	$V=0.2\times0.5\times(12-0.3\times4)$	1.08	
4.6.1.7	KL-7	m³	$V=0.25\times0.6\times(12-0.2\times2-0.3-0.5)$	1.62	
4.6.1.8	KL-8	m³	$V=0.2\times0.5\times(4.8\times2-0.3\times2-0.2)$	0.88	
4.6.1.9	L-1(5个)	m³	$V=0.15\times0.4\times(1.5-0.1\times2)\times5$	0.39	
4.6.1.10	L-2	m³	$V=0.2\times0.5\times(12-0.2\times6)$	1.08	
4.6.1.11	L-3	m³	$V=0.2\times0.4\times(12-0.2\times2-0.1\times2)$	0.912	
4.6.1.12	L-4	m³	$V=0.2\times0.5\times(12-0.2\times4-0.1\times2)$	1.1	
4.6.2	三层(6.770m)		同二层	10.907	
4.6.3	四层(9.970m)		$V=\sum(4.6.3.1\sim4.6.3.12)$	10.689	
4.6.3.1	KL-1(2个)	m³	$V=0.2\times0.5\times(8+1.5\times2-0.4\times3-0.1\times2)\times2$	1.92	
4.6.3.2	KL-2	m³	$V=0.2\times0.5\times(3.3+1.5-0.3-0.4-0.1)$	0.4	
4.6.3.3	KL-3	m³	$V=0.2\times0.5\times(4.7+1.5-0.4-0.1-0.1)$	0.56	
4.6.3.4	KL-4	m³	$V=0.2\times0.5\times(3.3+1.5-0.15-0.5-0.1)$	0.405	
4.6.3.5	KL-5	m³	$V=0.2\times0.5\times(4.7+1.5-0.1\times2-0.4)$	0.56	
4.6.3.6	KL-6	m³	$V=0.2\times0.5\times(12-0.3\times4)$	1.08	
4.6.3.7	KL-7	m³	$V=0.25\times0.6\times(12-0.2\times2-0.3-0.5)$	1.62	
4.6.3.8	KL-8	m³	$V=0.2\times0.5\times(4.8\times2-0.3\times2-0.2)$	0.88	
4.6.3.9	L-1(2个)	m³	$V=0.15\times0.4\times(1.5-0.1\times2)\times2$	0.156	
4.6.3.10	L-2	m³	$V=0.2\times0.5\times(12-0.2\times6)$	1.08	
4.6.3.11	L-3	m³	$V=0.2\times0.4\times(12-0.2\times2)$	0.928	
4.6.3.12	L-4	m³	$V=0.2\times0.5\times(12-0.2\times4-0.1\times2)$	1.1	
4.6.4	屋顶(13.200 m)	m³	$V=\sum(4.6.4.1\sim4.6.4.8)$	6.636	
4.6.4.1	WKL-1(1B)(3个)	m³	$V=0.2\times0.4\times(1.4+3.3+1.5-0.4\times2-0.1\times2)\times3$	1.248	
4.6.4.2	WKL-2	m³	$V=0.2\times0.4\times(1.5-0.1\times2)$	0.104	
4.6.4.3	WKL-3(1B)	m³	$V=0.2\times0.4\times(1.4+3.3+1.5-0.5-0.25-0.1\times2)$	0.42	
4.6.4.4	WKL-4	m³	$V=0.25\times0.6\times(12-0.5-0.3-0.2\times2)$	1.62	
4.6.4.5	WKL-5	m³	$V=0.2\times0.5\times(12-0.3\times4)$	0.864	
4.6.4.6	WKL-6	m³	$V=0.2\times0.5\times(1.8+3.3+1.4-0.4\times2-0.2-0.1)$	0.54	
4.6.4.7	WKL-1(3)(1个)	m³	$V=0.2\times0.4\times(12-0.2\times2)$	0.928	
4.6.4.8	WKL-3(4)	m³	$V=0.2\times0.4\times(12-0.2\times3)$	0.912	
4.7	混凝土板	m³	$V=\sum(4.7.1\sim4.7.4)$	37.673	

序号	工程项目	单位	工程量计算式	工程量	备注
4.7.1	二层(3.570 m)	m³	$V=\sum(4.7.1.1\sim4.7.1.4)$	10.256	
4.7.1.1	①—⑥轴 C轴上	m³	$V=[(3-0.1\times2)+(1.8-0.1\times2)]\times(1.5-0.1\times2)\times$ 0.1×2	1.144	
4.7.1.2	①—⑥轴B—C轴	m³	$V=(4.8-0.1\times2)\times(3.3-0.1-0.15)\times0.1\times2$	2.806	
4.7.1.3	①—⑥轴 A—B轴	m³	$V=(4-0.1\times2)\times(4.7-0.2-0.1\times2)\times0.1\times3$	4.902	
4.7.1.4	①—⑥轴 A轴下	m³	$V=[(2.2-0.1\times2)+(1.8-0.1\times2)]\times(1.5-0.1\times2)\times$ 0.1×3	1.404	
4.7.2	三层(6.770 m)	m³	同二层	10.256	
4.7.3	四层(9.970 m)	m³	同二层	10.256	
4.7.4	顶层(13.200 m)	m³	$V=\sum(4.7.4.1\sim4.7.4.3)$	6.905	
4.7.4.1	①—⑥轴C轴上	m³	$V=(12-0.1\times2-0.2\times3)\times(1.5-0.1\times2)\times0.11$	1.602	
4.7.4.2	①—⑥轴B—C轴	m³	$V=(12-0.1\times2-0.2\times2)\times(3.3-0.1-0.15)\times0.11$	3.825	
4.7.4.3	①—⑥轴B轴下	m³	$V=(12-0.1\times2-0.2\times3)\times(1.4-0.1\times2)\times0.11$	1.478	
4.8	压顶	m³	$V=0.2\times0.1\times[(12+3.3+2.9)\times2+(12+3.3\times2)]$	1.1	
5	模板工程	m²			
5.1	基础垫层	m²	$S=[(1.9+0.1\times2)+(2.5+0.1\times2)]\times4\times0.1\times6$	11.52	
5.2	独立基础	m²	$S=(1.9+1.1)\times4\times0.3\times6+(2.5+1.4)\times4\times0.35\times6$	54.36	
5.3	基础梁	m²	$S=\sum(5.3.1\sim5.3.6)$	57.48	
5.3.1	JL-1(2个)	m²	$S=(0.2+0.4\times2)\times(8-0.3\times2-0.4)\times2$	14	
5.3.2	JL-2	m²	$S=(0.2+0.4\times2)\times(8-0.3-0.4-0.1)$	7.2	
5.3.3	JL-3	m²	$S=(0.2+0.4\times2)\times(8-0.3\times2-0.1)$	7.3	
5.3.4	JL-4	m²	$S=(0.2+0.5\times2)\times(12-0.3\times4)$	13.44	
5.3.5	JL-5	m²	$S=(0.2+0.4\times2)\times(2.4-0.2-0.1)$	2.1	
5.3.6	JL-6	m²	$S=(0.2+0.5\times2)\times(12-0.3\times3-0.2)$	13.44	
5.4	地上混凝土梁	m²	$S=\sum(5.4.1\sim5.4.4)$	369.326	
5.4.1	二层(3.570 m)	m²	$S=\sum(5.4.1.1\sim5.4.1.12)$	99.965	扣减板厚100
5.4.1.1	KL-1(2个)	m²	$S=(0.2+0.5+0.4)\times(8+1.5\times2-0.4\times3-0.1\times2)\times2$	10.56	
5.4.1.2	KL-2	m²	$S=(0.2+0.5+0.4)\times(3.3+1.5-0.3-0.4-0.1)$	4.4	
5.4.1.3	KL-3	m²	$S=[0.2+(0.5-0.1)\times2]\times(4.7+1.5-0.4-0.1-0.1)$	5.6	
5.4.1.4	KL-4	m²	$S=[0.2+(0.5-0.1)\times2]\times(3.3+1.5-0.15-0.5-0.1)$	4.05	
5.4.1.5	KL-5	m²	$S=[0.2+(0.5-0.1)\times2]\times(4.7+1.5-0.1\times2-0.4)$	5.6	
5.4.1.6	KL-6	m²	$S=[0.2+(0.5-0.1)\times2]\times(12-0.3\times4)$	10.8	
5.4.1.7	KL-7	m²	$S=[0.25+(0.6-0.1)\times2]\times(12-0.2\times2-0.3-0.5)$	13.5	
5.4.1.8	KL-8	m²	$S=[0.2+(0.5-0.1)\times2]\times(4.8\times2-0.3\times2-0.2)$	10.56	
5.4.1.9	L-1(5个)	m²	$S=[0.15+(0.4-0.1)\times2]\times(1.5-0.1\times2)\times5$	4.875	

序号	工程项目	单位	工程量计算式	工程量	备注
5.4.1.10	L-2	m²	$S=(0.2+0.5+0.4)\times(12-0.2\times6)$	8.8	
5.4.1.11	L-3	m²	$S=[0.2+(0.4-0.1)\times2]\times(12-0.2\times2-0.1\times2)$	9.12	
5.4.1.12	L-4	m²	$S=(0.2+0.5+0.4)\times(12-0.2\times4-0.1\times2)$	12.1	
5.4.2	三层(6.770 m)	m²	同二层	99.965	扣减板厚100
5.4.3	四层(9.970 m)	m²	$S=\sum(5.4.3.1\sim5.4.3.12)$	100.125	扣减板厚100
5.4.3.1	KL-1(2个)	m²	$S=(0.2+0.5+0.4)\times(8+1.5\times2-0.4\times3-0.1\times2)\times2$	10.56	
5.4.3.2	KL-2	m²	$S=(0.2+0.5+0.4)\times(3.3+1.5-0.3-0.4-0.1)$	4.4	
5.4.3.3	KL-3	m²	$S=[0.2+(0.5-0.1)\times2]\times(4.7+1.5-0.4-0.1-0.1)$	5.6	
5.4.3.4	KL-4	m²	$S=[0.2+(0.5-0.1)\times2]\times(3.3+1.5-0.15-0.5-0.1)$	4.05	
5.4.3.5	KL-5	m²	$S=[0.2+(0.5-0.1)\times2]\times(4.7+1.5-0.1\times2-0.4)$	5.6	
5.4.3.6	KL-6	m²	$S=[0.2+(0.5-0.1)\times2]\times(12-0.3\times4)$	10.8	
5.4.3.7	KL-7	m²	$S=[0.25+(0.6-0.1)\times2]\times(12-0.2\times2-0.3-0.5)$	13.5	
5.4.3.8	KL-8	m²	$S=[0.2+(0.5-0.1)\times2]\times(4.8\times2-0.3\times2-0.2)$	10.56	
5.4.3.9	L-1(2个)	m²	$S=[0.15+(0.4-0.1)\times2]\times(1.5-0.1\times2)\times2$	4.875	
5.4.3.10	L-2	m²	$S=(0.2+0.5+0.4)\times(12-0.2\times6)$	8.8	
5.4.3.11	L-3	m²	$S=[0.2+(0.4-0.1)\times2]\times(12-0.2\times2)$	9.28	
5.4.3.12	L-4	m²	$S=(0.2+0.5+0.4)\times(12-0.2\times4-0.1\times2)$	12.1	
5.4.4	顶层(13.200 m)	m²	$S=\sum(5.4.4.1\sim5.4.4.8)$	69.271	扣减板厚110
5.4.4.1	WKL-1(1B)(3个)	m²	$S=[0.2+(0.4-0.11)+0.4]\times(1.4+3.3+1.5-0.4\times2-0.1\times2)\times3$	13.884	
5.4.4.2	WKL-2	m²	$S=[0.2+(0.4-0.11)\times2]\times(1.5-0.1\times2)$	1.014	
5.4.4.3	WKL-3(1B)	m²	$S=[0.2+(0.4-0.11)\times2]\times(1.4+3.3+1.5-0.5-0.25-0.1\times2)$	4.095	
5.4.4.4	WKL-4	m²	$S=[0.25+(0.6-0.11)\times2]\times(12-0.5-0.3-0.2\times2)$	12.744	
5.4.4.5	WKL-5	m²	$S=[0.2+(0.5-0.11)\times2]\times(12-0.3\times4)$	10.584	
5.4.4.6	WKL-6	m²	$S=(0.2+0.5\times2)\times(1.8+3.3+1.4-0.4\times2-0.2-0.1)$	6.48	
5.4.4.7	WKL-1(3)(1个)	m²	$S=[0.2+(0.4-0.11)+0.4]\times(12-0.2\times2)$	10.324	
5.4.4.8	WKL-3(4)	m²	$S=[0.2+(0.4-0.11)+0.4]\times(12-0.2\times3)$	10.146	
5.5	框架柱	m²	$S=\sum(5.5.1\sim5.5.6)$	218.944	
5.5.1	首层(基础顶一3.570 m)	m²	$S=\sum(5.5.1.1\sim5.5.1.6)$	78.846	扣减板厚、相交梁
5.5.1.1	KZ-1(2个)	m²	$S=(0.3+0.5)\times2\times(3.57-0.1+1.1)\times2-0.2\times(0.5-0.1)\times5-0.25\times(0.6-0.1+0.4-0.1)$	14.024	

序号	工程项目	单位	工程量计算式	工程量	备注
5.5.1.2	KZ-2 (JC-1、3个)	m²	$S=(0.3+0.4)\times2\times(3.47+1.2)\times3-0.2\times(0.5-0.1)\times6-0.25\times(0.4-0.1)\times2$	18.984	
5.5.1.3	KZ-2 (JC-2、2个)	m²	$S=(0.3+0.4)\times2\times(3.47+1.1)\times2-0.2\times(0.5-0.1)\times4-0.25\times(0.6-0.1)\times2$	12.226	
5.5.1.4	KZ-2a(2个)	m²	$S=(0.3+0.4)\times2\times(3.47+1.1)\times2-0.2\times(0.5-0.1)\times8$	12.156	
5.5.1.5	KZ-3(1个)	m²	$S=0.4\times4\times(3.47+1.2)-0.2\times(0.5-0.1)\times2$	7.312	
5.5.1.6	KZ-3a(2个)	m²	$S=0.4\times4\times(3.47+1.1)\times2-0.2\times(0.5-0.1)\times6$	14.144	
5.5.2	二层 (3.57~6.67m)	m²	$S=\sum(5.5.2.1\sim5.5.2.3)$	52.07	扣减板厚、相交梁
5.5.2.1	KZ-1(2个)	m²	$S=(0.3+0.5)\times2\times(3.2-0.1)\times2-0.2\times(0.5-0.1)\times5-0.25\times(0.6-0.1+0.4-0.1)$	9.32	
5.5.2.2	KZ-2(7个)	m²	$S=(0.3+0.4)\times2\times(3.2-0.1)\times7-0.2\times(0.5-0.1)\times18-0.25\times(0.4-0.1)\times3-0.25\times(0.6-0.1)$	28.59	
5.5.2.3	KZ-3(3个)	m²	$S=0.4\times4\times(3.2-0.1)\times3-0.2\times(0.5-0.1)\times9$	14.16	
5.5.3	三层 (6.670~9.970 m)	m²	同二层	52.07	扣减板厚、相交梁
5.5.4	顶层 (9.970~13.200 m)	m²	$S=\sum(5.5.4.1\sim5.5.4.3)$	35.958	扣减板厚、相交梁
5.5.4.1	KZ-1(2个)	m²	$S=(0.3+0.5)\times2\times(3.23-0.11)\times2-0.2\times(0.5-0.11)\times3-0.2\times(0.4-0.11)\times2-0.25\times(0.6-0.1+0.4-0.1)$	9.434	
5.5.4.2	KZ-2(4个)	m²	$S=(0.3+0.4)\times2\times3.12\times4-0.2\times(0.5-0.11)\times2-0.2\times(0.4-0.11)\times8-0.25\times(0.4-0.11)\times3-0.25\times(0.6-0.11)$	16.93	
5.5.4.3	KZ-3(2个)	m²	$S=0.4\times4\times(3.23-0.11)\times2-0.2\times(0.5-0.11)\times2-0.2\times(0.4-0.11)\times4$	9.594	
5.6	混凝土板	m²	$S=\sum(5.6.1\sim5.6.4)$	370.45	
5.6.1	二层(3.570 m)	m²	$S=\sum(5.6.1.1\sim5.6.1.4)$	102.56	
5.6.1.1	①—⑥轴 C 轴上	m²	$S=[(3-0.1\times2)+(1.8-0.1\times2)]\times(1.5-0.1\times2)\times2$	11.44	
5.6.1.2	①—⑥轴 B—C 轴	m²	$S=(4.8-0.1\times2)\times(3.3-0.1-0.15)\times2$	28.06	
5.6.1.3	①—⑥轴 A—B 轴	m²	$S=(4-0.1\times2)\times(4.7-0.2-0.1\times2)\times3$	49.02	
5.6.1.4	①—⑥轴 A 轴下	m²	$S=[(2.2-0.1\times2)+(1.8-0.1\times2)]\times(1.5-0.1\times2)\times3$	14.04	
5.6.2	三层(6.770 m)	m²	同二层	102.56	
5.6.3	四层(9.970 m)	m²	同二层	102.56	

序号	工程项目	单位	工程量计算式	工程量	备注
5.6.4	顶层(13.200 m)	m²	$S = \sum(5.6.4.1 \sim 5.6.4.3)$	62.77	
5.6.4.1	①-⑥轴 C 轴上	m²	$S = (12-0.1\times2-0.2\times3)\times(1.5-0.1\times2)$	14.56	
5.6.4.2	①-⑥轴 B—C 轴	m²	$S = (12-0.1\times2-0.2\times2)\times(3.3-0.1-0.15)$	34.77	
5.6.4.3	①-⑥轴 B 轴下	m²	$S = (12-0.1\times2-0.2\times3)\times(1.4-0.1\times2)$	13.44	
6	门窗工程	m²			
6.1	门	m²		61.95	
6.1.1	M-1	m²	$S = 1.5\times2.6$	3.9	
6.1.2	M-2(12个)	m²	$S = 0.9\times2.1\times12$	22.68	
6.1.3	M-3	m²	$S = 0.8\times2.1$	1.68	
6.1.4	M-4(13个)	m²	$S = 0.7\times2.1\times13$	19.11	
6.1.5	ML-1	m²	$S = 1.8\times2.7$	4.86	
6.1.6	MC-1	m²	$S = 3.6\times2.7$	9.72	
6.2	窗	m²		46.62	
6.2.1	C-1(3个)	m²	$S = 3.6\times1.8\times3$	19.44	
6.2.2	C-2	m²	$S = 1.5\times1.8$	2.7	
6.2.3	C-3(16个)	m²	$S = 0.9\times1.2\times16$	17.28	
6.2.4	C-4(4个)	m²	$S = 1.5\times1.2\times4$	7.2	
7	砌筑工程	m²			
7.1	外墙	m³	$V = \sum(7.1.1 \sim 7.1.4)$	71.883	扣梁、柱体积，扣门窗所占面积
7.1.1	一层外墙	m³	长：$L = (12.2-0.3\times3-0.4)+(12.2-0.3\times2-0.4\times2)$ $+(8.2-0.4\times3)\times2 = 35.7$ m 高：$H = 3.6-(-0.45)-0.5 = 3.55$ m 门窗面积：$S = 2C-1+C-2+3C-3+M-1 = 2\times2.4\times1.8+2.7$ $+3\times0.9\times1.2+3.9 = 18.48$ m² 厚：$B = 0.2$ m $V = (35.7\times3.55-18.48)\times0.2$	21.651	
7.1.2	二层外墙 (6.800～3.600)	m³	长：$L = (11.2-0.2\times2-0.4\times3)+(8.2-0.4\times3)+(2.2$ $+1.3+3-0.2+1.4+3.4+1.4+3-0.4)+(1.6$ $+1.4+4.2+1.3+1.4+3.2+1.1+2.2-0.4) =$ $9.6+7+15.1+16 = 47.7$ m 高：$H = 3.2-0.5 = 2.7$ m 门窗面积：$S = C-4+7C-3+5ML-1 = 1.5\times1.2+7\times0.9\times$ $1.2+5\times4.86 = 33.66$ m² 厚：$B = 0.2$ m $V = (47.7\times2.7-33.66)\times0.2$	19.026	
7.1.3	三层外墙	m³	同二层	19.026	

序号	工程项目	单位	工程量计算式	工程量	备注
7.1.4	四层外墙	m³	长：$L_1=(12+1.4+3.3+1.5)\times2-0.2\times3-0.4\times4-0.3\times2=33$ m 高：$H_1=3.2-0.4=2.8$ m 长：$L_2=3.3+1.5-0.1\times2=4.6$ m 高：$H_2=3.2-0.5=2.7$ m 厚：$B=0.2$ m 门窗面积：$S=C\text{-}1+C\text{-}4+3C\text{-}3+MC\text{-}1$ 　　　　　$=2.4\times1.8+1.5\times1.2+3\times0.9\times1.2+9.72$ 　　　　　$=19.08$ m² 　　　　$V=(33\times2.8+4.6\times2.7-19.08)\times0.2$	12.18	C-1 按平面图标示宽为2.4
7.2	内墙	m³	$V=\sum(7.2.1\sim7.2.4)$	49.49	扣梁、柱体积，扣门窗所占面积
7.2.1	一层内墙	m³	长：$L_1=3.3-0.3\times2=2.7$ m 　　$L_2=1.1-0.1=1$ m 　　$L_3=3.3+(2.4-0.1\times2)+4+(3.3-0.9)=11.9$ m 高：$H_1=3.2-0.5=2.7$ 　　$H_2=3.2-0.4=2.8$ 　　$H_3=3.2-0.1=3.1$ 厚：$B=0.2$ m 门窗面积：$S=M\text{-}3+M\text{-}4=1.68+0.7\times2.1=3.15$ m² 　　　　$V=(2.7\times2.7+1\times2.8+11.9\times3.1-3.15)\times0.2$	8.766	
7.2.2	二层内墙	m³	长：$L_1=(3.3-0.3\times2)+(3.3-0.4-0.1)+(3.3-0.3-0.1)$ 　　　$\times2+(1.8-0.1-0.3)+(3.6-0.3-0.2)$ 　　　$+(1.5-0.1\times2)=17.1$ m 　　$L_2=(12.2-0.1\times2)+(3-0.1-0.2)=14.7$ m 　　$L_3=4\times2-2.4-0.2-0.4=5$ m 高：$H_1=3.2-0.5=2.7$ 　　$H_2=3.2-0.4=2.8$ 　　$H_3=3.2-0.6=2.6$ 厚：$B=0.2$ m 门窗面积：$S=5M\text{-}2+5M\text{-}4=5\times0.9\times2.1+5\times0.7\times2.1$ 　　　　　$=16.8$ m² 　　　　$V=(17.1\times2.7+14.7\times2.8+5\times2.6-16.8)\times0.2$	16.706	
7.2.3	三层内墙	m³	同二层	16.706	

序号	工程项目	单位	工程量计算式	工程量	备注
7.2.4	四层内墙	m³	长：$L_1=(1.4-0.1\times2)+(3.6-0.3-0.1\times2)=4.3$ m 高：$H_1=3.2-0.5=2.7$ $\quad L_2=(3.3+2.9-0.3\times2-0.1\times2)+(4.8-0.1\times2-$ $\qquad 0.5)=9.5$ m $\quad H_2=3.2-0.4=2.8$ $\quad L_3=0.8-0.4+0.1=0.4$ m $\quad H_3=3.2-0.6=2.6$ $\quad L_4=1.5-0.1\times2=1.3$ $\quad H_4=3.2-0.1=3.1$ 厚：$B=0.2$ m 门窗面积：$S=2M\text{-}2+2M\text{-}4=2\times0.9\times2.1+2\times0.7\times2.1$ $\qquad =6.72$ m² $\quad V=(4.3\times2.7+9.5\times2.8+0.4\times2.6+1.3\times$ $\qquad 3.1-6.72)\times0.2$	7.312	
7.3	女儿墙	m³	长：$L_1=12+(3.3+1.5)\times2+(12+3.3+2.9)\times2=58$ m 高：$H_1=0.6$ m 厚：$B=0.2$ m $\quad V=58\times0.2\times0.6-0.408-1.1$	5.452	扣减GZ、压顶体积
8	钢筋工程	kg			
8.1	独立基础钢筋	kg	$\Phi12$	1 006.47	
8.1.1	JC-1(6个) $\Phi12$	kg	钢筋直径：$D=12$ mm 水平向： 单根长：$L=1.9-0.04\times2+2\times6.25\times0.012=1.97$ m 根数：$n=(1.9-0.04\times2)/0.15+1=14$ 根 水平向长度：$L=1.97\times14=27.58$ m 垂直向：同水平向 $L=1.97\times14=27.58$ m 钢筋质量 $G=0.006\ 17\times27.58\times2\times12^2\times6$	294.051	
8.1.2	JC-2(6个) $\Phi12$	kg	钢筋直径：$D=12$ mm 水平向： 单根长：$L=2.5-0.04\times2+2\times6.25\times0.012=2.57$ m 根　数：$n=(2.5-0.04\times2)/0.1+1=26$ 根 水平向长度：$L=2.57\times26=66.82$ m 垂直向：同水平向 $L=2.57\times26=66.82$ m 钢筋质量 $G=0.006\ 17\times66.82\times2\times12^2\times6$	712.419	
8.2	框架柱钢筋		查图集知： ①三级抗震、C25框架结构中，钢筋锚固长度：$l_{aE}=35d$ $=35\times0.016=0.56$ m ②顶层柱柱顶钢筋锚固长度：$L\geqslant1.5l_{aE}=1.5\times35d$ $=1.5\times35\times0.016=1.5\times0.56$ m$=0.84$ m ③箍筋加密区：首层 $L=1/3H_n=1/3\times(3.57+1.1-0.5)$ $=1.39$ m 其他楼层取楼板上下各500 mm范围内加密		HPB300、HRB335

序号	工程项目	单位	工程量计算式	工程量	备注
8.2	框架柱钢筋	kg	$\Phi 16$ ...	780.935	
		kg	$\phi 8$	1 041.574	
8.2.1	KZ-1(2个)		箍筋加密区：首层 $1/3H_n=1/3\times(3.57+1.1-0.5)=1.39$ m，楼板上下各 500 mm 范围内加密，KZ-1 每根 7 处		
8.2.1.1	纵筋 10Φ16	kg	单根长度：$L=13.2+1.8+0.84-0.4=15.44$ m 10 根长度：$L=10\times15.44=154.4$ m 质量：$G=0.006\ 17\times154.4\times16^2\times2$	487.756	
8.2.1.2	箍筋 ϕ8	kg	大箍单根长度：$L_1=(0.3+0.5)\times2-8\times0.03+2\times11.9$ $\times0.008=1.550\ 4$ m 小箍单根长度：$L_2=(0.3+0.18)\times2-4\times0.03+2\times11.9$ $\times0.008=1.030\ 4$ m 单肢箍单根长度：$L_3=0.3-2\times0.03+2\times11.9\times0.008$ $=0.430\ 4$ m 箍筋根数：$n=(1.39/0.1+1)+(0.5/0.1+1)\times7=15+6$ $\times7=57$ 根 则箍筋总长度：$L=(1.550\ 4+1.030\ 4+0.430\ 4)\times57$ $=171.638$ m 质量：$G=0.006\ 17\times171.638\times8^2\times2$	135.553	
8.2.2	KZ-2 (JC—1、5个)		箍筋加密区：首层 $1/3H_n=1/3\times(3.57+1.1-0.5)=1.39$ m，楼板上下各 500 mm 范围内加密，KZ-2 每根 7 处		
8.2.2.1	纵筋 8Φ16	kg	单根长度：$L=13.2+1.8+0.84-0.4$（梁高）$=15.44$ m 8 根长度：$L=8\times15.44=123.52$ m 质量：$G=0.006\ 17\times123.52\times16^2\times5$	975.512	
8.2.2.2	箍筋 ϕ8	kg	大箍单根长度：$L_1=(0.3+0.4)\times2-8\times0.03+2\times11.9$ $\times0.008=1.350\ 4$ m 单肢箍单根长度：$L_2=0.4-2\times0.03+2\times11.9\times0.008=$ $0.530\ 4$ m 单肢箍单根长度：$L_3=0.3-2\times0.03+2\times11.9\times0.008=$ $0.430\ 4$ m 箍筋根数：$n=(1.39/0.1+1)+(0.5/0.1+1)\times7=15+6$ $\times7=57$ 根 则箍筋总长度：$L=(1.350\ 4+0.530\ 4+0.430\ 4)\times57=$ 131.738 m 质量：$G=0.006\ 17\times131.738\times8^2\times5$	260.104	
8.2.3	KZ-2a(2个)		箍筋加密区：首层 $1/3H_n=1/3\times(3.57+1.1-0.5)=1.39$ m，楼板上下各 500 mm 范围内加密，KZ-2a 每根 5 处		
8.2.3.1	纵筋 8Φ16	kg	单根长度：$L=9.97+1.8+0.84-0.5$（梁高）$=12.11$ m 8 根长度：$L=8\times12.11=96.88$ m 质量：$G=0.006\ 17\times96.88\times16^2\times2$	306.048	

序号	工程项目	单位	工程量计算式	工程量	备注
8.2.3.2	箍筋 Φ8	kg	大箍单根长度：$L_1=(0.3+0.4)\times2-8\times0.03+2\times11.9\times0.008=1.350\ 4$ m 单肢箍单根长度：$L_2=0.4-2\times0.03+2\times11.9\times0.008=0.530\ 4$ m 单肢箍单根长度：$L_3=0.3-2\times0.03+2\times11.9\times0.008=0.430\ 4$ m 箍筋根数：$n=(1.39/0.1+1)+(0.5/0.1+1)\times5=15+6\times5=45$ 根 则箍筋总长度：$L=(1.350\ 4+0.530\ 4+0.430\ 4)\times45=104.004$ m 质量：$G=0.006\ 17\times104.004\times8^2\times2$	82.138	
8.2.4	KZ-3(1个)		箍筋加密区：首层$1/3H_n=1/3\times(3.57+1.1-0.5)=1.39$ m 楼板上下各 500 mm 范围内加密，KZ-3 每根 7 处		
8.2.4.1	纵筋 8Φ16	kg	同 8.2.2.1	975.512	
8.2.4.2	箍筋 Φ8	kg	大箍单根长度：$L_1=(0.2+0.4)\times2-8\times0.03+2\times11.9\times0.008=1.150\ 4$ m 箍筋根数：$n=(1.39/0.1+1)+(0.5/0.1+1)\times7=15+6\times7=57$ 根 每个截面 2 个大箍筋 则箍筋总长度：$L=1.150\ 4\times57\times2=131.146$ m 质量：$G=0.006\ 17\times131.146\times8^2$	51.787	
8.2.5	KZ-3a(2个)		箍筋加密区：首层$1/3H_n=1/3\times(3.57+1.1-0.5)=1.39$ m 楼板上下各 500 mm 范围内加密，KZ-3a 每根 5 处		
8.2.5.1	纵筋 8Φ16	kg	同 8.2.3.1	306.048	
8.2.5.2	箍筋 Φ8	kg	大箍单根长度：$L_1=(0.2+0.4)\times2-8\times0.03+2\times11.9\times0.008=1.150\ 4$ m 箍筋根数：$n=(1.39/0.1+1)+(0.5/0.1+1)\times5=15+6\times5=45$ 根 每个截面 2 个大箍筋 则箍筋总长度：$L=1.150\ 4\times45\times2=103.536$ m 质量：$G=0.006\ 17\times103.536\times8^2$	40.884	
8.3	框架梁钢筋（以二层梁为例计算）标高 3.57 m		查图集知： ①三级抗震、C25 框架结构中，钢筋锚固长度：$l_{aE}=35d$ ②楼层框架梁中钢筋伸入边柱中长度： $L\geqslant0.4l_{aE}+15d$ $-0.4\times35d+15d=29d$ ②楼层框架梁中钢筋伸入中柱中长度： $L\geqslant\text{Max}(0.5H_c+5d,l_{aE})$ 本工程应取：$L=35d$ ③箍筋加密区长度：$L\geqslant\text{Max}(1.5H_b,500)$本工程应取： $L=1.5H_b(H_b$为梁高$)$ ④架立筋搭接长度：$L=150$ mm ⑤悬挑梁钢筋深入框架梁内$L_a=34d$，考虑抗震取$l_{aE}=35d$，悬挑端在端部弯下		

序号	工程项目	单位	工程量计算式	工程量	备注
8.3.1	二层标高 3.57 m 汇总	kg	$\Phi12$	29.39	
			$\Phi16$	104.867	
			$\Phi18$	491.791	
			$\Phi20$	148.759	
			$\Phi22$	201.917	
			$\phi8$	408.629	
8.3.1.1	KL-1(2个)		$\Phi18$ 伸入边柱中长度 $L=29d=29\times18=522$ mm$=0.522$ m $\Phi12$ 伸入边柱中长度 $L=29d=29\times12=348$ mm$=0.348$ m		
8.3.1.2	$\Phi18$	kg	上排钢筋通长设置： $2\Phi18$ 单根 $L=8+1.5\times2+(0.1-0.025)\times2$ $+(0.5-0.025\times2)\times2=12.05$ m 2 根 $L=12.05\times2=24.1$ m 两边悬挑梁各增加 $1\Phi18$ $L=2\times[(35d+1.5-0.1+0.1)+(0.5-0.025\times2)]$ $=2\times[(35\times0.018+1.5)+0.45]=2\times2.58=5.16$ m 下排钢筋： $3\Phi18$ 单根 $L=8+2\times0.522=9.044$ m 3 根 $L=9.044\times3=27.132$ m 总长：$L=24.1+4.26+27.132=55.492$ m 质量：$G=0.006\ 17\times55.492\times18^2\times2$	221.866	
8.3.1.3	$\Phi12$	kg	悬挑梁下排钢筋 $2\Phi12$ 单根 $L=1.5-0.1+35d=1.4+2\times35\times0.012=$ 2.24 m 2 根 $L=2.24\times2=4.48$ m 两根悬挑梁 总长：$L=2\times4.48=8.96$ m 质量：$G=0.006\ 17\times8.96\times12^2\times2$	15.922	
8.3.1.4	箍筋 $\phi8$	kg	箍筋单根长度：$L_1=(0.2+0.5)\times2-8\times0.025+2\times11.9$ $\times0.008=1.390\ 4$ m 箍筋根数： 加密区：$L=1.5H_b=1.5\times0.5=0.75$ m 框架梁部分：$n_1=(0.75/0.1)\times4+(8-0.75\times4-0.3\times2$ $-0.4)/0.2+1=53$ 根 悬挑梁部分：$n_2=[(1.5-0.1\times2)/0.1+1]\times2=28$ 根 则箍筋总长度：$L=1.390\ 4\times(53+28)=112.622$ m 质量：$G=0.006\ 17\times112.622\times8^2\times2$	88.944	
8.3.2	KL-2		$\Phi18$ 伸入中柱中长度 $L=35d=35\times18=630$ mm$=0.63$ m $\Phi16$ 伸入中柱中长度 $L=35d=35\times16=560$ mm$=0.56$ m 悬挑梁钢筋深入框架梁内 $L_a=34d$，考虑抗震取 $l_{aE}=35d$， 悬挑端在端部弯下 $\Phi12$ 伸入中柱中长度 $L=35d=35\times12=420$ mm$=0.42$ m		

序号	工程项目	单位	工程量计算式	工程量	备注
8.3.2.1	$\Phi18$	kg	上排钢筋： $2\Phi18$ 单根 $L=0.63+3.3-0.1+1.5+(0.1-0.025)+$ $(0.5-0.025\times2)=5.855$ m 　　　　2 根 $L=5.855\times2=11.71$ m 单边悬挑梁增加 $2\Phi18$ 单根 $L=[0.63+1.5-0.1+(0.1-0.025)]$ $+(0.5-0.025\times2)=3.23$ m 　　　　2 根 $L=3.23\times2=6.46$ m 总长：$L=11.71+6.46=18.17$ m 质量：$G=0.00617\times18.17\times18^2$	36.323	
8.3.2.2	$\Phi16$		下排钢筋： $2\Phi16$ 单根 $L=3.3+2\times0.56=4.42$ m 　　　　2 根 $L=4.42\times2=8.84$ m 质量：$G=0.00617\times8.84\times16^2$	13.963	
8.3.2.3	$\Phi12$	kg	悬挑梁下排钢筋 $2\Phi12$ 单根 $L=0.42+1.5-0.025=1.895$ m 　　　　2 根 $L=1.895\times2=3.79$ m 质量：$G=0.006\,17\times3.79\times12^2$	3.367	
8.3.2.4	箍筋 $\Phi8$	kg	箍筋单根长度：$L_1=1.390\,4$ m（同 8.3.1.3 中） 箍筋根数： 加密区：$L=1.5H_b=1.5\times0.5=0.75$ m 框架梁部分：$n_1=(0.75/0.1)\times2+(3.3-0.75\times2-0.3\times$ $2)/0.2+1=23$ 根 悬挑梁部分：$n_2=(1.5-0.1\times2)/0.1+1=14$ 根 则箍筋总长度：$L=1.390\,4\times(23+14)=51.445$ m 质量：$G=0.006\,17\times51.445\times8^2$	20.315	
8.3.3	KL-3		$\Phi20$　$l_{aE}=35d=35\times20=700$ mm$=0.7$ m $\Phi22$　$l_{aE}=35d=35\times22=770$ mm$=0.77$ m 悬挑梁钢筋深入框架梁内 $L_a=34d$，考虑抗震取 $l_{aE}=35d$， 悬挑端在端部弯下 $\Phi12$ 伸入中柱中长度 $L=35d=35\times12=420$ mm$=0.42$ m		
8.3.3.1	$\Phi20$	kg	上排钢筋： $2\Phi20$ 单根 $L=(0.5-0.025\times2)+(0.1-0.025)+1.5+$ $4.7-0.1+0.7=7.325$ m 　　　　2 根 $L=7.325\times2=14.65$ m 单边悬挑梁增加 $3\Phi20$ 单根 $L=(0.5-0.025\times2)+(0.1-0.025)+1.5-$ $0.1+0.7=3.3$ m 　　　　3 根 $L=3.3\times3=9.9$ m 总长：$L=14.65+9.9=24.55$ m 质量：$G=0.00617\times24.55\times20^2$	60.589	

序号	工程项目	单位	工程量计算式	工程量	备注
8.3.3.2	$\Phi22$	kg	下排钢筋： $3\Phi22$　单根 $L=4.7+2\times0.77=6.24$ m 　　　　3 根 $L=6.24\times3=18.72$ m 质量：$G=0.006\,17\times18.72\times22^2$	55.903	
8.3.3.3	$\Phi12$	kg	悬挑梁下排钢筋 $2\Phi12$　单根 $L=0.42+1.5-0.025=1.895$ m 　　　　2 根 $L=1.895\times2=3.79$ m 质量：$G=0.006\,17\times3.79\times12^2$	3.367	
8.3.3.4	箍筋 $\phi8$	kg	箍筋单根长度：$L_1=1.390\,4$ m(同 8.3.1.3 中) 箍筋根数： 加密区：$L=1.5H_b=1.5\times0.5=0.75$ m 框架梁部分：$n_1=(0.75/0.1)\times2+(4.7-0.75\times2-0.3-$ 　　　　$0.2-0.1)/0.2+1+6=36$ 根 悬挑梁部分：$n_2=(1.5-0.1\times2)/0.1+1=14$ 根 则箍筋总长度：$L=1.390\,4\times(36+14)=69.52$ m 　　　　质量：$G=0.006\,17\times69.52\times8^2$	27.452	次梁两端 各加 3 根， 共加 6 根
8.3.4	KL-4		$\Phi20$　$l_{aE}=35d=35\times20=700$ mm$=0.7$ m $\Phi16$　$l_{aE}=35d=35\times16=560$ mm$=0.56$ m $\Phi22$　$l_{aE}=35d=35\times22=770$ mm$=0.77$ m 悬挑梁钢筋深入框架梁内 $L_a=34d$，考虑抗震取 $l_{aE}=35d$， 悬挑端在端部弯下 $\Phi12$ 伸入中柱中长度 $L=35d=35\times12=420$ mm$=0.42$ m		
8.3.4.1	$\Phi20$	kg	上排钢筋： $3\Phi20$　单根 $L=0.7+3.3-0.1+1.5+(0.1-0.025)+$ 　　　　$(0.5-0.025\times2)=5.925$ m 　　　　3 根 $L=5.925\times3=17.775$ m 质量：$G=0.006\,17\times17.775\times20^2$	43.869	
8.3.4.2	$\Phi22$	kg	单边悬挑梁增加 $3\Phi22$　单根 $L=0.77+1.5-0.025+(0.5-0.025\times2)=$ 　　　　2.695 m 　　　　3 根 $L=2.695\times3=8.085$ m 质量：$G=0.006\,17\times8.085\times22^2$	24.144	
8.3.4.3	$\Phi16$	kg	下排钢筋：$2\Phi16$(同 8.3.1.2 中 $\Phi16$) 质量：$G=0.006\,17\times8.84\times16^2$	13.963	
8.3.4.4	$\Phi12$	kg	悬挑梁下排钢筋 $2\Phi12$(同 8.3.1.2 中 $\Phi12$) 质量：$G=0.006\,17\times3.64\times12^2$	3.367	

序号	工程项目	单位	工程量计算式	工程量	备注
8.3.4.5	箍筋 φ8	kg	箍筋单根长度：$L_1=1.390\ 4$ m（同 8.3.1.3 中） 箍筋根数： 加密区：$L=1.5H_b=1.5\times0.5=0.75$ m 框架梁部分：$n_1=(0.75/0.1)\times2+(3.3-0.75\times2-0.4-0.1)/0.2+1=24$ 根 悬挑梁部分：$n_2=(1.5-0.1\times2)/0.1+1=14$ 根 则箍筋总长度：$L=1.3904\times(24+14)=52.835$ m 质量：$G=0.006\ 17\times52.835\times8^2$	20.864	
8.3.5	KL-5		$\Phi20\quad l_{aE}=35d=35\times20=700$ mm$=0.7$ m $\Phi22\quad l_{aE}=35d=35\times22=770$ mm$=0.77$ m 悬挑梁钢筋深入框架梁内 $L_a=34d$，考虑抗震取 $l_{aE}=35d$，悬挑端在端部弯下 $\Phi12$ 伸入中柱中长度 $L=35d=35\times12=420$ mm$=0.42$ m		
8.3.5.1	$\Phi20$	kg	上排钢筋： $2\Phi20\quad$ 单根 $L=(0.5-0.025\times2)+(0.1-0.025)+1.5+4.7-0.1+0.7=7.325$ m $\qquad2$ 根 $L=7.325\times2=14.65$ m 单边悬挑梁增加 $1\Phi20\quad$ 单根 $L=(0.5-0.025\times2)+(0.1-0.025)+1.5-0.1+0.7=3.3$ m 总长：$L=14.65+3.3=17.95$ m 质量：$G=0.00617\times17.95\times20^2$	44.301	
8.3.5.2	$\Phi22$		单边悬挑梁增加 $2\Phi22\quad$ 单根 $L=(0.5-0.025\times2)+(0.1-0.025)+1.5-0.1+0.77=2.47$ m $\qquad2$ 根 $L=2.47\times2=4.94$ m 下排钢筋： $3\Phi22\quad$ 单根 $L=4.7+2\times0.77=6.24$ m $\qquad3$ 根 $L=6.24\times3=18.72$ m 总长：$L=2.47+18.72=21.19$ m 质量：$G=0.006\ 17\times21.19\times22^2$	63.279	
8.3.5.3	$\Phi12$	kg	悬挑梁下排钢筋 $2\Phi12\quad$ 单根 $L=0.42+1.5-0.025=1.895$ m $\qquad2$ 根 $L=1.895\times2=3.79$ m 质量：$G=0.006\ 17\times3.79\times12^2$	3.367	
8.3.5.4	箍筋 φ8	kg	箍筋单根长度：$L_1=1.390\ 4$ m（同 8.3.1.3 中） 箍筋根数： 加密区：$L=1.5H_b=1.5\times0.5=0.75$ m 框架梁部分：$n_1=(0.75/0.1)\times2+(4.7-0.75\times2-0.3-0.2-0.1)/0.2+1=6=36$ 根 悬挑梁部分：$n_2=(1.5-0.1\times2)/0.1+1=14$ 根 则箍筋总长度：$L=1.390\ 4\times(36+14)=69.52$ m 质量：$G=0.006\ 17\times69.52\times8^2$	27.452	

序号	工程项目	单位	工程量计算式	工程量	备注
8.3.6	KL-6		$\Phi18$ 伸入边柱中长度 $L=29d=29\times18=522$ mm$=0.522$ m $\Phi16$ 伸入边柱中长度 $L=29d=29\times16=464$ mm$=0.464$ m		
8.3.6.1	$\Phi16$		上排钢筋： $2\Phi16$　单根 $L=12-0.3\times2+2\times0.464=12.328$ m 　　　　2 根 $L=12.328\times2=24.656$ m 支座加强筋： $1\Phi16$　单根 $L=1/3\times(4-0.3)\times2+0.3=2.3$ m 　　　　2 处 $L=2.3\times2=4.6$ m 总长：$L=24.656+4.6=29.256$ m 质量：$G=0.006\,17\times29.256\times16^2$	46.21	
8.3.6.2	$\Phi18$	kg	下排钢筋： $2\Phi18$　单根 $L=12-0.3\times2+2\times0.522=12.444$ m 　　　　2 根 $L=12.444\times2=24.888$ m 质量：$G=0.006\,17\times24.888\times18^2$	49.753	
8.3.6.3	箍筋 $\phi8$	kg	箍筋单根长度：$L_1=1.390\,4$ m（同 8.3.1.3 中） 箍筋根数： 加密区：$L=1.5H_b=1.5\times0.5=0.75$ m 框架梁部分：$n_1=(0.75/0.1)\times6+(12-0.75\times6-0.3\times4$ 　　　　$-0.15\times3)/0.2+1=79$ 根 次梁处增加箍筋根数：$n_2=6\times3=18$ 根 则箍筋总长度：$L=1.3904\times(79+18)=134.869$ m 质量：$G=0.006\,17\times134.869\times8^2$	53.257	每处次梁两端各加3根，共加6根
8.3.7	KL-7		$\Phi18$ 伸入边柱中长度 $L=29d=29\times18=522$ mm$=0.522$ m $\Phi18$ 伸入中柱中长度 $L=35d=35\times18=630$ mm$=0.63$ m $\Phi22$ 伸入中柱中长度 $L=29d=35\times22=770$ mm$=0.77$ m		
8.3.7.1	$\Phi18$	kg	上排钢筋： $2\Phi18$　单根 $L=12-0.2\times2-0.3-0.5+2\times0.522=$ 　　　　11.844 m 　　　　2 根 $L=11.844\times2=23.688$ m 支座加强筋： $1\Phi18$ 单根 1 处 $L=1/3\times(8-2.4-0.4-0.2)\times2+0.3=$ 　　　　3.633 m 　　　　第 2 处 $L=1/3\times(8-2.4-0.4-0.2)\times2+0.5=$ 　　　　3.833 m 下排钢筋： $2\Phi18$　单根 $L=2.4-0.2-0.3+0.522+0.63=3.052$ m 　　　　2 根 $L=3.052\times2=6.104$ m $2\Phi18$　单根 $L=4.0-0.15-0.3+0.522+0.63=4.702$ m 　　　　2 根 $L=4.702\times2=9.404$ m 总长：$L=23.688+3.633+3.833+6.104+9.404=46.662$ m 质量：$G=0.006\,17\times46.662\times18^2$	93.281	

序号	工程项目	单位	工程量计算式	工程量	备注
8.3.7.2	$\Phi 22$		下排钢筋： $3\Phi 22$ 单根 $L=8-2.4-0.2-0.4+2\times 0.77=6.54$ m 　　　　3 根 $L=6.54\times 3=19.62$ m 质量：$G=0.006\ 17\times 19.62\times 22^2$	58.591	
8.3.7.3	箍筋 $\phi 8$	kg	截面 250×400 部分 箍筋单根长度：$L_1=(0.25+0.4)\times 2-8\times 0.025+2\times$ 　　　　　　　$11.9\times 0.008=1.290\ 4$ m 箍筋根数： 加密区：$L=1.5H_b=1.5\times 0.4=0.6$ m 框架梁部分：$n_1=(0.6/0.1)\times 4+(2.4+4-0.6\times 4-0.3$ 　　　　　　$\times 2)/0.2+1=42$ 根 截面 250×600 部分 箍筋单根长度：$L_1=(0.25+0.6)\times 2-8\times 0.025+2\times$ 　　　　　　　$11.9\times 0.008=1.690\ 4$ m 箍筋根数： 加密区：$L=1.5H_b=1.5\times 0.6=0.9$ m 框架梁部分：$n_1=(0.9/0.1)\times 2+(8-2.4-0.9\times 2-0.4$ 　　　　　　$-0.2-0.2\times 2)/0.2+1=33$ 根 次梁处增加箍筋根数：$n_2=6\times 2=12$ 根 则箍筋总长度：$L=1.290\ 4\times 42+1.690\ 4\times (33+12)=$ 　　　　　　　112.622 m 质量：$G=0.006\ 17\times 112.622\times 8^2\times 2$ 个	130.265	每处次梁两端各加3根，共加6根
8.3.8	KL-8		$\Phi 18$ 伸入边柱中长度 $L=29d=29\times 18=522$ mm$=0.522$ m $\Phi 16$ 伸入边柱中长度 $L=29d=29\times 16=464$ mm$=0.464$ m		
8.3.8.1	$\Phi 16$		上排钢筋： $2\Phi 16$ 单根 $L=12-2.4-0.3\times 2-0.2+2\times 0.464=8.8+$ 　　　　$0.928=9.728$ m 　　2 根 $L=9.728\times 2=19.456$ m 质量：$G=0.006\ 17\times 19.456\times 16^2$	30.731	
8.3.8.2	$\Phi 18$	kg	下排钢筋： $3\Phi 18$ 单根 $L=12-2.4-0.3\times 2-0.2+2\times 0.522=9.844$ m 　　　　2 根 $L=9.844\times 2=19.688$ m 支座加强筋： $3\Phi 18$ 单根 $L=1/3\times (4.8-0.2-0.15)\times 2+0.3=1.483\times$ 　　　　$2+0.3=3.267$ m 一处为单面 $L=3.267+1/3\times (4.8-0.2-0.15)+0.522=$ 　　　　5.272 m 　　3 根 $L=(3.267+5.272)\times 3=25.617$ m 总长：$L=19.688+25.617=45.305$ m 质量：$G=0.006\ 17\times 45.305\times 18^2$	90.568	

序号	工程项目	单位	工程量计算式	工程量	备注
8.3.8.3	箍筋 $\phi8$	kg	箍筋单根长度：$L_1=1.390\,4$ m(同8.3.1.3中) 箍筋根数： 加密区：$L=1.5H_b=1.5\times0.5=0.75$ m 框架梁部分：$n_1=(0.75/0.1)\times4+(12-2.4-0.75\times4-$ $0.3\times2-0.2-0.15\times2)/0.2+1=61$ 根 次梁处增加箍筋根数：$n_2=6\times2=12$ 根 则箍筋总长度：$L=1.390\,4\times(61+12)=101.499$ m 质量：$G=0.006\,17\times101.499\times8^2$	40.08	每处次梁两端各加3根，共加6根
9	屋面工程				
9.1	标高10.000屋面				
9.1.1	20 mm厚1:3水泥砂浆找平层	m²	$S=(3.3+1.5)\times(12.2-0.2\times2)=4.8\times11.8$	56.779	
9.1.2	100 mm厚黏土空心隔热砖层	m²	$V=56.779\times0.1$	5.678	
9.1.3	高分子卷材防水	m²	$S=56.779+0.3\times(4.8+11.8)\times2=56.779+9.96$	66.739	
9.1.4	20 mm厚1:0.8:4水泥石灰砂浆找平层	m²	同9.1.1	56.779	
9.2	标高13.200屋面				
9.2.1	30 mm厚1:3水泥砂浆找平层	m²	$S=(3.3+2.9-0.1\times2)\times(12.2-0.2\times2)-1.5\times3=6\times$ $11.8-4.5$	66.3	
9.2.2	高分子卷材防水	m²	$S=66.3+0.3\times(11.8+6)\times2=66.3+10.68$	76.98	
9.2.3	20 mm厚1:0.8:4水泥石灰砂浆找平层	m²	同9.1.1	66.3	
9.3	100 mm水落管	m	$L=3\times10+2\times13$	56	
9.4	出水口	个		5	
10	楼地面工程				
10.1	楼梯	m²	$S=3.3\times(2.4-0.2)\times3=7.26\times3$	21.78	
10.2	300×300防滑地砖(卫生间)	m²	$S=3.3\times(2.4-0.2)+(1.8-0.2)\times(1.5-0.2)\times12$ $=7.26+2.08\times12$	32.22	
10.3	500×500耐磨地砖(卫生间之外的楼地面)	m²	$S=(12.2-0.2\times2)\times[(8.2-0.2\times2)+(11.2-0.2\times2)$ $\times2+(3.3+2.9-0.1\times2)]-21.78-32.22$ $=11.8\times(7.8+10.8\times2+6)-21.78-32.22$	236.28	扣减楼梯和卫生间面积
10.4	散水	m²	$S=(12.2+8.2)\times2\times0.9$	36.72	

序号	工程项目	单位	工程量计算式	工程量	备注
10.5	水泥砂浆踢脚线	m	$L=\sum(10.5.1\sim10.5.4)$	410.2	
10.5.1	一层	m	$L=[(12.2-0.2\times2)+(8.2-0.2\times2)]\times2$ $+(3.3\times3-0.9+2.4-0.2+1.1-0.1+4)\times2$ $=(11.8+7.8+16.2)\times2$	71.6	
10.5.2	二层	m	$L=[(12.2-0.2\times2)+(11.2-0.2\times2)]\times2+(1.5-0.2)$ $\times8+(3.3-0.2)\times4\times2+11.8+(4-0.2)\times3+9.6$ $+(4.8-0.2)\times2+(1.8-0.2)\times5\times2=(11.8+7.8)$ $\times2+1.3\times8+3.1\times8+11.8+3.8\times3+9.6+4.6\times2$ $+1.6\times10$	132.4	
10.5.3	三层	m	同二层	132.4	
10.5.4	四层	m	$L=[(12.2-0.2\times2)+(3.3+2.9-0.2\times2)]\times2$ $+(1.5-0.2)\times2+(3.3+2.9-0.2)\times2\times2+0.8\times2$ $+(1.8-0.2)\times2\times2=(11.8+7.8)\times2+1.3\times2+6\times4$ $+0.8\times2+1.6\times4$	73.8	
11	墙面抹灰工程				
11.1	外墙面抹灰	m²	$S=\sum(11.1.1\sim11.1.5)$	453.855	
11.1.1	一层	m²	长：$L=(12.2-0.3\times3-0.4)+(12.2-0.3\times2-0.4\times2)$ $+(8.2-0.4\times3)\times2=35.7$ m 高：$H=3.6-(-0.45)-0.5=3.55$ m 门窗面积：$S=2C\text{-}1+C\text{-}2+3C\text{-}3+M\text{-}1=2\times2.4\times1.8+$ $2.7+3\times0.9\times1.2+3.9=18.48$ m² $S=35.7\times3.55-18.48$	108.255	
11.1.2	二层	m²	长：$L=(11.2-0.2\times2-0.4\times3)+(8.2-0.4\times3)+(2.2$ $+1.3+3-0.2+1.4+3.4+1.4+3-0.4)+(1.6$ $+1.4+4.2+1.3+1.4+3.2+1.1+2.2-0.4)=$ $9.6+7+15.1+16=47.7$m 高：$H=3.2-0.5=2.7$ m 门窗面积：$S=C\text{-}4+7C\text{-}3+5ML\text{-}1$ $=1.5\times1.2+7\times0.9\times1.2+5\times4.86$ $=33.66$ m² $S=47.7\times2.7-33.66$	95.13	
11.1.3	三层	m²	同二层	95.13	
11.1.4	四层	m²	长：$L_1=(12+1.4+3.3+1.5)\times2-0.2\times3-0.4\times4-$ $0.3\times2=33$ m 高：$H_1=3.2-0.4=2.8$ m 长：$L_2=3.3+1.5-0.1\times2=4.6$ m 高：$H_2=3.2-0.5=2.7$ m 门窗面积：$S=C\text{-}1+C\text{-}4+3C\text{-}3+MC\text{-}1=2.4\times1.8+1.5\times$ $1.2+3\times0.9\times1.2+9.72=19.08$ m² $S=33\times2.8+4.6\times2.7-19.08$	85.74	

序号	工程项目	单位	工程量计算式	工程量	备注
11.1.5	女儿墙	m²	长：$L_1=12+(3.3+1.5)\times2+(12+3.3+2.9)\times2=58$ m 高：$H_1=0.6$ m $V=58\times0.6\times2$	69.6	
11.2	内墙	m²	$S=\sum(11.2.1\sim11.2.4)$	814.355	加一层外墙抹灰量
11.2.1	一层内墙	m²	长：$L_1=3.3-0.3\times2=2.7$ m 高：$H_1=3.2-0.5=2.7$ $L_2=1.1-0.1=1$ m $H_2=3.2-0.4=2.8$ $L_3=3.3+(2.4-0.1\times2)+4+(3.3-0.9)=$ 11.9 m $H_3=3.2-0.1=3.1$ 门窗面积：$S=$M-3+M-4$=1.68+0.7\times2.1=3.15$ m² $S=(2.7\times2.7+1\times2.8+11.9\times3.1-3.15)\times2+108.255$	195.915	
11.2.2	二层内墙	m²	长：$L_1=(3.3-0.3\times2)+(3.3-0.4-0.1)+(3.3-0.3$ $-0.1)\times2+(1.8-0.1-0.3)+(3.6-0.3-$ $0.2)+(1.5-0.1\times2)=17.1$ m 高：$H_1=3.2-0.5=2.7$ $L_2=(12.2-0.1\times2)+(3-0.1-0.2)=14.7$ m $H_2=3.2-0.4=2.8$ $L_3=4\times2-2.4-0.2-0.4=5$ m $H_3=3.2-0.6=2.6$ 门窗面积：$S=5$M-2$+5$M-4$=5\times0.9\times2.1+5\times0.7\times2.1$ $=16.8$ m² $S=(17.1\times2.7+14.7\times2.8+5\times2.6-16.8)\times2+95.13$	229.79	
11.2.3	三层内墙	m²	同二层	229.79	
11.2.4	四层内墙	m²	长：$L_1=(1.4-0.1\times2)+(3.6-0.3-0.1\times2)=4.3$ m 高：$H_1=3.2-0.5=2.7$ $L_2=(3.3+2.9-0.3\times2-0.1\times2)+(4.8-0.1\times2-$ $0.5)=9.5$ m $H_2=3.2-0.4=2.8$ $L_3=0.8-0.4+0.1=0.4$ m $H_3=3.2-0.6=2.6$ $L_4=1.5-0.1\times2=1.3$ m $H_4=3.2-0.1=3.1$ 门窗面积：$S=2$M-2$+2$M-4$=2\times0.9\times2.1+2\times0.7\times2.1$ $=6.72$ m² $S=(4.3\times2.7+9.5\times2.8+0.4\times2.6+1.3\times3.1-6.72)$ $\times2+85.74$	158.86	
12	天棚抹灰	m²	$S=\sum(12.1\sim12.4)$	396.78	扣减内墙所占面积

续表

序号	工程项目	单位	工程量计算式	工程量	备注
12.1	一层	m²	室内净尺寸(12.2−0.2×2)×(8.2−0.2×2)=11.8×7.8 内墙总长：$L=17.1+14.7+5=36.8$ m(11.2.2中L_1+L_2 　　　　$+L_3$) 墙厚$B=0.2$ 　　$S=11.8×10.8−36.8×0.2$	88.92	
12.2	二层	m²	室内净尺寸(12.2−0.2×2)×(11.2−0.2×2)=11.8×10.8 内墙总长：$L=2.7+1+11.9=15.6$ m(11.2.1中$L_1+L_2+L_3$) 墙厚$B=0.2$ 　　$S=11.8×7.8−15.6×0.2$	120.08	
12.3	三层	m²	同二层	120.08	
12.4	四层	m²	室内净尺寸(12.2−0.2×2)×(3.3+2.9−0.1×2)=11.8×6 内墙总长：$L=4.3+9.5+0.4+1.3=15.5$ m(11.2.4中 　　　　$L_1+L_2+L_3+L_4$) 墙厚$B=0.2$ 　　$S=11.8×6−15.5×0.2$	67.7	

参 考 文 献

[1] 黄伟典. 建筑工程计量与计价[M]. 北京：中国电力出版社，2009.

[2] 全国造价工程师执业资格考试培训教材编审委员会. 建设工程技术与计量(土木建筑工程)[M]. 北京：中国计划出版社，2013.

[3] 徐秀维. 建筑工程计量与计价[M]. 北京：机械工业出版社，2011.

[4] 张连忠. 建筑工程工程量清单计价[M]. 哈尔滨：哈尔滨工业大学出版社，2014.

[5] 中华人民共和国住房和城乡建设部. GB 50500—2013，建设工程工程量清单计价规范[S]. 北京：中国计划出版社，2013.

[6] 中华人民共和国住房和城乡建设部. GB 500854—2013，房屋建筑与装饰工程计量规范[S]. 北京：中国计划出版社，2013.

[7] 中华人民共和国住房和城乡建设部. GB/T 50353—2013，建筑工程建筑面积计算规范[S]. 北京：中国计划出版社，2013.